本书编号：2017-1-100

 "十三五"江苏省高等学校重点教材

模拟电子产品
安装与检测

主编 ◎ 陈景忠　唐明军

华中科技大学出版社
http://www.hustp.com
中国·武汉

内 容 简 介

《模拟电子产品安装与检测》以"任务驱动式"教学法为主线,精选项目应用案例,充分运用现代教育技术、方法与手段,开发"模拟电子产品安装与检测"在线开放课程建设及数字化网络教学资源,实施"互联网＋"形势下的教学新模式,学生通过手机二维码扫码,进入网络课程学习,可以使用微课、动画、课件等数字化资源,激发学生的自主学习能力,形成具有"互联网＋数字化资源"特色的立体教材。

本书共分 10 个学习情境,包括常用器件识别及电路基本知识、基本放大电路安装与检测、集成运算放大电路安装与检测、音响功率放大电路安装与检测、常用变压器电路安装与检测、线性稳压电源安装与检测、数控开关电源安装与检测、LED 照明驱动电源安装与检测、半导体测距机电源安装与检测、模拟/数字(A/D)电子产品安装与检测等。学习情境均设置了教学导航、学习目标、相关知识、项目实施、知识梳理与总结、习题、本章二维码扫码等内容,通过典型的项目任务完成过程,巩固学生所学知识,培养学生职业技能和专业素养,激发学生的学习兴趣。此外,还配有若干微课视频和教学课件。在编写的过程中,参考了同学科教材及相关文献,在此谨向其作者表示衷心的感谢。

为了方便教学,本书还配有电子课件等相关教学资源包,电子课件可以在"我们爱读书"网(www.ibook4us.com)浏览,同时任课教师还可以发邮件至 hustpeiit@163.com 索取。

本书可作为高职院校、高等专科学校、成人高校、民办高校电气自动化、电子信息工程技术、机电一体化技术、物联网应用技术等专业"模拟电子技术""数字电子技术""电子技术"相关课程的教材,也可供中等职业院校相关专业师生及从事电子技术工作的技术人员选用、参考。

图书在版编目(CIP)数据

模拟电子产品安装与检测/陈景忠,唐明军主编. —武汉:华中科技大学出版社,2020.8
ISBN 978-7-5680-6473-6

Ⅰ.①模… Ⅱ.①陈… ②唐… Ⅲ.①电子产品-安装 ②电子产品-检测 Ⅳ.①TN

中国版本图书馆 CIP 数据核字(2020)第 157979 号

模拟电子产品安装与检测 陈景忠 唐明军 主编
Moni Dianzi Chanpin Anzhuang yu Jiance

策划编辑:康 序
责任编辑:狄宝珠
封面设计:孢 子
责任监印:朱 玢

出版发行:华中科技大学出版社(中国·武汉)　　电话:(027)81321913
　　　　　武汉市东湖新技术开发区华工科技园　　邮编:430223

录　排:武汉三月禾文化传播有限公司
印　刷:武汉市籍缘印刷厂
开　本:787mm×1092mm　1/16
印　张:15.5
字　数:397 千字
版　次:2020 年 8 月第 1 版第 1 次印刷
定　价:48.00 元

前言

PREFACE

本教材汲取了当前高等职业教育在探索培养应用技术人才方面取得的成功经验,注重吸收行业发展的新知识、新技术、新工艺、新方法,从实际工程中精选项目应用案例,以培养能力为主,以实际应用为原则,力求突出高职特色。

《模拟电子产品安装与检测》是一门理论性与实践性较强的专业基础课程。根据高职高专培养目标,本书以模拟电子技术基础知识及基本技能为主,精选工程项目案例,将本专业领域的发展趋势及新技术、新工艺、新标准及时纳入其中。采用从简单到复杂、递进和并列相结合的方式来组织编写学习情境,结构合理,内容叙述深入浅出,符合高职高专学生认知规律。通过项目化教学,使学生掌握常用模拟电子产品安装、调试检测知识和技能,本书内容丰富,每个学习情境均配有习题、微课视频、教学课件等,充分满足教学需要。

本教材的特色:① 教学方法新。本教材以"任务驱动式"教学法为主线,实施能力目标型教学模式,以期达到提高学生基础知识理解能力、专业技术实践能力和综合技术应用能力的课程学习目标。② 教材架构新。本教材采用"纸质教材+在线开放课程"形式,实现互联网与传统教育的完美融合。③ 教材技术新。学生通过手机二维码扫码,进入网络课程学习,可以观看微课、动画、课件等数字化资源,激发学生的自主学习能力,形成具有"互联网+数字化资源"特色的立体教材。

本教材由扬州工业职业技术学院陈景忠、唐明军担任主编,负责协调全书编写、统稿,并完成学习情境 3~9 等编写,董秀芬、陈琳、黄皓等担任副主编,其中扬州职业大学董秀芬完成学习情境 1 编写,陈琳完成学习情境 8 等编写,周惠忠完成学习情境 2 编写,江苏旅游职业学院黄皓完成学习情境 10 等编写,扬州工业职业技术学院徐秋、薛亚平、唐菲、钱松、许志恒以及江海职业技术学院张乾等参加了本书的编写。本教材编写过程中,扬州万泰电子科技有限公司潘建华高工、无锡科技职业技术学院钱学明老师等提出了很多宝贵意见,在此表示诚挚感谢。

为了方便教学,本书还配有电子课件等相关教学资源包,电子课件可以在"我们爱读书"网(www.ibook4us.com)浏览,同时任课教师还可以发邮件至 hustpeiit@163.com 索取。

由于编者水平有限,本教材肯定有许多不足之处,恳请各位读者提出宝贵意见,以便修订时改进。

编者

2020 年 5 月

目录

CONTENTS

学习情境 1　常用器件识别及电路基本知识

002　1.1　直流电路基础知识

021　1.2　交流电路基本知识

学习情境 2　基本放大电路安装与检测

037　2.1　半导体三极管

040　2.2　半导体三极管基本放大电路
　　　　　及组态

051　2.3　场效应管

057　2.4　场效应管基本放大电路及组态

061　2.5　放大电路中的反馈

学习情境 3　集成运算放大电路安装与检测

077　3.1　集成电路概述

079　3.2　差分放大电路

082　3.3　集成运放电路的线性应用

087　3.4　集成运放电路的非线性应用

学习情境 4　音响功率放大电路安装与检测

093　4.1　概述

094　4.2　甲类功率放大器

096　4.3　乙类功率放大器

099　4.4　丙类功放电路

101　4.5　丁(D)类和戊(E)类功放电路

学习情境 5　常用变压器电路安装与检测

110　5.1　变压器工作原理

114　5.2　变压器磁芯的选用

116　5.3　变压器绕制与试验

学习情境 6　线性稳压电源安装与检测

124　6.1　概述

125　6.2　整流电路

129　6.3　滤波电路

132　6.4　稳压电路

133　6.5　集成稳压电源

学习情境 7　数控开关电源安装与检测

141　7.1　正弦波发生电路

145　7.2　非正弦波发生电路

146　7.3　开关电源常用芯片

152 7.4 PWM 开关电源

160 7.5 谐振软开关电源工作原理

学习情境 8 LED 照明驱动电源安装与检测

167 8.1 555 电路时基电路及应用

171 8.2 LED 恒流驱动电源

173 8.3 TFT-LCD 背光灯驱动电源

学习情境 9 半导体测距机电源安装与检测

180 9.1 半导体激光测距机工作原理

181 9.2 半导体测距机用电源技术

183 9.3 半导体测距机用视频放大器技术

186 9.4 半导体测距机电路测量技术

学习情境 10 模拟/数字(A/D)电子产品安装与检测

194 10.1 数字电路概述

204 10.2 组合逻辑电路分析与设计

212 10.3 时序逻辑电路分析与设计

226 10.4 D/A 与 A/D 转换器

参考文献

常用器件识别及电路基本知识

教学导航

　　本学习情境介绍了常用元器件识别以及直流电路、交流电路基本知识,分析了常用电子元器件的主要性能参数及常用仪器检测方法,通过对直流电路、交流电路基本概念、分析方法等内容讲解,为学生后续课程内容学习打下基础。

学习目标

　　(1)了解电阻、电容、电感、二极管分类及主要性能指标。

　　(2)了解半导体基础知识、PN 结的形成及常用二极管的特性。

　　(3)了解直流电路基本概念及分析方法。

　　(4)了解交流电路基本概念及分析方法。

　　(5)熟悉常用电子仪器仪表的使用方法和注意事项。

相关知识

1.1 直流电路基础知识

◆ ### 1.1.1 常用元器件识别

1. 电阻器

电阻器

1) 电阻器概述

电阻器是具有电阻特性的电子元件,是电子电路中应用最为广泛的元件之一,通常称为电阻。常见电阻器的电路符号如图 1-1 所示,在电路中常用字母 R 来表示电阻,它的作用主要是阻碍电流的通过,其主要用作为负载、分流器、分压器等。电阻器的单位是欧姆,用希腊字母 Ω 表示。工程上有时用千欧(kΩ)、兆欧(MΩ)来表示,它们之间的关系是:

电阻器的检测

$$1 \text{ M}\Omega = 1000 \text{ k}\Omega = 1000000 \text{ }\Omega$$

(a) 电阻器　　　(b) 电位器　　　(c) 可调电阻器　　　(d) 敏感电阻器

图 1-1　常见电阻器的电路符号

2) 电阻器分类

电阻器的种类繁多,形状各异,分类方法各有不同。下面介绍常用的几种分类方法。

(1) 按电阻值是否可变,分为固定电阻器、可变电阻器等。

(2) 按用途可分为:高阻电阻器、高压电阻器、高频无感电阻器、精密电阻器。

(3) 按结构可分为:圆柱型、管型、圆盘型、纽扣型电阻器。

(4) 按引线形式可分为:轴向引线型、同向引线型、径向引线型电阻器。

3) 电阻器主要参数

(1) 标称电阻和允许误差。

电阻器的主要参数有标称阻值、阻值误差、额定功率、最高工作温度、最高工作电压、静噪声电动势、温度特性、高频特性等。我们选用电阻器时,通常只考虑标称阻值、额定功率、阻值误差等主要参数,如表 1-1 所示。

表 1-1　常用电阻器的标称阻值系列

系　　列	允 许 误 差	电阻系列标称值										
E24	Ⅰ 级 ±5%	1.0　1.1　1.2　1.3　1.5　1.6　1.8　2.0　2.2　2.4　2.7　3.0　3.3　3.6　3.9　4.3　5.1　5.6　6.2　6.8　7.5　8.2　9.1										
E12	Ⅱ 级 ±10%	1.0　1.2　1.5　1.8　2.2　2.7　3.3　3.9　4.7　5.6　6.8　8.2										
E6	Ⅲ 级 ±20%	1.0　1.5　2.2　3.3　4.7　6.8										

使用时,将表中的数值乘以 10、100、1000、……,一直到 10^n(n 为整数)就可成为这一阻值系列,如 E24 系列中的 1.5 就有 1.5 Ω、15 Ω、150 Ω、1.5 kΩ 等。

电阻器实际阻值与标称阻值之间有一定的偏差,这个偏差与标称阻值的百分比叫作电阻器的相对误差。相对误差越小,电阻器的精度越高。对于普通电阻器其允许误差大致分为 3 大类,即±5%、±10%、±20%。

(2)额定功率。

当电流通过电阻时,电阻器便会发热,而且功率越大,发热越厉害。如果使电阻器的发热功率过大,电阻器就会被烧毁。我们把电阻器长时间正常工作允许所加的最大功率叫额定功率。

电阻器的额定功率通常有 1/4 W、1/2 W、1 W、2 W、5 W、10 W 等。

(3)温度系数。

电阻值随温度的变化略有改变,温度每变化一度所引起电阻值的相对变化称为电阻的温度系数。温度系数越小,电阻的稳定性越好。

(4)频率特性。

实际电阻器不是一个纯电阻元件,存在着分布电感和分布电容。这些分布参数都很小,在直流和低频交流电路中,它们的影响可以忽略不计,可将电阻器看作就是一个纯电阻元件,但在频率比较高的交流电路中,这些分布参数的影响即不能忽视,其交流等效电阻将随频率而变化。

4)电阻器识别

(1)标称阻值的表示方法。

标称阻值的表示方法有直标法、文字符号法、色标法。

① 直标法。

直标法就是将数值直接打印在电阻器上,其允许误差直接用百分数表示。

② 文字符号法。

文字符号法就是将文字、数字有规律地组合起来表示电阻器的阻值和阻值误差。标志符号规定如下:欧姆用 Ω 表示;千欧用 kΩ 表示;兆欧用 MΩ 表示;吉兆欧用 G 表示;太兆欧用 T 表示。

例如 0.1 欧姆标志为 Ω1,1 欧姆标志为 1 Ω,1 千欧姆标志为 1 kΩ,3.3 千欧姆标志为 3k3 等。

③ 色标法。

色标法就是用不同颜色的色环表示电阻器的阻值和误差。色环颜色规定如表 1-2 所示。

表 1-2　色环颜色规定

颜色	有效数字	倍率	允许误差	颜色	有效数字	倍率	允许误差
棕色	1	10^1	±1%	灰色	8	10^8	—
红色	2	10^2	±2%	白色	9	10^9	±50%～±20%
橙色	3	10^3	—	黑色	0	10^0	—
黄色	4	10^4	—	金色	—	10^{-1}	±5%
绿色	5	10^5	±0.5%	银色	—	10^{-2}	±10%
蓝色	6	10^6	±0.2%	无色	—	—	±20%
紫色	7	10^7	±0.1%				

色标法分为四色环色标法和五色环色标法,如图1-2(b)、(c)所示。

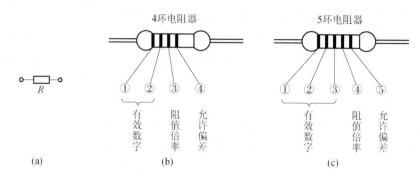

图 1-2　两位有效数字阻值的色环表示法

　某四色环电阻器的色环颜色排列为棕、黑、红、金,则其阻值为多少?

　根据电阻色环与数字对应关系,得出电阻值为:

$R = 10 \times 10^2\ \Omega = 1000\ \Omega = 1\ \text{k}\Omega$,误差率为 5%。

(2)电阻器的选用。

① 在选用电阻器时必需首先了解电子产品整机工作环境条件。

② 要了解电子产品整机工作状态。

③ 既要从技术性能考虑满足电路技术,以保证整机的正常工作,又要从经济上考虑其价格、成本,还要考虑其货源和供应情况。

④ 根据不同的用途选用。

⑤ 阻值应选取最靠近计算值的一个标称值,不要片面采用高精度和非标准系列的电阻产品。

⑥ 电阻器的额定功率选取一个比计算的耗散功率大一些(1.5～2 倍)的标称值。

⑦ 选取耐压比额定值大一些。

思考题:电阻器的主要参数有哪些?

2. 电容器

电容器简称电容,在电路中用字母 C 表示。电容的基本功能是储存电荷(电能),主要用作交流耦合、隔直、滤波等。常用电容器电路符号如图 1-3 所示。

电容器的检测

(a)无极性电容器　　(b)电解电容器　　(c)可变电容器

图 1-3　电容器的常用电路符号

1)电容器分类

电容器按电容量是否可调分为固定电容器和可变电容器两大类。

(1) 固定电容器。

固定电容器的种类很多,可分为无极性电容和有极性电容两大类。常见无极性电容器有纸介电容器、油浸纸介密封电容器、金属化纸介电容器、云母电容器、有机薄膜电容器、玻璃釉电容器、陶瓷电容器等,电气符号如图 1-3(a)所示。

有极性电容器可分为铝电解电容器及钽电解电容器,在电路中正负极不能接错,电气符号如图 1-3(b)所示。

(2) 可变电容器。

可变电容器是指其容量可在一定范围内改变的电容器。其可分为可变电容器和微调电容器(又称半可变电容器),电气符号如图 1-3(c)所示。

2) 电容器主要技术参数

(1) 标称容量和允许误差。

电容器标称容量是指电容器储存电荷的能力。标称容量越大,电容器储存电荷的能力越强。电容器基本单位是法拉(F),常用单位有微法(μF)、皮法(pF)、纳法(nF),其换算关系如下:

$$1\mu F = 10^{-6}F \quad 1nF = 10^{-9}F \quad 1pF = 10^{-12}F$$

电容器允许偏差系列为±5%、±10%、±20%等。

(2) 额定直流工作电压。

额定直流工作电压是指在常温下,电容器长期可靠工作所能承受的最大直流电压。使用时不得超过此工作电压,否则电容器介质会被击穿,从而造成电容器损坏。

(3) 绝缘电阻及漏电流。

当电容加上直流工作电压时,会有漏电流产生。若漏电流太大,电容就会发热损坏,严重的会使外壳爆裂,电解电容器的电解液则会向外溅射。一般无极性电容只要质量良好,其漏电流是极小的,故用绝缘电阻参数来表示其绝缘性能。电解电容因漏电较大,故用漏电流表示其绝缘性能(与容量成正比)。电容的绝缘电阻及漏电流是重要的性能参数。

电容器除了上述参数以外,还有电容器的频率特性、损耗因数等参数。

3) 电容器识别

(1) 电容器型号命名,如图 1-4 所示。

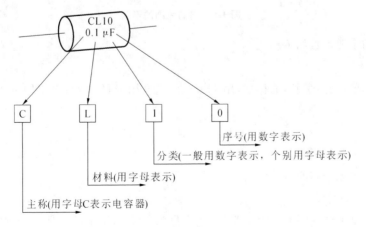

图 1-4 电容器的型号命名

（2）电容器主要参数的标注方法。

① 直标法。

直标法是指在电容器的表面直接用数字或字母标注标称容量、额定电压及允许偏差等主要技术参数的方法，主要用在体积较大的电容器上，如图1-5所示。

② 文字符号法。

文字符号法是用特定符号和数字表示电容器的容量、耐压、误差的方法。一般数字表示有效数值，字母表示数值的量级。常用字母μ表示微法（μF）、n表示纳法（nF）、p表示皮法（pF）。如223表示0.022 μF，104表示0.1 μF，R22表示0.22 μF。

③ 色标法。

电容的色标法与电阻相似。

图1-5 直标法

思考题：三极管属于电流控制型器件，结论对吗？

3. 电感器

电感器在电路中有阻交流通直流的作用，电感线圈在电路中用字母L表示。电感器种类很多，按电感器形式分有固定电感器、可变电感器、微调电感器；按磁体性质分为空心电感线圈、磁芯电感线圈；按结构特点分有单绕组电感线圈、多绕组电感线圈等。

电感器的检测

各种电感线圈都具有不同的特点和用途，但它们都是用漆包线、纱包线、镀银裸铜线绕在绝缘骨架上、铁心或磁芯上构成，而且每圈与每圈之间要彼此绝缘，为适应各种用途的需要，电感线圈做成各式各样的形状，如图1-6所示。

图1-6 电感线圈的形状

电感器的主要参数如下。

1）电感量

电感量的单位有：亨利，简称亨，用H表示；毫亨用mH表示；微亨用μH表示；它们的换算关系为：

$$1H = 10^3 \text{ mH} = 10^6 \text{ μH}$$

电感量大小跟线圈圈数、直径、有无铁芯、绕制方式等因素有关，圈数越多，电感量越大，线圈内有磁芯比无磁芯的电感量大。

2）品质因数（Q值）

品质因数是电感线圈的一个主要参数，它反映了线圈质量的高低，通常也称为Q值，Q值与线圈导线粗细、绕法、单股线还是多股线等有关，如果线圈的损耗小，Q值就高；反之，损

耗大则 Q 值就低。

3）分布电容

由于线圈每两圈（或每两层）导线可以看成是电容器的两块金属片,导线之间的绝缘材料相当于绝缘介质,其相当于一个很小的电容,这一电容称为线圈的"分布电容",由于分布电容的存在,将使线圈的 Q 值下降,为此将线圈绕成蜂房式,对无线线圈则采用间绕法,以减小分布电容。

思考题: 电感具有通直流、阻交流特性,结论对吗?

4. 半导体二极管

1）半导体特性

自然界中的各种物质,按其导电能力划分为:导体、绝缘体、半导体。导电能力介于导体与绝缘体之间的,称之为半导体。导体如金、银、铜、铝等,绝缘体如橡胶、塑料、云母、陶瓷等,典型半导体材料则有硅、锗、硒及某些金属氧化物、硫化物等,其中用来制造半导体器件最多的材料是硅和锗。

半导体二极管
及应用

（1）本征半导体。

本征半导体是一种完全纯净、具有晶体结构的半导体。在温度为零开尔文（0 K,相当于 -273.15 ℃）时,每一个原子的外围电子被共价键所束缚,不能自由移动,这样本征半导体中虽然具有大量的价电子,但没有自由电子,此时半导体呈电中性。

半导体二极管的
工作原理

（2）杂质半导体。

在本征半导体中掺入不同的杂质,可以改变半导体中两种载流子的浓度。根据掺入杂质种类的不同,半导体可以分 N 型半导体和 P 型半导体。

① N 型半导体。

在纯净的半导体硅（或锗）晶体内掺入微量五价元素（如磷）后,就可以成为 N 型半导体。

② P 型半导体。

在纯净的半导体硅（或锗）晶体内掺入少量三价元素杂质,就可以成为 P 型半导体。

2）PN 结的形成

PN 结是根据"杂质补偿"的原理,采用合金法或平面扩散法等半导体工艺制成的。当 P 型半导体和 N 型半导体结合在一起时,在 N 型和 P 型半导体的界面两侧明显地存在着电子和空穴的浓度差,此浓度差导致载流子的扩散运动,伴随着这种扩散及复合运动的进行,在界面两侧附近形成一个由正离子和负离子构成的空间电荷区,空间电荷区内存在着由 N 区指向 P 区的电场,这个电场称为内建电场。

（1）PN 结加正向电压。

将 PN 结的 P 区接电源正极,N 区接电源负极,此时阻挡层的厚度变薄,PN 结导通。

（2）PN 结加反向电压。

将 PN 结的 P 区接电源负极,N 区接电源正极,此时阻挡层厚度加大,PN 结反向截止。

3）半导体二极管主要特性

半导体二极管由一个 PN 结加上电极引线和管壳构成,P 型区引出的电极称为阳极,N

型区引出的电极称为阴极。二极管的结构主要分为点接触型和面接触型两类。除按照结构分类,二极管可分为点接触型和面接触型两大类外,按照材料分类,二极管可分为硅二极管和锗二极管,按照用途分类,二极管可分为普通二极管、整流二极管、稳压二极管、光电二极管及变容二极管等。

(1)伏安特性。

半导体二极管的伏安特性指的是流过二极管的电流与二极管两端电压的关系曲线,这一关系曲线如图 1-7 所示,可分为三部分进行分析。

① 二极管伏安特性正向特性。

在正向特性的起始部分,加在二极管两端的外加电压较小时,外电场还不足以克服 PN 结的内电场,这时的正向电流几乎为零,二极管仍然呈现较大的电阻。只有当外加电压超过某一电压后,正向电流才显著增加。这个一定数值的电压就称为门槛电压,或死区电压,记作 U_{th},硅管的死区电压约为 0.5 V,锗管的死区电压约为 0.1 V。

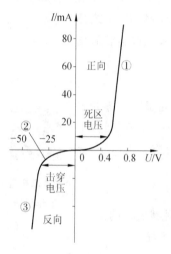

图 1-7 二极管的伏安特性曲线

② 二极管伏安特性反向特性。

当作用在二极管的反向电压高达某一数值后,反向电流会剧增,而使二极管失去单向导电性,这种现象称为击穿,所对应的电压称为击穿电压。

(2)主要参数。

① 最大整流电流 I_F。

I_F 指二极管在长期运行时,允许通过的最大正向平均电流。

② 最高反向工作电压 U_{RM}。

U_{RM} 指二极管运行时允许承受的最高反向电压。

③ 反向电流 I_R。

指二极管在加上反向电压时的反向电流值。

④ 最高工作频率 f_M。

此参数主要由 PN 结的结电容决定,结电容越大,二极管允许的最高工作频率越低。

4)常用二极管种类

(1)稳压二极管。

稳压二极管是利用二极管反向击穿的特性制成的,主要参数有稳定电压 U_Z、稳定电流 I_Z、最大稳定电流 I_{zmax}、动态电阻 r_Z、最大允许耗散功率 P_Z 等。

(2)发光二极管。

发光二极管简称 LED,它是一种将电能转换为光能的半导体器件,制造发光二极管的材料不再是硅与锗,通常采用元素周期表中的Ⅲ～Ⅴ族元素的化合物,如砷化镓、磷化镓等,发光二极管的符号、外形如图 1-8 所示。

(3)整流二极管。

整流二极管主要用于整流电路,即把交流电变换成脉动的直流电。整流二极管为面接触型,因此结电容较大,使其频率范围较窄且低,一般 3 kHz 以下,从封装上看,有塑料封装和金属封装两大类。常用的整流二极管有 2CZ 型、2DZ 型等,还有用于高压、高频整流电路的高压整流堆,如 2CGL 型、DH26 型、2CL51 型等。

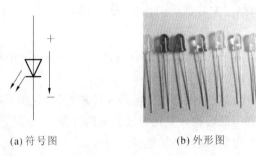

(a) 符号图　　　　　　　(b) 外形图

图 1-8　发光二极管符号与外形图

（4）检波二极管。

检波二极管主要作用是把高频信号中的低频信号检出,其结构特点为点接触型,结电容较小,一般采用锗材料制成,这种管子的封装常采用玻璃外壳,常用的检波二极管有 2AP 型等。

（5）光敏二极管。

光敏二极管又称为光电二极管,它是将光能转换为电能的半导体器件。前面我们已经讲过,半导体材料的导电特性之一是受到光照时,其导电性能增加,这时外电路中的电流就可以随光照度的强弱而改变,根据这一原理制成了光电二极管,又称光敏二极管。

　　思考题:稳压二极管是利用二极管反向击穿特性制作而成的?

1.1.2　直流电路

1.直流电路基本概念

1）实际电路　　　　　　　　　　　　　　　　　　　**直流电路基本概念**

实际电路—由电器设备组成(如电容、晶体管、变压器、电动机等等),为完成某种预期的目的而设计、连接和安装形成电流通路。图 1-9 是最简单的一种实际照明电路。它由三部分组成。

（1）提供电能的能源,简称电源或激励源或输入,电源把其他形式能量转换成电能。

（2）用电设备,简称负载,负载把电能转换为其他形式的能量。

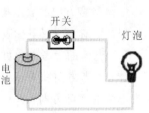

图 1-9　手电筒电路图

（3）连接导线,导线在电路中提供电流通路。

（4）实际电路功能如下。

① 进行能量的传输、分配与转换(如电力系统中的输电电路)。

② 进行信息的传递与处理(如信号的放大、滤波、调协、检波等)。

2）电路模型

电路模型——足以反映实际电路中电工设备和器件(实际部件)电磁性能的理想电路元件或它们的组合。

理想电路元件——忽略了实际部件的外形、尺寸等差异性,反映其电磁性能共性的电路模型的最小单元。

(1) 发生在实际电路器件中的电磁现象,按性质可分为:① 消耗电能;② 供给电能;③ 储存电场能量;④ 储存磁场能量。

(2) 将每一种性质的电磁现象用一理想电路元件来表征,有如下理想电路元件:

① 电阻——反映消耗电能转换成其他形式能量的过程(如电阻器、灯泡、电炉等)。

② 电容——反映产生电场,储存电场能量的特征。

③ 电感——反映产生磁场,储存磁场能量的特征。

④ 电源元件——表示各种将其他形式的能量转变成电能的元件。

图 1-10 所示为电阻、电容、电感电气符号。

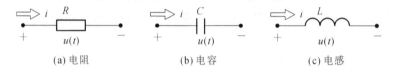

(a) 电阻 (b) 电容 (c) 电感

图 1-10 电阻、电容、电感电气符号

2. 电流和电压的参考方向

1) 基本物理量

电路理论中涉及的物理量主要有电流 I、电压 U、电荷 Q、磁通 Φ、电功率 P 和电磁能量 W。在电路分析中,人们主要关心的物理量是电流、电压和功率。

2) 电流和电流的参考方向

电流——带电粒子有规则的定向运动形成电流。

电流强度——单位时间内通过导体横截面的电荷量。

$$i(t) = \frac{\mathrm{d}q}{\mathrm{d}t}$$

单位:kA、A、mA、μA 。$1\mathrm{kA} = 10^3\,\mathrm{A}$;$1\,\mathrm{mA} = 10^{-3}\,\mathrm{A}$;$1\,\mu\mathrm{A} = 10^{-6}\,\mathrm{A}$。

电流的实际方向——规定正电荷的运动方向为电流的实际方向。

电流的参考方向——假定正电荷的运动方向为电流的参考方向。

电流参考方向的表示规则如下。

(1) 用箭头或双下标表示:箭头的指向为电流的参考方向,如图 1-11 所示由 A 指向 B。

(2) 电流的参考方向可以任意指定。

(3) 参考方向和实际方向的关系:在指定的电流参考方向下,电流值的正和负就可以反映出电流的实际方向。

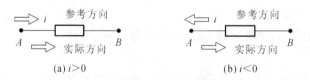

(a) $i > 0$ (b) $i < 0$

图 1-11 电流参考方向和实际方向

3) 电压和电压的参考方向

电位 φ——单位正电荷 q 从电路中一点移至参考点($\varphi = 0$)时电场力做功的大小。电压

U——单位正电荷 q 从电路中一点移至另一点时电场力做功（W）的大小，即两点之间的电位之差。

$$u = \frac{\mathrm{d}w}{\mathrm{d}q}$$

单位：kV、V、mV、μV。1 kV $= 10^3$ V；1 mV $= 10^{-3}$ V；1 μV $= 10^{-6}$ V。需要指出以下几点。

（1）电路中电位参考点可任意选择，参考点一经选定，电路中各点的电位值就是唯一的。

（2）当选择不同的电位参考点时，电路中各点电位值将改变，但任意两点间电压保持不变。

（3）如图 1-12 所示，电压的实际方向——规定真正降低的方向为电压的实际方向；电压的参考方向——假定的电位降低方向为电压的参考方向。

（4）电压参考方向有三种表示方法：① 用箭头表示；② 用双下标表示；③ 用正负极性表示。

（5）参考方向和实际方向的关系：两者一致时 $U>0$，两者不一致时 $U<0$。在指定的电压参考方向下，电压值的正和负就可以反映出电压的实际方向。

4）关联参考方向

如果指定流过元件的电流参考方向是从标以电压正极性的一端指向负极性的一端，即两者采用相同的参考方向称关联参考方向；当两者不一致时，称为非关联参考方向。

(a) 关联参考方向　　　　　　　(b) 非关联参考方向

图 1-12　电压参考方向和实际方向

需要指出以下几点。

（1）分析电路前必须选定电压和电流的参考方向。

（2）参考方向一经选定，必须在图中相应位置标注（包括方向和符号），在分析计算过程中不得任意改变。

（3）参考方向不同时，其表达式相差一负号，但实际方向不变。

3. 电功率和能量

1）电功率

（1）定义：单位时间内电场力所做的功称为电功率。

$$p = \frac{\mathrm{d}w}{\mathrm{d}t} = \frac{\mathrm{d}w}{\mathrm{d}q} \cdot \frac{\mathrm{d}q}{\mathrm{d}t} = u \cdot i$$

（2）单位：W、kW 、mW。

1 kW $= 10^3$；1 mW $= 10^{-3}$ W；1 μW $= 10^{-6}$ W。

（3）电功率与电压和电流的关系：

$$u = \frac{\mathrm{d}w}{\mathrm{d}q}; i = \frac{\mathrm{d}q}{\mathrm{d}t}$$

2）电路吸收或发出功率的判断

（1）u、i 取关联参考方向，显示正电荷从高电位到低电位失去能量，$P=ui$ 表示元件吸收功率。$P>0$ 吸收正功率（实际吸收）；$P<0$ 吸收负功率（实际发出）。

（2）u、i 取非关联参考方向

$P=ui$ 表示元件发出的功率：$P>0$ 发出正功率（实际发出）；$P<0$ 发出负功率（实际吸收）。对一完整的电路而言，发出的功率等于消耗的功率，满足功率平衡。

> 思考题：若电流参考方向和实际方向一致时，电流取值为正，结论对吗？

◆ 1.1.3 直流电路分析

直流电路分析

1. 基尔霍夫定律

基尔霍夫定律包括基尔霍夫电压定律（KVL）和基尔霍夫电流定律（KCL）。它反映了电路中所有支路电压和电流所遵循的基本规律，是分析集总参数电路的根本依据。基尔霍夫定律与元件特性构成了电路分析的基础。在具体讲述基尔霍夫定律之前，先介绍电路模型图中的一些常用术语。

1）常用术语

（1）支路（branch）——电路中通过同一电流的分支。通常用 b 表示支路数。

一条支路可以是单个元件构成，亦可以由多个元件串联组成。如图 1-14 所示电路中有三条支路。

（2）节点（node）——三条或三条以上支路的公共连接点称为节点。通常用 n 表示结点数。如图 1-14 所示电路中有 a、b 两个结点。

（3）路径（path）——两节点间的一条通路。路径由支路构成。如图 1-14 所示电路中 a、b 两个结点间有三条路径。

（4）回路（loop）——由支路组成的闭合路径。通常用 l 表示回路。

如图 1-14 所示电路中有三个回路，分别由支路 1 和支路 2 构成、支路 2 和支路 3 构成、支路 1 和支路 3 构成。

（5）网孔（mesh）——对平面电路，其内部不含任何支路的回路称网孔。

如图 1-13 所示，电路中有两个网孔，分别由支路 1 和支路 2 构成、支路 2 和支路 3 构成。支路 1 和支路 3 构成的回路不是网孔。因此，网孔是回路，但回路不一定是网孔。

2）基尔霍夫电流定律（KCL）

KCL 是描述电路中与结点相连的各支路电流间相互关系的定律。它的基本内容是：对于集总参数电路中的任意结点，在任意时刻流出或流入该结点电流的代数和等于零。用数学式子表示为：

$$\sum_{k=1}^{m} i(t) = 0$$

图 1-14 所示为电路的一部分，对图中结点列 KCL 方程，设流出结点的电流为"＋"，流入结点电流为"－"，有：

$$-i_1 - i_2 + i_3 + i_4 + i_5 = 0$$

或表示成：

$$i_1 + i_2 = i_3 + i_4 + i_5$$

即：

$$\sum i_i = \sum i_o$$

则 KCL 又可叙述为：对于集总参数电路中的任意结点，在任意时刻流出该结点的电流之和等于流入该结点的电流之和。KCL 方程是按电流参考方向列写，与电流实际方向无关。

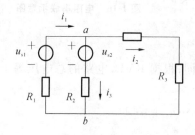

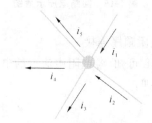

图 1-13 电路结构示意图   图 1-14 结点电流示意图

3）基尔霍夫电压定律（KVL）

KVL 是描述回路中各支路（或各元件）电压之间关系的定律。它的基本内容是：对于集总参数电路，在任意时刻，沿任意闭合路径绕行，各段电路电压的代数和恒等于零。KVL 方程按电压参考方向列写，与电压实际方向无关。

用数学式子表示为：

$$\sum_{k=1}^{m} u(t) = 0$$

（1）标定各元件电压参考方向。

（2）选定回路绕行方向，顺时针或逆时针。

对图 1-15 中回路顺时针方向，列 KVL 方程有：

$$-U_1 - U_{s1} + U_2 + U_3 + U_4 + U_{s4} = 0$$

或：

$$U_1 + U_{s1} = U_2 + U_3 + U_4 + U_{s4}$$

应用欧姆定律，上述 KVL 方程也可表示为：

$$-R_1 I_1 + R_2 I_2 - R_3 I_3 + R_4 I_4 = U_{s1} - U_{s4}$$

思考题：基尔霍夫电压定律（KVL）和电流定律（KCL），只适用于集总参数电路，结论对吗？

2. 电阻的串联、并联和串并联

1）电阻串联

图 1-16 所示为 n 个电阻的串联，设电压、电流参考方向关联，由基尔霍夫定律得出电路特点。

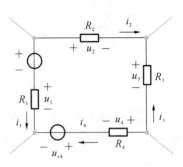

图 1-15 回路电压示意图　　　　图 1-16 电阻串联示意图

（1）各电阻顺序连接。

根据 KCL 可知，各电阻中流过的电流相同；根据 KVL，电路的总电压等于各串联电阻的电压之和，即：

$$u = u_1 + u_2 + \cdots u_k + \cdots + u_n$$

（2）等效电阻。

把欧姆定律代入电压表示式中得：

$$u = R_1 i + R_2 i + \cdots + R_n i = (R_1 + \cdots + R_n)i = R_{eq} i$$

其中等效电阻为：

$$R_{eq} = R_1 + R_2 + \cdots + R_n = = \sum_{k=1}^{n} R_k > R_k$$

结论：

① 电阻串联，其等效电阻等于各分电阻之和；

② 等效电阻大于任意一个串联的分电阻。

（3）串联电阻的分压。

若已知串联电阻两端的总电压，则：$u_k = R_k i = R_k \dfrac{u}{R_{eq}} = \dfrac{R_k}{R_{eq}} u < u$

满足：

$$u_1 : u_2 : \cdots u_k : \cdots : u_n = R_1 : R_2 : \cdots R_k : R_n$$

结论：

电阻串联，各分电阻上的电压与电阻值成正比，电阻值大者分得的电压大，因此串联电阻电路可作分压电路。

（4）功率。

各电阻的功率为：

$$P_1 = R_1 i^2, P_2 = R_2 i^2, \cdots P_k = R_k i^2, \cdots P_n = R_n i^2 （公式有改动）$$

总功率为：

$$P = R_{eq} i^2 = (R_1 + R_2 + \cdots + R_k + \cdots R_n)i^2 = P_1 + P_2 + \cdots + P_n$$

结论：

① 电阻串联时，各电阻消耗的功率与电阻大小成正比，即电阻值大者消耗的功率大；

② 等效电阻消耗的功率等于各串联电阻消耗功率的总和。

2）电阻并联

（1）电路特点。

图示为 n 个电阻的并联，设电压、电流参考方向关联，由基尔霍夫定律可得电路特点如下。

① 各电阻两端分别接在一起，根据 KVL 知，各电阻两端为同一电压。

② 根据 KCL，电路的总电流等于流过各并联电阻的电流之和，即：

$$i = i_1 + i_2 + \cdots + i_n$$

（2）等效电阻。

把欧姆定律代入电流表示式中得：

$$i = i_1 + i_2 + \cdots + i_n = \frac{u}{R_1} + \frac{u}{R_2} + \cdots + \frac{u}{R_n} = u(G_1 + G_2 + \cdots + G_n) = G_{eq}u$$

其中 $G = 1/R$ 为电导。以上式子说明图 1-17(a)所示多个电阻的并联电路与图 1-17(b)所示单个电阻的电路具有相同的 VCR，是互为等效的电路。

$$G_{eq} = G_1 + G_2 + \cdots + G_n = \sum_{k=1}^{n} G_k > G_k$$

$$\frac{1}{R_{eq}} = G_{eq} = \frac{1}{R_1} + \frac{1}{R_2} + \cdots + \frac{1}{R_n}, R_{eq} < R_k$$

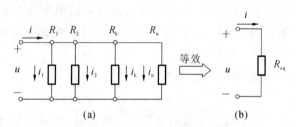

图 1-17　电阻并联电路等效电阻

最常用的两个电阻并联时，求等效电阻公式：

$$R_{eq} = \frac{R_1 R_2}{R_1 + R_2}$$

结论：电阻并联，各分电阻上的电流与电阻值成反比，电阻值大者分得的电流小。因此并连电阻电路可作分流电路。

（3）功率。

各电阻的功率为：

$$P_1 = G_1 u^2, P_2 = G_2 u^2 \cdots, P_k = G_k u^2 \cdots P_n = G_n u^2$$

总功率为：

$$P = G_{eq}u^2 = (G_1 + G_2 + \cdots + G_k + \cdots G_n)u^2 = P_1 + P_2 + \cdots + P_n$$

从以上各式得到结论：

① 电阻并联时，各电阻消耗的功率与电阻大小成反比，即电阻值大者消耗的功率小；

② 等效电阻消耗的功率等于各并联电阻消耗功率的总和。

3）电阻的串并联

电路中有电阻的串联，又有电阻的并联的电路称电阻的串并联电路。电阻相串联的部分具有电阻串联电路的特点，电阻相并联的部分具有电阻并联电路的特点。

求解串、并联电路的一般步骤如下：

① 求出等效电阻或等效电导；

② 应用欧姆定律求出总电压或总电流；

③ 应用欧姆定律或分压、分流公式求各电阻上的电流和电压。

因此分析串并联电路的关键问题是判别电路的串、并联关系。

> **思考题**：电阻的串联电路中，分压值与电阻值成正比，结论对吗？

3. 电压源、电流源的串联和并联

电压源、电流源的串联和并联问题的分析是以电压源和电流源的定义及外特性为基础，结合电路等效的概念进行的。

1）理想电压源的串联

图 1-18 所示为 n 个电压源的串联，根据 KVL 得总电压为：

$$u_s = u_{s1} + u_{s2} + \cdots u_{sk} + \cdots + u_{sn} = \sum_{k=1}^{n} u_{sk}$$

注意：式中 u_{sk} 考方向与 u_s 的参考方向一致时，u_{sk} 在式中取"＋"号，不一致时取"－"号。

根据电路等效的概念，可以用图 1-18(b)所示电压为 u_s 的单个电压源等效替代图 1-18(a)中的 n 个串联的电压源。通过电压源的串联可以得到一个高的输出电压。

2）理想电压源的并联

图 1-19 所示为 n 个电压源的并联，根据 KVL 得：

$$u_s = u_{s1} = u_{s2} = \cdots = u_{sn}（公式有改动）$$

上式说明只有电压相等且极性一致的电压源才能并联，此时并联电压源的对外特性与单个电压源一样，根据电路等效概念，可以用图 1-19(b)所示的单个电压源替代图 1-19(a)所示的电压源并联电路。注意：① 不同值或不同极性的电压源是不允许并联的，否则违反 KVL；② 电压源并联时，每个电压源中的电流是不确定的。

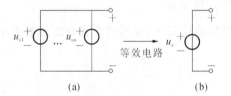
图 1-18　理想电压源的串联

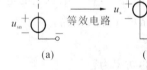
图 1-19　理想电压源的并联

3）理想电流源的并联

图 1-20 所示为 n 个电流源的并联，根据 KCL 得总电流为：

$$i_s = i_{s1} + i_{s2} + \cdots i_{sk} + \cdots + i_{sn} = \sum_{k=1}^{n} i_{sk}$$

> **注意**：式中 i_{sk} 的参考方向与 i_s 的参考方向一致时，i_{sk} 在式中取"＋"号，不一致时取"－"号。根据电路等效的概念，可以用图 1-20(b)所示电流为 i_s 的单个电流源等效替代图 1-20(a)中的 n 个并联的电流源。通过电流源的并联可以得到一个大的输出电流。

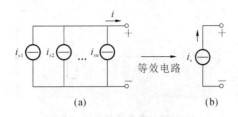

图 1-20 电流源的并联

4）理想电流源的串联

图 1-21 所示为 n 个电流源的串联，根据 KCL 得：

$$i_s = i_{s1} = i_{s2} = \cdots i_{sn}（公式有改动）$$

上式说明只有电流相等且输出电流方向一致的电流源才能串联，此时串联电流源的对外特性与单个电流源一样，根据电路等效概念，可以用图 1-21（b）所示的单个电流源替代图 1-21（a）所示的电流源串联电路。注意：① 不同值或不同流向的电流源是不允许串联的，否则违反 KCL；② 电流源串联时，每个电流源上的电压是不确定的。

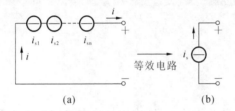

图 1-21 理想电流源的串联

5）实际电压源和电流源的等效变换

图 1-22 所示为实际电压源、实际电流源的模型，它们之间可以进行等效变换。

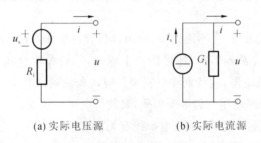

(a) 实际电压源   (b) 实际电流源

图 1-22 实际电压源和实际电流源

由实际电压源模型得输出电压 u 和输出电流 i 满足关系：

$$u = u_s - R_i i$$

由实际电流源模型得输出电压 u 和输出电流 i 满足关系：

$$i = i_s - G_i u$$

比较以上两式，如令：

$$u_s = R_i i_s, R_i = \frac{1}{G_i}$$

则实际电压源和电流源的输出特性将完全相同。根据电路等效的概念，当上述两式满足时，实际电压源和电流源可以等效变换，如图 1-23 所示。

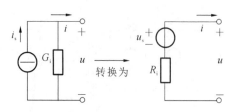

图 1-23　电流源转换为电压源

需要注意的是：① 理想电压源与理想电流源不能相互转换，因为两者的定义本身是相互矛盾的，不会有相同的 VCR。② 电源互换是电路等效变换的一种方法，这种等效是对电源以外部分的电路等效，对电源内部电路是不等效的。③ 电源等效互换的方法可以推广应用，如把理想电压源与外电阻的串联等效变换成理想电流源与外电导的并联，同样可把理想电流源与外电阻的并联等效变换为电压源形式。

思考题：只有电压相等且极性一致的电压源才能并联，结论对吗？

 ### 1.1.4　电路焊接

1. 焊接器材准备

1）电烙铁

电烙铁是电子焊接中最常用的工具，作用是将电能转换成热能对焊接点部位进行加热焊接。新烙铁使用前，应用细砂纸将烙铁头打光亮，通电烧热蘸上松香后，用焊锡丝均匀地镀上一层锡，可防止烙铁头表面氧化。一般来说，电烙铁的功率越大，热量越大，烙铁头的温度也就越高。一般集成电路等电子元器件焊接，选用 20 W 内热式电烙铁足够了，功率过大容易烧坏元件。

烙铁焊接时间不宜太长，也不能太短，时间过长容易损坏器件，而时间太短，焊锡则不能充分融化，造成焊点不光滑不牢固，还可能产生虚焊，一般焊接时间必须在 2～4 s 内完成。电烙铁使用 220 V 交流电源，应特别注意安全。应认真做到以下几点。

（1）电烙铁插头最好使用三脚电源插头，要使外壳可靠接地。

（2）使用前应认真检查电源插头、电源线有无损坏。

（3）电烙铁使用中，不能用力锤击。要防止烙铁头脱落，以防烫伤他人。

（4）不焊接时应放在烙铁架上。注意电源线不可搭在烙铁头上，以防烫坏绝缘层而发生触电事故。

（5）使用结束后，应及时切断电源，待冷却后，再将电烙铁收回工具箱。

2）焊锡和助焊剂

焊锡的作用是使元件引脚与印刷电路板的连接点焊接在一起，焊锡的选择对焊接质量有很大的影响。常用焊锡是含松香的焊锡丝，它的熔点较低，焊接时还需要助焊剂，常用的助焊剂是松香或松香水（将松香溶于酒精中）。使用助焊剂，可以帮助清除金属表面的氧化物，利于焊接，又可让表面光洁漂亮。焊接较大元件时，可采用焊锡膏。但它有一定腐蚀性，焊接后应及时清除残留物。

3）吸锡器

吸锡器可以把电路板上多余的焊锡处理掉,在拆除多脚集成电路器件时十分有用,也可采用烙铁使焊点熔掉,将元件取出的方法。

4）辅助工具

为了方便焊接操作,常采用尖嘴钳、扁口钳、镊子和小刀等做为辅助工具。

2. 焊前处理

焊接前,应对元件引脚或电路板的焊接部位进行焊前处理。

1）清除焊接部位的氧化层

可用刀片刮去金属引线表面的氧化层,使引脚露出金属光泽。印刷电路板可用细纱纸将铜箔打光后,涂上一层松香酒精溶液。

2）元件镀锡

元件必须清洁和镀锡,由于空气氧化的作用,电子元件引脚上会附有一层氧化膜,同时还有其他污垢,焊接前可用刀片刮掉氧化膜,并涂上一层焊锡(俗称搪锡),然后再进行焊接。经过上述处理后元件容易焊牢,不容易出现虚焊现象。

在刮净的引线上镀锡:可将引线蘸一下松香酒精溶液后,将带锡的热烙铁头压在引线上,并转动引线,使引线均匀地镀上一层很薄的锡层。导线焊接前,应将绝缘外皮剥去,再经过上面两项处理,才能正式焊接。若是多股金属丝的导线,打光后应先拧在一起,然后再镀锡。

3. 焊接技术

做好焊前处理之后,就可正式进行焊接。

1）焊接方法

掌握正确的操作姿势,可以保证操作者的身心健康,减轻劳动伤害。为减少焊剂加热时挥发出的化学物质对人的危害,减少有害气体的吸入量,一般情况下,烙铁到鼻子的距离应该不少于 20 cm,通常以 30 cm 为宜。

电烙铁有三种握法,如图 1-24 所示。

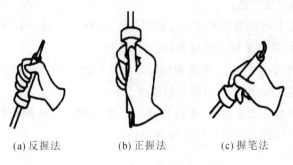

(a) 反握法　　　　(b) 正握法　　　　(c) 握笔法

图 1-24　握电烙铁的手法示意图

反握法的动作稳定,长时间操作不易疲劳,适于大功率烙铁的操作;正握法适于中功率烙铁或带弯头电烙铁的操作;一般在操作台上焊接印制板等焊件时,多采用握笔法。

电烙铁使用以后,一定要稳妥地插放在烙铁架上,并注意导线等其他杂物不要碰到烙铁头,以免烫伤导线,造成漏电及火灾等事故。

2) 手工焊接操作的基本步骤

掌握好电烙铁的温度和焊接时间,选择恰当的烙铁头和焊点的接触位置,才可能得到良好的焊点。正确的手工焊接操作过程可以分成 5 个步骤。

(1) 步骤 1:准备施焊。

左手拿焊丝,右手握烙铁,进入备焊状态。要求烙铁头保持干净,无焊渣等氧化物,并在表面镀有一层焊锡。

(2) 步骤 2:加热焊件。

烙铁头靠在两焊件的连接处,加热整个焊件体,时间为 1~2 s。对于在印制板上焊接元器件来说,要注意使烙铁头同时接触两个被焊接物。如导线与接线柱、元器件引线与焊盘要同时均匀受热。

(3) 步骤 3:送入焊丝。

焊件焊接面被加热到一定温度时,在焊件端加焊锡丝。注意不要把焊锡丝送到烙铁头上。

(4) 步骤 4:移开焊丝。

当焊丝熔化一定量后,立即沿左上 45°方向移开焊丝。

(5) 步骤 5:移开烙铁。

焊锡浸润焊盘和焊件的施焊部位以后,沿右上 45°方向移开烙铁,结束焊接。从第 3 步开始到第 5 步结束,时间也是 2~4 s。

3) 焊接质量

虚焊会造成接触不良,时通时断,原因是焊点处只有少量锡焊住。假焊是指表面上看好像焊住了,实际并没有焊上。这两种情况将给电子产品调试和检修带来极大的困难。只有经过大量的焊接练习,才能避免这两种情况。

(1) 焊接用锡量。

焊接点上的用焊量不能太少,太少了焊接不牢,机械强度也太差。而太多也容易造成外观堆焊而内部未接通。

(2) 注意烙铁和焊接点的位置。

正确的方法是用电烙铁的搪锡面去接触焊接点,这样传热面积大,焊接速度快。

(3) 焊接时,要保证每个焊点焊接牢固、接触良好。

焊锡光亮无毛刺,锡量适中。焊锡和被焊物融合牢固。不应有虚焊和假焊。

(4) 为保证焊接质量,应进行焊接后的检查。

焊接结束后必须检查有无漏焊、虚焊以及由于焊锡流淌造成的元件短路。虚焊较难发现,可用镊子夹住元件引脚轻轻拉动,如发现摇动应立即补焊。

4) 拆换元件

可用吸焊器将元件管脚上的焊锡全部吸掉,完成拆换元件,也可直接使用电烙铁熔掉焊锡,常用拆卸方法是在烙铁加温时,用镊子夹住元件外拉,当温度达到时,元件就会被拉出,但切记不要太用力了,否则管脚断在焊锡中就麻烦了。

> **思考题:**焊接时,如何掌握好电烙铁的温度和焊接时间?

1.2 交流电路基本知识

◆ 1.2.1 正弦电路

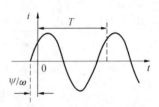

1. 正弦量

电路中按正弦规律变化的电压或电流统称为正弦量,激励和响应均为正 弦量的电路称为正弦电路或交流电路,以电流为例,其瞬时值表达式为(采用 cosine 函数表示):

正弦电路

$$i(t) = I_m \cos(\omega t + \varphi)$$

波形如图 1-25 所示。

研究正弦电路的意义如下。

(1) 正弦函数是周期函数,其加、减、求导、积分运算后仍是同频率的正弦函数。

(2) 正弦信号是一种基本信号,任何复杂的周期信号可以分解为按正弦规律变化的分量。

图 1-25 正弦电路波形图

2. 正弦量的三要素

(1) I_m——幅值(振幅、最大值):反映正弦量变化过程中所能达到的最大幅度。

(2) ω——角频率:为相位变化的速度,反映正弦量变化快慢。它与周期和频率的关系为:

$$\omega = 2\pi f = \frac{2\pi}{T}(\text{rad/s})$$

(3) ψ——初相角:反映正弦量的计时起点,常用角度表示。

3. 相位差

相位差是用来描述电路中两个同频正弦量之间相位关系的量。

设:

$$u(t) = U_m \cos(\omega t + \varphi_u), it = I_m \cos(\omega t + \varphi_i)$$

则相位差为:

$$\varphi = (\omega t + \varphi_u) - (\omega t + \varphi_i) = \varphi_u - \varphi_i$$

上式表明同频正弦量之间的相位差等于初相之差,通常相位差取主值范围,即:$|\varphi| \leqslant \pi$。

如图 1-26(a)所示 $\varphi > 0$,称 u 超前 i,或 i 滞 u,表明 u 比 i 先达到最大值;如图 1-26(b)所示 $\varphi < 0$,称 i 超前 u,或 u 滞后 i,表明 i 比 u 先达到最大值;如 $\varphi = 0$,称 i 与 u 同相,如图 1-26(c)所示。

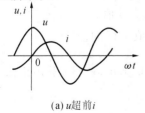
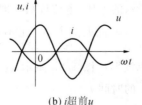
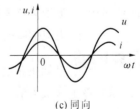

(a) u超前i　　　　　　(b) i超前u　　　　　　(c) 同向

图 1-26 相位差示意图

需要注意:两个正弦量进行相位比较时,应满足同频率、同函数、同符号时才可比较。

4. 正弦电流、电压的有效值

周期性电流、电压的瞬时值随时间而变,为了衡量其平均效应,工程上采用有效值来表示。如图 1-27 所示,通过比较直流电流 I 和交流电流 i 在相同时间 T 内流经同一电阻 R 产生的热效应,即令:

$$R I^2 T = \int_0^T R i^2(t)\mathrm{d}t$$

从中获得周期电流和与之相等的直流电流 I 之间的关系:

$$I = \sqrt{\frac{1}{T}\int_0^T R i^2(t)\mathrm{d}t}$$

这个直流量 I 称为周期量的有效值,有效值也称方均根值。

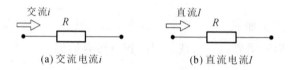

(a) 交流电流 i　　　　　　(b) 直流电流 I

图 1-27　直流电流 I 和交流电流 i 热效应

设正弦电流:

$$i(t) = I_\mathrm{m}\cos(\omega t + \varphi_\mathrm{i})$$

相应的有效值为:

$$I = \sqrt{\frac{1}{T}\int_0^T I_\mathrm{m}^2 \cos^2(\omega t + \varphi)\mathrm{d}t} = \sqrt[2]{\frac{1}{T} I_\mathrm{m}^2 \frac{T}{2}} = \frac{I_\mathrm{m}}{\sqrt{2}} = 0.707\,I_\mathrm{m}（公式有改动）$$

即 正弦电流的有效值与最大值满足关系:

$$I_\mathrm{m} = \sqrt{2}I$$

同理,可定义电压有效值:

$$U = \sqrt{\frac{1}{T}\int_0^T u^2(t)\mathrm{d}t}$$

可得正弦电压有效值与最大值的关系:

$$U = \frac{1}{\sqrt{2}}U_\mathrm{m}, U_\mathrm{m} = \sqrt{2}U$$

若一交流电压有效值为 $U = 220$ V,则其最大值为 $U_\mathrm{m} \approx 311$ V。

需要注意以下几点。

(1) 工程上说的正弦电压、电流一般指有效值,如设备铭牌额定值、电网的电压等级等。但绝缘水平、耐压值指的是最大值。因此在考虑电器设备的耐压水平时应按最大值考虑。

(2) 测量中,交流测量仪表指示的电压、电流读数一般为有效值。

(3) 区分电压、电流的瞬时值 i、u,最大值 I_m、U_m 和有效值 I、U 的符号。

　例 1-2　　已知正弦电流波形如图 1-28 所示,$\omega = 10^3$ rad/s。(1) 写出正弦 $i(t)$ 表达式;(2) 求正弦电流最大值发生的时间 t。

解　　根据图 1-29 所示可知电流的最大值为 100 A,$t = 0$ 时电流为 50 A,因此有：

$$i(t) = 100\cos(10^3 t + \varphi_i); i(0) = 50 = 100\cos\varphi_i$$

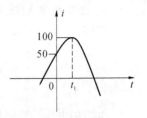

解得：$\varphi = \pm\dfrac{\pi}{3}$，由于最大值发生在计时起点右侧，故取：$\varphi = -\dfrac{\pi}{3}$。

所以： $$i(t) = 100\cos\left(10^3 t - \frac{\pi}{3}\right)$$

当 $10^3 t_1 = \dfrac{\pi}{3}$ 时，电流取得最大值，即：$t_1 = \dfrac{\pi}{3} \times \dfrac{1}{10^3} = 1.047$ ms。

图 1-28　例 1-2 图

思考题：万用表测量正弦交流电压，读数是有效值吗？

◆ 1.2.2 正弦稳态电路分析

1. 元件 VCR 的相量形式

正弦稳态电路分析

1）电阻元件 VCR 的相量形式

设图 1-29(a)中流过电阻的电流为：

$$i(t) = \sqrt{2}I\cos(\omega t + \varphi_i)$$

则电阻电压为：

$$u_R(t) = Ri(t) = \sqrt{2}RI\cos(\omega t + \varphi_i)$$

其相量形式：

$$\dot{I} = I\angle\varphi_i, \dot{U}_R = IR\angle\varphi_i$$

(1) 电阻电压相量和电流相量满足复数形式的欧姆定律：$\dot{U}_R = \dot{I}R$

(2) 电阻电压和电流的有效值也满足欧姆定律：$U_R = IR$。

(3) 电阻的电压和电流同相位，相量图如图 1-29(a)所示。

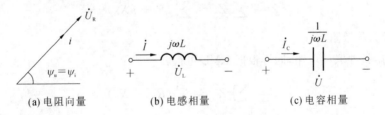

(a) 电阻向量　　(b) 电感相量　　(c) 电容相量

图 1-29　元件 VCR 的相量图

2）电感元件 VCR 的相量形式

流过电感的电流为：

$$i(t) = \sqrt{2}I\cos(\omega t + \varphi_i)$$

对应的相量形式分别为：

$$\dot{I} = I\angle\varphi_i, \dot{U}_L = \omega LI\angle\varphi_i + \frac{\pi}{2}$$

电感的电压相量和电流相量满足关系：$U_L = IX_L$，其中 $X_L = \omega L = 2\pi fL$，称为感抗，单位为 Ω（欧姆），电感电压超前电流相位 $\pi/2$。如图 1-29(b)所示。

3）电容元件 VCR 的相量形式

设图 1-29(c) 中电容的电压为：

$$u(t) = \sqrt{2}U\cos(\omega t + \varphi_u)$$

$$\dot{U} = U\angle\varphi_u, \dot{I}_c = \omega C U\angle\varphi_u + \frac{\pi}{2}$$

电容的电压相量和电流相量满足关系：

$$\dot{U} = -j\frac{1}{\omega C}\dot{I} = -jX_c\dot{I}$$

电容电压滞后电流 $\frac{\pi}{2}$。

2. 阻抗和导纳

1）阻抗与导纳

图 1-30 所示的无源线性一端口网络，当它在角频率为 ω 的正弦电源激励下处于稳定状态时，端口的电压相量和电流相量的比值定义为该一端口的阻抗 Z，单位：Ω。导纳 G 也为复数，它为复阻抗的倒数。

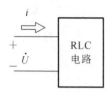

图 1-30　无源线性一端口网络

有：

$$Z = \frac{\dot{U}}{\dot{I}} = \frac{U}{I}\angle\varphi_u - \varphi_i = |Z|\angle\varphi_z$$

上式称为复数形式的欧姆定律，其中 $|Z| = \frac{U}{I}$ 称为阻抗模，$\varphi_z = \varphi_u - \varphi_i$ 称为阻抗角。由于 Z 为复数，也称为复阻抗。

2）阻抗（导纳）的串联和并联

若 n 个阻抗串联的电路，根据 KVL 得：

$$\dot{U} = \dot{U}_1 + \dot{U}_2 + \cdots\dot{U}_n = \dot{I}(Z_1 + Z_2 + \cdots Z_n) = \dot{I}Z$$

$$Z = \sum_{k=1}^{n} Z_k = \sum_{k=1}^{n}(R_k + jX_k)$$

式中：Z 为等效阻抗。

若 n 个阻抗并联的电路，同样根据 KVL 可得：

$$Z = \sum_{k=1}^{n} Z_k = \sum_{k=1}^{n}(R_k + jX_k)$$

3. 正弦电流电路分析

引入相量法和阻抗的概念后，正弦稳态电路和电阻电路依据的电路定律是相似的，因此，可将电阻电路的分析方法直接推广应用于正弦稳态电路的相量分析中。

例 1-3　求图 1-31(a) 所示电路中的电流 $\dot{I}$。

已知：$\dot{I}_s = 4\angle90°\,\mathrm{A}$，$Z_1 = Z_2 = -\mathrm{J}30\,\Omega$，$Z_3 = 30\,\Omega$，$Z = 45\,\Omega$。

解　应用电源等效变换方法得等效电路如图 1-31(b) 所示，其中：

$$Z_1 /\!/ Z_3 = \frac{30(-j30)}{30 - j30} = 15 - j15\,\Omega$$

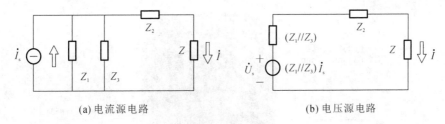

(a) 电流源电路　　　　　　　　(b) 电压源电路

图 1-31　例 1-3 图

$$\dot{I} = \dot{I_s} \frac{(Z_1 /\!/ Z_3)}{Z_1 /\!/ Z_3 + Z_2 + Z} = \frac{j4(15 - j15)}{15 - j15 - j30 + 45} = \frac{5.657\angle 45°}{5\angle -36.9°} = 1.13\angle 81.9°$$

思考题：电感元件其电压超前电流相位 π/2，结论对吗？

1.2.3　常用仪器使用

1. 万用表

万用表又称多用表，用来测量直流电流、直流电压和交流电流、交流电压、**万用表的使用 1**
电阻等，万用表还可以用来测量电容、电感以及晶体二极管、三极管的某些参数。常用的万用表可以分为指针式万用表和数字万用表，由于数字式万用表的测量准确度较高，使用方便直观，得到了广泛应用，下面介绍 UT51 型多功能数字万用表的使用。

UT51 数字万用表是 $3\frac{1}{2}$ 数位的多功能数字万用表，整机电路以大规模集成电路、双积分 A/D 转换器为核心，可用来测量直流和交流电压、电流及器件参数等。

万用表的使用 2

1）主要参数测量范围

(1) 直流电压：200 mV～1000 V。

(2) 交流电压：200 mV～750 V。

(3) 直流电流：20 mA～10 A。

(4) 交流电流：20 mA～10 A。

(5) 电阻：200 Ω～200 MΩ。

(6) 电容：2 nF～20 μF。

(7) 二极管及带声响的通断测试。

(8) 晶体管放大系数 hFE：0～1000。

2）工作频率

工作频率为 40～400 Hz。

3）显示特性

(1) 显示方式：LCD 显示。

(2) 最大显示：1999（三位半）。

4）仪表面板结构

UT51 万用表的面板功能如图 1-32 所示。

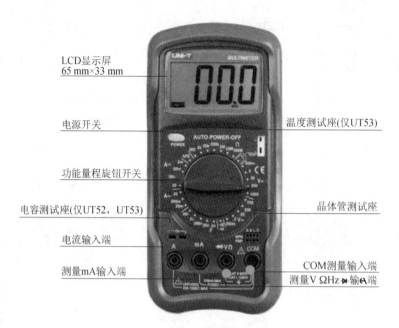

LCD显示屏
65 mm×33 mm

电源开关

温度测试座(仅UT53)

功能量程旋钮开关

电容测试座(仅UT52，UT53)

晶体管测试座

电流输入端

测量mA输入端

COM测量输入端
测量V ΩHz 输 输入端

图 1-32　UT51 仪器面板结构

5）万用表测量

（1）测量电阻器阻值。

（2）测量电容器漏阻。

将红黑表笔分别接电容两端，观察表针摆动角度。容量越大表针摆幅电越大；摆动至某值后便回走至∞附近。所示值越大，表示电容漏阻越大。

（3）电感通断测量。

（4）直流电压、交流电压测量：从高到低选择电压表档位，留有余量直接测量。

（5）直流电流、交流电流测量：选择好电流表档位，串入回路中进行测量。

6）操作注意事项

（1）将 POWER 开关按下，检查 9 V 电池，如电池电压不足，"🔋"将显示需更换电池。

（2）测试必插孔旁边的"⚠"符号，表示输入电压或电流不应超过显示值，这是为了保护内部线路免受损坏。

（3）测试之前，功能开关应从大到小，选择置于所需要的量程。

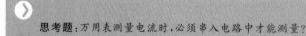

思考题：万用表测量电流时，必须串入电路中才能测量？

2. 示波器

示波器是一种用途广泛的电子仪器，它可以直接观察电信号的波形，测量电压的幅度、周期（频率）等参数，用双踪示波器还可测量两个电压之间的时间差或相位差，配合各种传感器，它可用来观测非电学量（如压力、温度、磁感应强度、光强等）随时间的变化过程。

示波器的使用

电子示波器的种类是多种多样的，分类方法也各不相同。按所用示波管不同可分为单线示波器、多踪示波器、记忆示波器等;按其功能不同可分为通用示波器、多用示波器、高压示波器等。

1) 示波器组成

示波器由示波器的 Y 通道(垂直系统)、X 通道(水平系统)、直流电源、显示屏等组成,如图 1-33 所示。

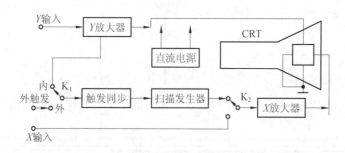

图 1-33　电子示波器的基本组成

2) 数字示波器面板

DS1000 系列数字示波器的面板如图 1-34 所示。包含模拟信号输入、外触发输入、菜单操作键、多功能控制旋钮、液晶显示屏及 USB 接口、逻辑分析仪接口等。

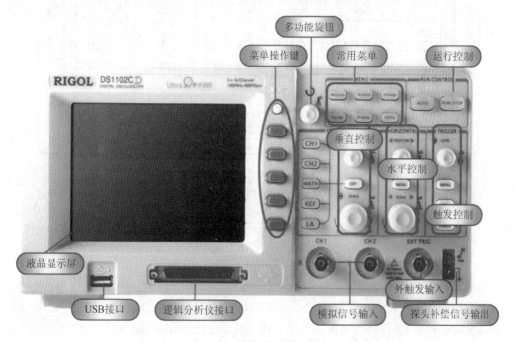

图 1-34　示波器面板功能

思考题:示波器测量波形时,为什么屏幕上需完整显示 1～2 个信号周期?

3. 信号发生器

凡是产生测试信号的仪器,统称为信号源,也称为信号发生器,它用于产生被测电路所需的特定参数的电测试信号。现介绍 YB1602P 函数发生器。它是一种新型高精度信号源,具有数字频率计、计数器及电压显示和功率输出等功能。

1）主要特点

（1）频率计和计数器功能（5 位 LED 显示）。

（2）输出电压指示（3 位 LED 显示）。

（3）内置线性/对数扫频功能。

（4）数字频率微调功能，使测量更精确。

（5）具有 10 W 功率输出和 50 Hz 正弦波输出，方便于教学实验。

信号发生器的使用

2）面板操作键说明

YBl600P 系列函数信号发生器操作前面板如图 1-35 所示。

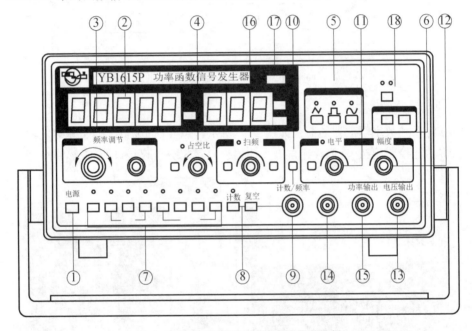

图 1-35 YB1600P 系列函数发生器前面板

1—电源开关（POWER）；2—LED 显示窗口；3—频率调节旋钮（FREQUENCY）；4—占空比（DUTY）；
5—波形选择开关（WAVEFORM）；6—衰减开关（ATTE）；7—频率范围选择开关；8—计数、复位开关；9—计数/频率端口；
10—外测频开关；11—电平调节；12—幅度调节旋钮（AMPLITUDE）；13—电压输出端口（VOLTAGEOUT）；
14—TTL/CMOS 输出端口；15—功率输出端口；16—扫频；17—电压输出指示；18—功率按键

4.直流稳压电源

直流稳压电源是能为负载提供稳定直流电压的电子装置，它的供电电源大都是交流电源，当交流供电电源的电压变化或负载电阻变化时，稳压器的直流输出电压都会保持稳定。下面以 GPS-3303C 型直流稳压电源为例，讲述直流稳压电源的使用。

直流稳压电源
的使用

1）主要特性

GPS-3303C 直流稳压电源具有 3 组独立直流电源输出，3 位数字显示器，可同时显示两组电压及电流，具有过载及反向极性保护，可选择连续/动态负载，其主要工作特性如表 1-3 所示。

表 1-3　GPS-3303C 直流稳压电源主要工作特性

	CH1	CH2	CH3
输出电压	0～30 V		5 V 固定
输出电流	0～3 A		3 A 固定
串联同步输出电压	0～60 V		
并联同步输出电压	0～6 A		

2）面板说明

GPS-3303C 的面板如图 1-36 所示。

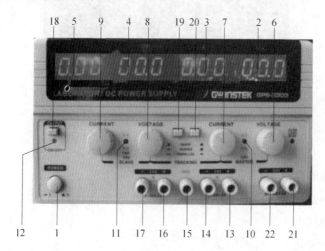

图 1-36　GPS-3303C 型直流稳压电源面板图

1—电源开关；2—CH1 输出电压显示 LED；3—CH1 输出电流显示 LED；4—CH2 输出电压显示 LED；
5—CH2 的输出电流显示 LED；6—CH1 输出电压调节旋钮；7—CH1 输出电流调节旋钮；8—CH2 输出电压调节旋钮；
9—CH2 输出电流调节旋钮；10、11—CV./CC 指示灯；12—输出指示灯；13—CH1 正极输出端子；
14—CH1 负极输出端子；15—GND 端；16—CH2 正极输出端子；17—CH2 负极输出端子；
18—输出开关；19、20—TRACKING 模式组合按键；21—CH3 正极输出端子；22—CH3 负极输出端子

> 思考题：稳压电源输出电流调节旋钮设置不当，会使电源工作不正常，如何理解？

5. 毫伏表

通常都使用万用表来测量电压，但由于万用表的输入阻抗低、频带不够宽，所以在要求较高的场合都需要使用电子毫伏表。它是一种专门用于测量正弦交流电压有效值的电子仪器。常用的有 2N2270 型超高频毫伏表、DA-16 晶体管毫伏表等。本文以 DA-16 为例介绍晶体管毫伏表的使用。

毫伏表的使用

1）主要技术指标

（1）测量范围。

100 μV～300 V，分 11 档：100 μV、1 mV、3 mV、10 mV、30 mV、300 mV、1 V、3 V、10 V、30 V、300 V。

（2）被测频率范围：20 Hz～1 MHz。

（3）输入阻抗（1 kHz 时）：电阻 1.5 MΩ；电容 50～70 pF。

（4）电源：220 V，50 Hz，30 VA。

2）仪器面板

DA-16 晶体管毫伏表面板图如图 1-37 所示。

图 1-37　DA-17 晶体管毫伏表面板图

◆ 1.2.4 安全用电

安全用电

1. 电流对人体的作用

触电人体因触及高电压的带电体而承受过大的电流，以致引起死亡或局部受伤的现象称为触电。

决定触电对人体伤害程度的因素如下。

（1）流过人体电流的大小。

（2）流过人体电流的频率。

（3）通电时间的长短。

（4）电流流过人体的途径。

（5）触电者本人的情况（人体电阻）。

2. 触电方式

单相触电；两相触电。

3. 常用的安全措施

（1）安全电压 36 V 以下。

（2）开关必须通过相线。

（3）选用合适的导线和熔丝。

（4）正确安装用电设备。

（5）电气设备的保护接地和保护接零。

① 保护接地：将电气设备的金属外壳与地线相连，适用于中性点不接地的低压系统中，如三脚插头和三眼插座的应用。

② 保护接零：将电气设备的金属外壳与中性线相连，适用于中性点接地的低压系统中。

（6）使用触电保护装置。

项目实施

1. 数字万用表的使用

利用万用表可以检测电阻、电容、电感及二极管、三极管等器件。

1）电阻器的检测

用万用表测量电阻器需注意：测量时手不能同时接触被测电阻的两根引线，以免人体电阻影响测量的准确性，通常将电阻器的一端从电路中断开。

2）电容器的测量

电容器常见故障有断路、短路、失效等，装入电路前需对电容器进行检测。

（1）电容器的断路测量。

万用表设定于电阻挡，用两表笔分别接触电容器两极引线（测量时，手不能同时碰触两极引线），如表针不动，将表笔对调后再测量，表针仍不动，说明电容器断路。

（2）电容器的短路测量。

用万用表的欧姆挡，将两表笔分别接触电容器的两引线，如表针指示阻值很小或为零，说明电容器已击穿短路，此时要根据电容器容量的大小，适当选择量程。

3）电感线圈的测量

用万用表的欧姆挡测电感器的阻值，若为无穷大，表明电感器断路；若电阻很小，表明电感器正常。

4）半导体二极管的测试

在使用二极管前，应先判断二极管好坏，将万用表的红黑表笔分别接到二极管的阳极、阴极，所测二极管的正向电阻约为 $300 \sim 1 \ k\Omega$，如将红黑表笔对换，测量反向电阻约为 $500 \ k\Omega$ 以上，如果反向电阻很小，则二极管反向击穿损坏。

5）直流电压、交流电压的测量

首先将黑表笔插入 COM 插孔，红表笔插入 V 插孔。然后将功能开关置于 $\mathbf{V} \text{---}$（直流）或 V～（交流）量程，并将测试表笔连接到被测源两端，显示器将显示被测电压值。

6）直流电流、交流电流的测量

首先将黑表笔插入 COM 插孔，当测量最大值为 2 A 以下电流时，红表笔插入 mA 插孔。当测量最大值为 10 A 电流时，红表笔插入 A 插孔，然后将功能开关置于 $\mathbf{A} \text{---}$（直流）或 A～（交流）量程，并将测试表笔串联接入到待测回路里。

2. 示波器的使用

利用电子示波器可以进行电压、时间、相位差、频率以及其他物理量的测量。

1）电压测量

（1）直流电压的测量。

① 将垂直输入耦合选择开关置于"⊥"，采用自动触发扫描，使荧光屏上显示一条扫描基线，然后根据被测电压极性，调节垂直位移旋钮，使扫描基线处于某特定基准位置（作 0 V 电压线）。

② 将输入耦合选择开关置于"DC"位置。

③ 将被测信号经衰减探头（或直接）接入示波器 Y 轴输入端,然后再调节 Y 轴灵敏度（V/cm）开关,使扫描线有较大的偏移量,如图 1-38 所示。

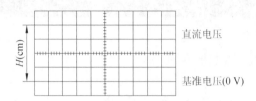

图 1-38 示波器测量示意图

设荧光屏显示直流电压的坐标刻度为 $H(0\ Vcm)$,仪器的 Y 轴灵敏度所指档级为 $S_Y = 0.2\ V/cm$,Y 轴探头衰减系数 $K=10$（即用了 $10:1$ 衰减探极）,则被测直流电压为:

$$u_x = H(cm)S_Y(V/cm)K = H(cm) \times 0.2\ V/cm \times 10 = 2H(V)（正电压）$$

（2）交流电压测量。

一般是直接测量交流电压的峰-峰值 U_{PP}。其测量方法是,将垂直输入耦合选择开关置"AC",根据被测信号的幅度和频率对"V/cm"开关和"t/cm"开关选择适当挡级,将被测信号通过衰减探头接入示波器 Y 轴输入端,然后调节触发"电平",使波形稳定,如图 1-39 所示。

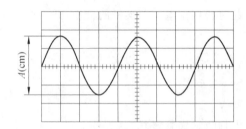

图 1-39 电压瞬时值 U_{XPP} 的测量值

设荧光屏上显示信号波形峰-峰值的坐标刻度为 $A(cm)$,仪器的 Y 轴灵敏度所指挡级为 $S_Y = 0.1\ V/cm$,Y 轴探头衰减系数 $K=10$,则被测信号电压的峰-峰值为:

$$U_{PP} = 0.1V/cm \times A(cm) \times 10 = A(V)$$

对于正弦信号来说,峰-峰值 U_{PP} 与有效值 U_x 的关系为:

$$U_X = U_{PP}/2\sqrt{2} = A(V)/2\sqrt{2}$$

2）周期的测量

接入被测信号,将图形移至荧光屏中心,调节 Y 轴灵敏度和 X 轴扫描速度,使波形的高度和宽度合适,如图 1-40(a) 所示。设扫描速度为 $t/cm = 10\ ms/cm$,扩展倍数 $K=10$,则信号的周期为:

$$T = X(cm) \times (t/cm) \div K = 1 \times 10 \div 10\ ms = 1\ ms$$

为了减少读数误差,也可采用图 1-40(b) 所示的多周期法进行测量。设 N 为周期个数,则被测信号周期为:

$$T = X \times (t/cm) \div K \div N$$

3）频率测量

用测周期法确定频率,由于信号的频率为周期的倒数,可用前述方法先测出信号周期,再换算为频率。

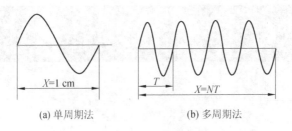

(a) 单周期法   (b) 多周期法

图 1-40　测量周期

3. 函数信号发生器的使用

打开电源开关,将电源、衰减开关、外测频、电平、扫频开关等控制键设定于弹出状态,函数信号发生器默认 10K 档正弦波,LED 显示窗口显示本机输出信号频率。三角波、方波、正弦波产生可按如下操作。

(1) 将波形选择开关分别按正弦波、方波、三角波,此时示波器屏幕上将分别显示正弦波、方波、三角波。

(2) 改变频率选择开关,示波器显示波形及 LED 窗口显示的频率将发生明显变化。

(3) 幅度旋钮顺时针旋转至最大,示波器显示波形幅度将大于 $20V_{PP}$。

(4) 将电平开关按入,顺时针旋转电平旋钮至最大,示波器波形向上移动,逆时针旋转,示波器波形向下移动,最大变化量 ±10 V 以上。

 知识梳理与总结

1. 电阻器是电子产品中必不可少的元件,它的种类繁多,形状各异,在电路中常用来控制电流、分配电压。

2. 电容器是由两个金属板中间夹有绝缘材料构成的,由于绝缘材料不同构成的电容器种类也不同。电容器在电路中具有隔断直流、通过交流电的作用,常用于级间耦合、滤波、去耦、旁路及信号调谐等方面。

3. 电感器有固定电感器、可变电感器、微调电感器之分,在电路中有阻交流通直流的作用。

4. 半导体中有两种载流子:自由电子和空穴。本征半导体中掺入三价或五价元素杂质,可形成 P 型半导体或 N 型半导体。P 型半导体中,空穴是多数载流子,自由电子是少数载流子。而 N 型半导体中,自由电子是多数载流子,空穴是少数载流子。

5. 二极管具有单向导电性,可用来进行整流、检波、限幅等。稳压管是一种特殊的二极管,可用来稳压。二极管的伏安特性曲线是非线性的,所以它是非线性器件。

6. 万用表又称多用表,用来测量直流电流、直流电压和交流电流、交流电压及电子元器件某些参数,常用的万用表可分为指针式万用表和数字万用表。

7. 示波器是一种用途广泛的电子仪器,它可以直接观察电信号的波形,测量电压的幅度、周期(频率)等参数,用双踪示波器还可测量两个电压之间的时间差或相位差。

8. 凡是产生测试信号的仪器,统称为信号源,也称为信号发生器,它用于产生被测电路所需特定参数的电测试信号。

9. 直流稳压电源是指能为负载提供稳定直流电源的电子装置。当交流供电电源的电压变化或负载电阻变化时,稳压器的直流输出电压都会保持稳定。

10. 电子毫伏表是一种专门用于测量正弦交流电压有效值的电子仪器。

习题

一、填空题

1. 电阻用字母_____表示,电阻的基本单位是_____。

2. 电容用字母_____表示,电容的基本单位是_____。

3. 电感用字母_____表示,电感的基本单位是_____。

4. 普通二极管的电路符号为_____,其有标记的一边是它的_____极。

5. 导电能力介于_____和_____之间的物体称为_____半导体。

6. 在 N 型半导体中_____为多数载流子,_____为少数载流子。

7. 当加在硅二极管上的正向电压超过_____伏时,二极管进入_____状态。

8. 二极管以 PN 结面积大小分类可分为_____接触型和面接触型。

9. 利用二极管的特性,把_____电变成_____电的电路叫整流电路。

10. 常用二极管以材料分类,可分为_____二极管和_____二极管。

11. 滤除脉动直流电中的交流成分的过程叫_____。

12. 电阻 2 kΩ 与电阻 4 kΩ 串联总电阻为_____,并联的总电阻为_____。

13. 稳压二极管在_____状态下管子两端的电压叫稳定电压。

14. 在图 1-41 所示电路中,设所有二极管均为理想的。

① 当开关 K 打开时,A 点电位 $U_A =$_____伏,此时流过电阻 R_1 中电流 $I_1 =$_____毫安;

② 当开关 K 闭合时,A 点电位 $U_A =$_____伏,此时流过电阻 R_1 电流 $I_1 =$_____毫安。

(提示:开关 K 打开时,VD_3 管优先导通)

15. 在图 1-42 所示电路中,VD 为理想二极管,则当开关 K 打开时,A 点电位 $U_A =$_____伏;开关 K 闭合时,$U_A =$_____伏。

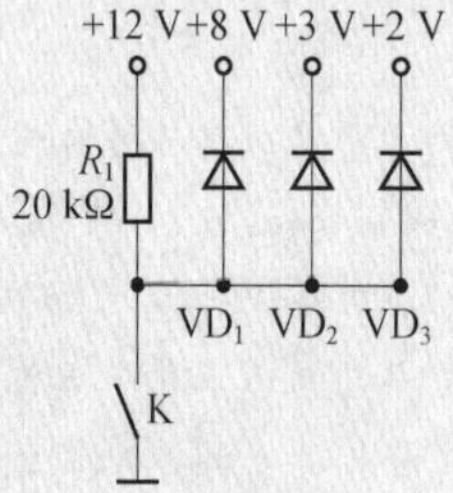

图 1-41　填空题 14 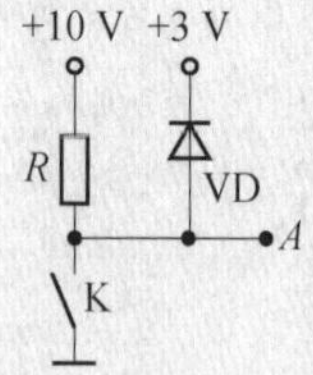　　　　图 1-42　填空题 15

16. 将 15.36 和 362.51 保留 3 位有效数字后为_____。

17. 用峰值电压表测量一方波电压,若读数为 1 V,则该电压的峰值为_____伏。

18. 在没有信号输入时,仍有水平扫描线,这时示波器工作在_____状态。

19. 交流电路中,电容元件电流相位_____电压相位 π/2。(填超前或滞后)

20. 正弦量的三要素是指_____、_____、_____。

二、选择题

1. 请选出以下有极性的元件(　　)。

A. 三极管　　　　　　B. 压敏电阻　　　　　　C. 钽电容　　　　　　D. 有源晶振

2. 请指出以下容量最大的电容(　　)。

A. 104　　　　　　　　B. 220　　　　　　　　C. 471　　　　　　　　D. 330

3.4 色环第四环为银色,其误差值是(   )。

A.5% B.10% C.15% D.20%

4.本征半导体又叫(   )。

A.普通半导体 B.P型半导体 C.掺杂半导体 D.纯净半导体

5.锗二极管的死区电压为(   )。

A.0.3 V B.0.5 V C.1 V D.0.7 V

6.从二极管伏安特性曲线可以看出,二极管两端压降大于(   )时处于正偏导通状态。

A.0 B.死区电压 C.反向击穿电压 D.正向压降

7.为了在示波器荧光屏上得到清晰而稳定的波形,应保证信号的扫描电压同步,即扫描电压的周期应等于被测信号周期的(   )倍。

A.奇数 B.偶数 C.整数 D.2/3

8.正确的手工焊接操作过程可以分成(   )个步骤。

A.准备施焊 B.加热焊件 C.送入焊丝 D.移出焊丝

E.移出烙铁

9.工程上说的正弦电压、电流一般指有效值,下列为有效值的是(   )。

A.设备铭牌额定值 B.示波器读数峰-峰值 C.万用表指示的电压值 D.其他

10.常用的安全措施有(   )等措施。

A.开关必须控制相线 B.正确安装用电设备

C.电气设备保护接地应可靠 D.使用触电保护装置。

三、思考与计算题

1.电阻器的色环一次为黄、紫、蓝、黄、金,它的阻值和误差各是多少?

2.电容器上分别标注有下列数字和符号:22n、3n3、202、0.47、103,试指出其标称容量。

3.如图 1-43 所示,已知稳压管的稳定电压 $U_Z=6$ V,稳定电流的最小值 $I_{Zmin}=5$ mA,最大功耗 $P_{ZM}=150$ mW,试求稳压管正常工作时电阻 R 的取值范围。

4. 如图 1-44 所示电路中,发光二极管导通电压 $U_D=1$ V,正常工作时要求正向电流为 $5\sim15$ mA,试问:

(1)开关 K 在什么位置时发光二极管才能发光?

(2)R 的取值范围是多少?

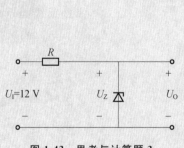 

图 1-43　思考与计算题 3　　　　图 1-44　思考与计算题 4

5.某待测电流约为 100 mA,现有 0.5 级量程为 $0\sim400$ mA 和 1.5 级量程为 $0\sim100$ mA 的两个电流表,问用哪一个电流表测量较好?

6.用示波器测量正弦信号电压幅度,"倍率"置"×5"挡,"偏转灵敏度粗调"开关置"0.5 V/cm"挡,"偏转灵敏度微调"置"校正"位置,用衰减量为 10 倍的探头引入,荧光屏上信号峰-峰值高度为 5 cm,求被测信号电压幅值 U_m 和有效值 U。

学习情境 2

基本放大电路安装与检测

教学导航

本学习情境主要介绍模拟电子线路的基本电路模块——放大电路,包括半导体三极管及其放大电路,场效应管及其放大电路,同时介绍了反馈的相关知识及负反馈对放大电路的影响。最后通过收音机这一典型电子产品作为载体,通过放大电路的工作任务分析、安装检测等过程,使学生掌握放大电路的相关知识和技能。

学习目标

(1)掌握半导体三极管及场效应管的类型、结构和工作原理。

(2)理解半导体放大电路的放大原理,掌握三种放大组态。

(3)了解各类场效应管的工作原理及其放大电路。

(4)掌握反馈的概念和类型,理解负反馈对放大电路的影响。

(5)会分析典型放大电路的静态及动态性能,计算主要性能参数。

(6)会进行收音机放大电路的安装与检测。

相关知识

2.1 半导体三极管

◆ 2.1.1 工作原理

半导体三极管(以下简称三极管)按材料分为两种:锗管和硅管。而每一种又有 NPN 和 PNP 两种结构形式,但使用最多的是硅 NPN 和 PNP 两种三极管,两者除了引脚极性不同外,其工作原理都是相同的,下面仅介绍 NPN 硅管的电流放大原理。

常用半导体三极管的工作原理及基本放大电路分析

图 2-1 所示为三极管的结构图,NPN 型是由两块 N 型半导体中间夹着一块 P 型半导体所组成,从图 2-1 可见发射区与基区之间形成的 PN 结称为发射结,而集电区与基区形成的 PN 结称为集电结,三条引线分别称为发射极 e、基极 b 和集电极 c。

当 b 点电位高于 e 点电位零点几伏时,发射结处于正偏状态,而 c 点电位高于 b 点电位几伏时,集电结处于反偏状态。

常用半导体三极管基本放大电路分析

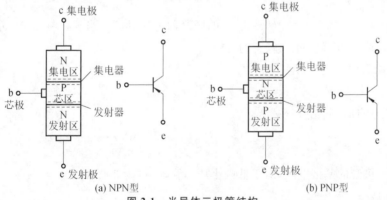

(a) NPN型   (b) PNP型

图 2-1　半导体三极管结构

在制造三极管时,有意识地使发射区的多数载流子浓度大于基区,同时基区做得很薄,而且要严格控制杂质含量,这样一旦接通电源后,由于发射结正偏,发射区的多数载流子(电子)和基区的多数载流子(空穴)很容易地穿越过发射结,互相向反方向扩散,但因前者浓度大于后者,所以通过发射结的电流基本上是电子流,这股电子流称为发射极电流 I_E。

由于基区很薄,加上集电结的反偏,注入基区的电子大部分越过集电结进入集电区而形成集电极电流 I_C,只剩下很少的电子与基区的空穴进行复合,被复合掉的基区空穴由基极电源重新补给,从而形成了基极电流 I_B。根据电流连续性原理得:

$$I_E = I_B + I_C$$

这就是说,在基极补充一个很小的 I_B,就可以在集电极上得到一个较大的 I_C,这就是所谓电流放大作用,I_C 与 I_B 维持一定的比例关系,即:

$$\bar{\beta} = I_C / I_B$$

式中:$\bar{\beta}$ 称为直流放大倍数。

三极管是一种电流放大器件,但在实际使用中常常利用三极管的电流放大作用,通过电阻转变为电压放大作用。

2.1.2 特性曲线

1.输入特性

图 2-2(b)是三极管的输入特性曲线,它表示 i_B 随 u_{BE} 的变化关系,其特点如下。

(1)当 u_{CE} 在 $0\sim2$ V 范围内,曲线位置和形状与 u_{CE} 有关,但当 u_{CE} 高于 2 V 后,曲线与 u_{CE} 基本无关,通常输入特性由两条曲线(Ⅰ和Ⅱ)表示即可。

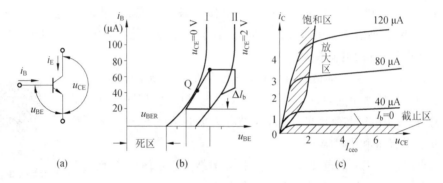

图 2-2　三极管的特性曲线

(2)当 $u_{BE} < u_{BER}$ 时,$i_B \approx 0 (0 \sim u_{BER})$ 的区段称为"死区"。当 $u_{BE} > u_{BER}$ 时,i_B 随 u_{BE} 增加而增加,放大时,三极管工作在较直的区段。

(3)三极管输入电阻,定义为:

$$r_{be} = \Delta u_{BE} / \Delta i_B$$

当处于 Q 工作点时,其估算公式为:

$$r_{be} = r_b + (\beta + 1) \frac{26(\mathrm{mV})}{I_{EQ}(\mathrm{mA})}$$

式中:r_b 为三极管的基区电阻,对于低频小功率管,r_b 约为 300 Ω。

2.输出特性

输出特性表示 i_C 随 u_{CE} 的变化关系(以 i_B 为参数),从图 2-2(c)所示的输出特性可见它分为三个区域:截止区、放大区和饱和区。

截止区:当 $u_{BE} < 0$ 时,则 $i_B \approx 0$,发射区没有电子注入基区,但由于分子的热运动,集电结仍有少量电流通过,即 $i_C = I_{CEO}$,称为穿透电流,常温时 I_{CEO} 为几微安,锗管为几十微安至几百微安,它与集电极反向电流 I_{CBO} 的关系是:

$$I_{CEO} = (1+\beta)I_{CBO}$$

常温时硅管 I_{CBO} 小于 1 μA,锗管 I_{CBO} 为 10 μA,对于锗管,温度每升高 12 ℃,I_{CBO} 数值增加一倍,而对于硅管温度每升高 8 ℃,I_{CBO} 数值增大一倍,虽然硅管的 I_{CBO} 随温度变化更剧烈,但锗管的 I_{CBO} 值本身比硅管大,所以锗管受温度影响更严重。

放大区:当晶体三极管发射结处于正偏而集电结于反偏工作时,i_C 随 i_B 近似作线性变化,放大区是三极管工作在放大状态的区域。

饱和区:当发射结和集电结均处于正偏状态时,i_C 基本上不随 i_B 而变化,失去了放大功能。根据三极管发射结和集电结偏置情况,可能判别其工作状态。

> **思考题**:三极管属于电流控制型器件,这个结论对吗?

2.1.3 工作特性及参数

1. 共射电流放大系数 $\overline{\beta}$ 和 β

在共射极放大电路中,若交流输入信号为零,则管子各极间的电压和电流都是直流量,此时的集电极电流 I_C 和基极电流 I_B 的比就是 $\overline{\beta}$,$\overline{\beta}$ 称为共射直流电流放大系数。

当共射极放大电路有交流信号输入时,因交流信号的作用,必然会引起 i_B 的变化,相应也会引起 i_C 的变化,两电流变化量的比称为共射交流电流放大系数 β,即:

$$\beta = \frac{\Delta i_C}{\Delta i_B}$$

上述两个电流放大系数 $\overline{\beta}$ 和 β 的含义虽然不同,但工作在输出特性曲线放大区平坦部分的三极管,两者的差异极小,可做近似相等处理,故在今后应用时,通常不加区分,直接互相替代使用。

由于制造工艺的分散性,同一型号三极管的 β 值差异较大,常用的小功率三极管 β 值一般为 $20\sim100$,一般选用 β 在 $40\sim80$ 之间的管子较为合适。

2. 极间反向饱和电流 I_{CBO} 和 I_{CEO}

(1)集电结反向饱和电流 I_{CBO} 是指发射极开路,集电结加反向电压时测得的集电极电流。常温下,硅管的 I_{CBO} 在 $nA(10^{-9})$ 的量级,通常可忽略。

(2)集电极-发射极反向电流 I_{CEO} 是指基极开路时,集电极与发射极之间的反向电流,即穿透电流,穿透电流的大小受温度影响较大,穿透电流小的管子热稳定性好。

3. 极限参数

1)集电极最大允许电流 I_{CM}

晶体管的集电极电流 i_C 在相当大的范围内,β 值基本保持不变,但当 i_C 的数值大到一定程度时,电流放大系数 β 值将下降。使 β 明显减少的 i_C,即为集电极最大允许电流 I_{CM}。为了使三极管在放大电路中能正常工作,i_C 不应超过 I_{CM}。

2)集电极最大允许功耗 P_{CM}

晶体管工作时,集电极电流在集电结上将产生热量,产生热量所消耗的功率就是集电极的功耗 P_{CM},即:$P_{CM} = i_C u_{CE}$。

功耗与三极管的结温有关,结温又与环境温度、管子是否有散热器等条件相关。在输出特性曲线上作出三极管的允许功耗线,如图 2-3 所示。功耗线的左下方为安全工作区,右上方为过损耗区。

手册上给出的 P_{CM} 值是在常温下 25 ℃时测得的。硅管集电结的上限温度为 150 ℃左右,锗管为 70 ℃左右,使用时应注意不要超过此值,否则管子将损坏。

3)反向击穿电压 $U_{(BR)CEO}$

反向击穿电压 $U_{(BR)CEO}$ 是指基极开路时,加在集电极与发射极之间的最大允许电压。使用中如果管子两端电压 $U_{CE} > U_{(BR)CEO}$,集电极电流 i_C 将急剧增大,这种现象称为击穿。

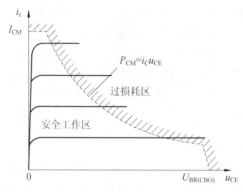

图 2-3　三极管的允许功耗线

4. 温度对三极管参数的影响

1）对 β 的影响

三极管的 β 随温度的升高将增大，温度每上升 $1\ ℃$，β 值增大 $0.5\%\sim1\%$，其结果是在相同的 i_B 情况下，集电极电流 i_C 随温度上升而增大。

2）对反向饱和电流 I_{CEO} 的影响

I_{CEO} 是由少数载流子漂移运动形成的，I_{CEO} 随温度上升会急剧增加。温度上升 $10\ ℃$，I_{CEO} 将增加一倍。由于硅管的 I_{CEO} 很小，所以温度对硅管 I_{CEO} 的影响不大。

3）对发射结电压 u_{BE} 的影响

和二极管的正向特性一样，温度上升 $1\ ℃$，u_{BE} 将下降 $2\sim2.5\ mV$。

综上所述，随着温度的上升，β 值将增大，i_C 也将增大，u_{CE} 将下降，这对三极管放大作用不利，使用中应采取相应的措施克服温度的影响。

> 思考题：三极管极间反向饱和电流 I_{CBO} 和 I_{CEO} 越小越好，这个结论对吗？

2.2　半导体三极管基本放大电路及组态

2.2.1　基本放大电路

工业生产和日常生活中，需要将微弱变化的电信号放大几百倍、几千倍甚至几十万倍之后去带动执行机构，对生产设备进行测量、控制或调节，完成这一任务的电路称为放大电路，简称放大器。

1. 三极管放大器的组成元件

图 2-4 所示为共发射极基本放大电路。当输入端加入微弱的交流电压信号 u_i 时，输出端就得到一个放大的输出电压 u_o。由于放大器的输出功率比输入功率大，而输出功率通过直流电源转换获得，所以放大器必须加上直流电源才能工作。从这一点来说，放大器实质上是能量转换器，它把直流电能转换成交流电能。

放大器是由三极管、电阻、电容和直流电源等元器件组成，各元件作用如下。

（1）基极电阻 R_b 为三极管提供一个合适的基极电流，使三极管处于放大状态，R_b 的阻

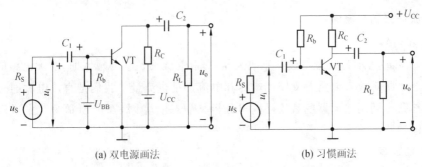

(a) 双电源画法　　　　　　　(b) 习惯画法

图 2-4　共发射极基本放大电路

值一般在几十千欧至几百千欧之间。

（2）集电极电阻 R_c 能将集电极电流 I_c 的变化转换成电压变化，实现电压放大作用，R_c 的阻值一般为几千欧至几十千欧。

（3）耦合电容 C_1 和 C_2 的作用是隔直流、通交流。它既可以将信号源与放大电路、放大电路与负载之间的直流通路隔开，又能让交流信号顺利通过，C_1、C_2 一般采用容量较大的电解电容器。

（4）供电电源 U_{CC} 除为放大电路提供电能外，还通过 R_b、R_c 提供三极管的工作电压，使三极管处于放大状态。

（5）符号"⊥"为接地符号，表示电路中的零参考电位。

2. 偏置电路的类型

三极管放大器要完成对交变信号不失真放大，必须满足以下条件：三极管的发射结加正向偏置电压，集电结加反向偏置电压，三极管的偏置电压是由电源通过偏置电路提供的，常用的偏置电路有以下三种类型。

1）固定式偏置电路

图 2-4 所示的共发射极基本放大电路就属于固定式偏置电路。基极电阻 R_b 又称为偏置电阻，电源 U_{CC} 通过它向三极管提供合适的静态电流，使三极管发射结处于正向偏置，这种电路简单，但工作稳定性差。

2）分压式偏置电路

图 2-5 所示为分压式偏置电路，R_{b1} R_{b2} 组成分压器向三极管提供直流电压。由于此电路带有负反馈电阻 R_e，故三极管的工作稳定性较高。

3）集电极-基极反馈式偏置电路

如图 2-6 所示，偏置电阻 R_b 接在三极管的基极与集电极之间，为三极管提供基极电流，R_b 还具有负反馈作用，能稳定电路的静态工作点。

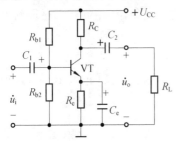

图 2-5　分压式偏置电路

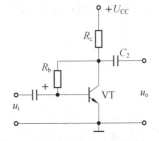

图 2-6　集电极-基极反馈式偏置电路

3. 直流通路和交流通路

1）直流通路

如图 2-7(a)所示为共发射极基本放大器原理图,无交流信号输入时,放大电路的工作状态称为静态。此时放大电路各支路的电压和电流都是直流量。我们把直流电流通过的路径称为直流通路。利用放大器的直流通路可分析其静态值,图 2-7(b)所示为共发射极基本放大器的直流通路。

2）交流通路

当输入交流信号时,放大器的工作状态称为动态。这时放大电路中除了存在直流成分之外还有交流成分。通常把交流电流所通过的路径称为交流通路,交流通路可用于放大器的动态分析。图 2-7(c)所示为共发射极基本放大器的交流通路。绘制交流通路应掌握的原则如下。

（1）由于电路中耦合电容、旁路电容的容量较大,对交流来说可视为短路。

（2）直流电源的内阻很小,交流电流在其上的压降很小,对交流信号可视为短路。

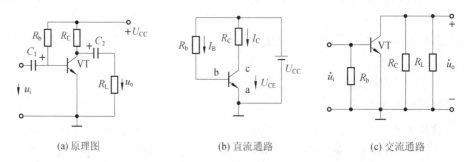

(a) 原理图　　　　　　　(b) 直流通路　　　　　　　(c) 交流通路

图 2-7　共发射极基本放大器及交直流通路

4. 三极管放大电路中的信号

在放大器的输入端加入一个交流电压信号 u_i,使电路处于交流信号放大状态(动态)。当交变信号 u_i 经 C_1 加到三极管 VT 的基极时,它与原来的直流电压 U_{BE}(设为 0.7 V)进行叠加,使发射结的电压为 $u_{BE}=U_{BE}+u_i$,基极电压的变化必然导致基极电流随之发生变化,此时基极电流为 $i_B=I_B+i_b$,如图 2-8(a)、(b)所示。

三极管具有电流放大作用,基极电流微小变化可以引起集电极电流较大变化。如果电流放大倍数为 β,则集电极电流为 $i_c=\beta i_B$,实现了电流放大。如图 2-8(c)所示,经放大的集电极电流 i_c 通过电阻 R_c 转换成交流电压 u_{ce},所以三极管的集电极电压也是由直流电压 u_{CE} 和交流电压 u_{ce} 叠加而成,其大小为 $u_{CE}=U_{CE}+u_{ce}=U_{CC}-i_cR_c$,如图 2-8(d)所示。

放大后的信号经 C_2 加到负载 R_L 上。由于 C_2 的隔直作用,在负载上便得到电压的交流分量 u_{ce},即

$$u_o = u_{ce} = -i_cR_c$$

式中:"—"号表示输出信号电压 u_o 与输入信号电压 u_i 相位相反(相差 180°),这种现象称为放大器的反相放大。

 思考题:画三极管放大器直流通路时,耦合电容应做如何处理?

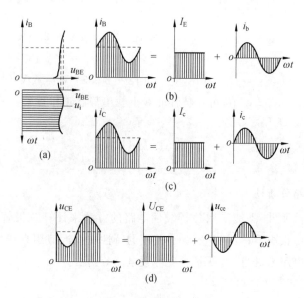

图 2-8　放大器各极的电压电流波形

◆ ## 2.2.2　共发射极放大器

分析放大电路时,一般要求解决两个方面的问题,即确定放大电路的静态和动态时的工作情况。静态分析就是要确定放大电路没有输入交流信号时,三极管各极的电流和电压。动态分析则是研究在正弦波信号作用下,放大电路的电压放大倍数、输入电阻和输出电阻等。

1. 三极管放大电路的静态工作点的估算

三极管放大电路的静态值,即直流 I_{BQ}、I_{CQ}、U_{CEQ} 的值在输出特性上反映为一个点,称为静态工作点 Q。静态工作点的分析方法有估算法和图解法,此处仅介绍估算法。

静态工作点的估算可根据直流通路进行。图 2-9 所示为共发射极基本放大电路的直流通路,在静态工作点 Q 处的静态值为:

$$I_{BQ} = \frac{U_{CC} - U_{BEQ}}{R_b}$$

$$I_{CQ} = \beta I_{BQ}$$

$$U_{CEQ} = U_{CC} - I_{CQ}R_C$$

式中:U_{BEQ} 为三极管发射结压降,硅管为 $0.6 \sim 0.7$ V,锗管为 $0.2 \sim 0.3$ V。在进行静态工作点估算时,需要把 β 值作为已知量。

例 2-1　在如图 2-9 所示的共射极基本放大器中,$U_{CC} = 12$ V,$R_b = 300$ kΩ,$R_c = 3$ kΩ,三极管 $\beta = 50$,忽略发射结压降,试用近似估算法求该电路的静态工作点。

解　基极电流为:

$$I_{BQ} = \frac{U_{CC} - U_{BEQ}}{R_b} \approx \frac{U_{CC}}{R_b} = \frac{12}{300} \text{ mA} = 40 \text{ μA}$$

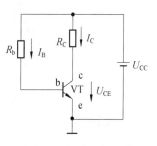

图 2-9　静态工作点估算

集电极电流为：

$$I_{CQ} = \beta I_{BQ} = 50 \times 40 \ \mu A = 2000 \ \mu A = 2 \ mA$$

集电极电压：

$$U_{CEQ} = U_{CC} - I_{CQ} R_{c} = (12 - 2 \times 3) \ V = 6 \ V$$

通过求出的 I_{BQ}、I_{CQ}、U_{CEQ} 值，可在特性曲线上找出静态工作点 Q。

思考题：三极管放大器交流分析时，主要参数有哪些？

2. 微变等效电路分析法

三极管是非线性元件，不能采用分析线性电路的方法来计算三极管放大器。但是如果放大器输入信号电压很小，可以把三极管小范围的特性曲线近似用直线代替，从而把三极管放大电路作为线性电路来处理，这就是微变等效电路分析法。

1）三极管的微变等效电路

三极管的输入电压和输入电流的关系由输入特性曲线表示，如果输入信号很小，可以把静态工作点附近的曲线当作直线，即近似地认为输入信号电流正比于输入电压，用一个等效电阻来代表输入电压和电流的关系：

$$r_{be} = \frac{\Delta u_{BE}}{\Delta i_{B}}$$

r_{be} 称为三极管的输入电阻，它的大小与静态工作点有关，通常在几百欧至几千欧之间。对于低频小功率三极管，常用下式估算：

$$r_{be} = 300 + (1 + \beta) \frac{26(mV)}{I_{EQ}(mA)}$$

式中：I_{EQ} 为发射极静态电流。

在放大区内，输出特性曲线可近似看成是一组与横轴平行的直线，集电极电流与 u_{CE} 无关，而只受基极电流控制。

$$\beta = \frac{\Delta i_{C}}{\Delta i_{B}}$$

因此三极管的输出电路可用电流源 $\Delta i_{C} = \beta \Delta i_{B}$ 来等效表示，但 Δi_{C} 不是独立电源，而是受 Δi_{B} 控制的电流源，称为受控电源。

把三极管输入、输出特性的等效电路综合起来，就得到三极管的等效电路，如图 2-10 所示。利用这个线性等效电路来代替三极管，可使放大器的分析计算变得非常简单。

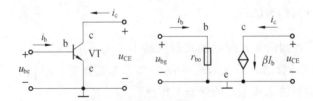

图 2-10 三极管等效电路

微变等效电路分析只能用于动态，其静态分析仍应按直流通路进行计算。

要画出放大器的等效电路，先要画出其交流通路，然后用三极管等效电路取代三极管即可,图 2-11 所示为共发射极基本放大器的微变等效电路。

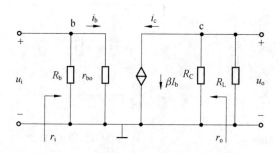

图 2-11　共发射极基本放大器的微变等效电路

2）电压放大倍数 A_u 的计算

放大倍数定义为输出电压与输入电压之比,即:

$$A_u = \frac{u_o}{u_i}$$

由图 2-11 可得输入电压为:

$$u_i = i_b r_{be}$$

输出电压为:

$$u_o = -i_c(R_C//R_L) = -i_c R_L'$$

其中

$$R_L' = R_C//R_L$$

所以

$$A_u = \frac{u_o}{u_i} = \frac{-i_c R_L'}{i_b r_{be}} = -\beta \frac{R_L'}{r_{be}}$$

电压放大倍数说明了放大器的电压放大能力,它是放大器的一项很重要的性能指标,与静态工作点和负载大小有关。

3）输入电阻与输出电阻

放大电路输入端与信号源（或前一级放大电路）相通,输出端与负载（或后一级放大电路）相连,所以放大电路与信号源、负载之间是互相联系又互相影响的,这种影响可以用输入电阻和输出电阻表示。

（1）输入电阻 r_i 是从放大器输入端看进去的等效交流电阻。对于共发射极基本放大器,其输入电阻为:

$$r_i = R_b//r_{be}$$

一般 $R_b \gg r_{be}$,所以 $r_i \approx r_{be}$。

（2）输出电阻 r_o 是从放大电路输出端（不包括负载电阻 R_L）看进去的交流等效电阻。对于共射基本放大电路,输出电阻为 $r_o \approx R_C$。

 例 2-2　已知图 2-12 所示电路的参数为:$R_b = 330$ kΩ,$R_C = 3.3$ kΩ,$R_L = 4.7$ kΩ,$U_{BEQ} = 0.7$ V,$U_{CC} = 12$ V,$\beta = 50$,试计算电压放大倍数、输入电阻和输出电阻。

解　静态电流值:

$$I_{BQ} = \frac{U_{CC} - U_{BEQ}}{R_b} = \frac{12 - 0.7}{330} \text{ mA} \approx 34 \ \mu A$$

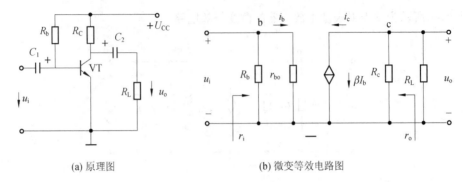

(a) 原理图 (b) 微变等效电路图

图 2-12 基本放大器电路计算

$$I_{EQ} = (1+\beta)I_{BQ} = (1+50) \times 34 \ \mu A \approx 1.73 \ mA$$

三极管的输入电阻：

$$r_{be} = 300 \ \Omega + (1+\beta)\frac{26 \ mV}{I_{EQ}} = 300 \ \Omega + \left[(1+50) \times \frac{26 \ mV}{1.73 \ mA}\right] \Omega \approx 1.07 \ k\Omega$$

因为：

$$R_L' = R_C // R_L = (3.3 // 4.7) \ k\Omega = 1.94 \ k\Omega$$

所以电压放大倍数：

$$A_u = -\beta \frac{R_L'}{r_{be}} = -50 \times \frac{1.94}{1.07} = -91$$

输入电阻：

$$r_i = R_b // r_{be} \approx r_{be} = 1.07 \ k\Omega$$

输出电阻：

$$r_o \approx R_C = 3.3 \ k\Omega$$

例 2-3 电路如图 2-13(a)所示，已知 $R_{b1} = 20 \ k\Omega, R_{b2} = 10 \ k\Omega, R_C = 2 \ k\Omega, R_L = 3.9 \ k\Omega, R_e = 2 \ k\Omega, U_{BEQ} = 0.7 \ V, U_{CC} = 12 \ V, \beta = 50$，求：(1) 静态工作点；(2) 放大电路的微变等效电路；(3) 电压放大倍数 A_u；(4) 输入电阻 r_i 和输出电阻 r_o。

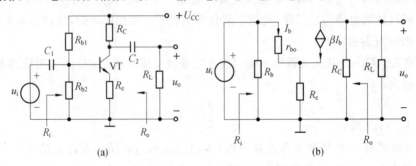

(a) (b)

图 2-13 分压式偏置电路的计算

解 (1) 计算静态工作点。

$$U_{BQ} = \frac{R_{b2}}{R_{b1} + R_{b2}} U_{CC} = \frac{10}{20+10} \times 12 \ V = 4 \ V$$

$$I_{CQ} \approx I_{EQ} = \frac{U_{EQ}}{R_e} = \frac{U_{BQ} - U_{BEQ}}{R_e} = \frac{4-0.7}{2} \ mA = 1.65 \ mA$$

$$I_{BQ} = \frac{I_{CQ}}{\beta} = \frac{1.65}{50} \text{ mA} = 33 \ \mu\text{A}$$

$$U_{CEQ} \approx U_{CC} - I_{CQ}(R_C + R_e) = [12 - 1.65 \times (2 + 2)] \text{ V} = 5.4 \text{ V}$$

（2）画出放大电路的微变等效电路，如图 2-13(b) 所示。

（3）计算电压放大倍数。

$$r_{be} = 300 \ \Omega + (1 + \beta) \frac{26 \text{ mV}}{I_{EQ}} = 300 \ \Omega + \left[(1 + 50) \times \frac{26 \text{ mV}}{1.65 \text{ mA}}\right] \Omega \approx 1.1 \text{ k}\Omega$$

$$R_L' = R_C // R_L = (2 // 3.9) \text{ k}\Omega \approx 1.32 \text{ k}\Omega$$

$$A_u = \frac{u_o}{u_i} = \frac{-I_C R_L'}{I_b[r_{be} + (1 + \beta)R_e]} = -\beta \frac{R_L'}{r_{be} + (1 + \beta)R_e} = -50 \times \frac{1.32}{1.1 + (1 + 50) \times 2} \approx -0.64$$

（4）计算输入电阻 r_i、输出电阻 r_o。

$$r_i = R_{b1} // R_{b2} // [r_{be} + (1 + \beta)R_e]r_{be} = (20 // 10 // 103.1) \ \Omega \approx 6.26 \text{ k}\Omega$$

$$r_o = R_C = 2 \text{ k}\Omega$$

◆ 2.2.3 共集（共基）极放大器

根据输入回路和输出回路连接的不同，三极管放大器分为共发射、共集电极和共基极三种不同的组态，前面主要讨论了共发射组态电路，本节将讨论后两种组态电路。

1. 共集电极放大器

图 2-14 所示为共集电极放大器电路，从图 2-14(c) 所示交流通路可以看出，交流信号从 b、c 极之间输入，从 e、c 之间极输出，c 极为公共端，所以称为共集电极放大器。

1）静态工作点

由直流通路列出基极回路电压方程：

$$U_{CC} = I_{BQ}R_b + U_{BEQ} + I_{EQ}R_e = I_{BQ}R_b + U_{BEQ} + (1 + \beta)I_{BQ}R_e$$

所以

$$I_{BQ} = \frac{U_{CC} - U_{BEQ}}{R_b + (1 + \beta)R_e}$$

$$I_C = \beta I_{BQ}$$

$$U_{CEQ} = U_{CC} - I_{EQ}R_e$$

2）电压放大倍数

根据图 2-14(d) 所示微变等效电路，列出回路电压方程：

$$U_{CC} = I_e R_L' = (1 + \beta)I_b R_L'$$

其中

$$R_L' = R_e // R_L$$

$$u_i = I_b r_{be} + I_e R_L' = I_b[r_{be} + (1 + \beta)R_L']$$

所以电压放大倍数：

$$A_u = \frac{u_o}{u_i} = \frac{(1 + \beta)I_b R_L'}{I_b[r_{be} + (1 + \beta)R_L']} = \frac{(1 + \beta)R_L'}{r_{be} + (1 + \beta)R_L'}$$

因为 $r_{be} \ll (1 + \beta)R_L$，所以共集电极放大器的电压放大倍数小于 1 但接近于 1，输出电压与输入电压大小几乎相等，相位相同，表现出有良好的电压跟随特性。故共集电极放大器又称射极跟随器。

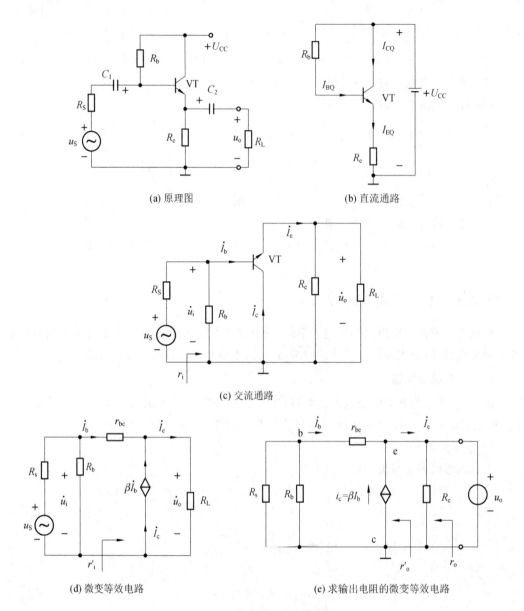

(a) 原理图　　　(b) 直流通路

(c) 交流通路

(d) 微变等效电路　　　(e) 求输出电阻的微变等效电路

图 2-14　共集电极放大器电路

3）输入电阻 r_i

由微变等效电路得：

$$r_i' = \frac{u_i}{i_b} = \frac{I_b r_{be} + I_e R_L'}{i_b} = r_{be} + (1+\beta)R_L'$$

$$r_i = R_b // r_i' = R_b // [r_{be} + (1+\beta)R_L']$$

r_i 可达几十千欧至几百千欧，所以共集电极电路的输入电阻很大。

4）输出电阻 r_o

求输出电阻时，将信号源短路（$u_s = 0$），保留信号源内阻 R_S，去掉 R_L，同时在输出端接上一个信号电压 u_o，产生电流 i_o，则：

$$i_o = i_b + \beta i_b + i_e = \frac{u_o}{r_{be} + R_s // R_b} + \frac{\beta u_o}{r_{be} + R_s // R_b} + \frac{u_o}{R_e}$$

其中
$$i_b = \frac{u_o}{r_{be} + R_s // R_b}$$

由此求得：
$$r_o = \frac{u_o}{i_o} = \frac{R_e [r_{be} + R_s // R_b]}{(1+\beta)R_e + [r_{be} + (R_s // R_b)]}$$

一般情况下：
$$(1+\beta)R_e \gg r_{be} + R_s // R_b$$

所以
$$r_o \approx \frac{r_{be} + R_s // R_b}{\beta}$$

可见,共集电极电路的输出电阻是很小的,一般在几十欧到几百欧。

综上分析,共集电极电路具有以下特点。

（1）电压放大倍数小于1但接近于1,输出电压与输入电压同相位。

（2）虽然没有电压放大能力,但具有电流放大和功率放大能力。

（3）输入电阻较高,输出电阻较低。

由于共集电极电路具有输入电阻高、输出电阻低的特点,所以它在电子电路中应用极其广泛。它通常用作多级放大器的输入端、缓冲中间级和输出级。

 在图 2-14 中,已知 $R_b = 100$ kΩ,$R_e = 3$ kΩ,$R_L = 1.5$ kΩ,$r_{be} = 1$ kΩ,$R_s = 500$ Ω,$U_{CC} = 12$ V,$\beta = 50$,求静态工作点、电压放大倍数、输入和输出电阻。

解 （1）求静态工作点,忽略 U_{BE},得：
$$I_{BQ} \approx \frac{U_{CC}}{R_b + (1+\beta)R_e} = \frac{12}{100 + (1+50) \times 3} \text{ mA} \approx 48 \ \mu A$$

$$I_{CQ} = \beta I_{BQ} = 50 \times 48 \ \mu A = 2400 \ \mu A = 2.4 \text{ mA}$$

$$U_{CEQ} = U_{CC} - I_{CQ} R_e = (12 - 2.4 \times 3) \text{ V} = 4.8 \text{ V}$$

（2）求电压放大倍数 A_u。

由于
$$R_L' = R_e // R_L = (3 // 1.5) \text{ kΩ} = 1 \text{ kΩ}$$

所以
$$A_u = \frac{(1+\beta)R_L'}{r_{be} + (1+\beta)R_L'} = \frac{51 \times 1}{1 + 51 \times 1} \approx 0.98$$

（3）求输入电阻 r_i。
$$r_i' = r_{be} + (1+\beta)R_L' = (1 + 51 \times 1) \text{ kΩ} = 52 \text{ kΩ}$$

$$r_i = R_b // r_i' = (100 // 52) \text{ kΩ} \approx 34.2 \text{ kΩ}$$

（4）求输出电阻 r_o。
$$r_o = \frac{r_{be} + R_s // R_b}{\beta} = \left(\frac{1 + 0.5 // 100}{50} \right) \text{ kΩ} \approx 30 \text{ Ω}$$

 思考题：三种组态放大电路中,共集电极放大电路输出电阻是否最小？

2. 共基极放大器

图 2-15 所示为共基极放大器电路,R_c 为集电极电阻,R_{b1}、R_{b2} 为基极偏置电阻,用来保

证三极管有合适的静态工作点。由交流通路可见,输入信号 u_i 从 e、b 极输入,从 c、b 极之间输出,故 b 极是输入输出电路的公共端。

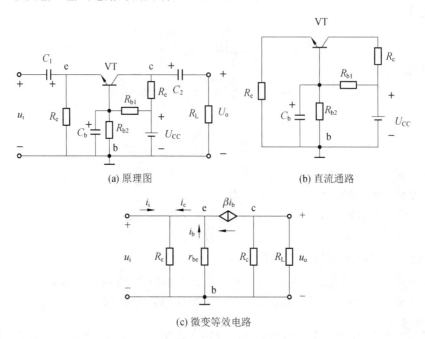

(a) 原理图　　　　(b) 直流通路

(c) 微变等效电路

图 2-15　共基极放大器电路

1)静态工作点

将 C_1、C_2、C_b 看成开路,可画出直流通路。由直流通路得:

$$U_{BQ} = \frac{R_{b2}}{R_{b1} + R_{b2}} U_{CC}$$

$$I_{EQ} = \frac{U_{EQ}}{R_e} = \frac{U_{BQ} - U_{BEQ}}{R_e}$$

一般 U_B 远大于 U_{BE},故:

$$I_{CQ} \approx I_{EQ} \approx \frac{U_{BQ}}{R_e}; I_{BQ} = \frac{I_{CQ}}{\beta}$$

$$U_{CEQ} = U_{CC} - I_{CQ}R_C - I_{EQ}R_e = U_{CC} - I_{CQ}(R_c + R_e)$$

2)电压放大倍数

从图 2-15(c)所示微变等效电路得:

$$u_o = -i_e(R_C // R_L) = -i_c R_L'$$

$$u_i = -i_b r_{be}$$

$$A_u = \frac{u_o}{u_i} = \frac{-i_c R_L'}{-i_b r_{be}} = \frac{\beta R_L'}{r_{be}}$$

由上式可见,共基极电路与共发射极电路的电压放大倍数在数值上相同,而输出电压与输入电压相位也相同。

3)输入电阻 r_i 和输出电阻 r_o

$$r_i' = \frac{u_i}{-i_e} = \frac{-i_b r_{be}}{-(1+\beta)i_b} = \frac{r_{be}}{1+\beta}$$

所以输入电阻

$$r_\mathrm{i} = R_\mathrm{e} // r_\mathrm{i}' = R_\mathrm{e} // \frac{r_\mathrm{be}}{1+\beta}$$

由上式可见,共基极电路输入电阻比共发射极电路低,一般为几欧至十几欧,输出电阻 $r_\mathrm{o} \approx R_\mathrm{C}$。共基极电路具有频率响应特性好等优点,它广泛用于高频电路中。

思考题: 三种组态放大电路中,共基极放大电路输入电阻是否最小?

◆ 2.2.4 放大器三种组态比较

三极管的三种组态放大电路尽管接法不同,但有一点是相同的,即三极管的发射结加正向偏置电压,集电结加反向偏置电压。由于输入和输出信号的公共端不同,交流信号在放大过程中的流通途径不相同,从而导致放大电路的性能也有所不同。在组成多级放大电路或组成低频、高频电路时,应根据具体情况选用合适的电路。表 2-1 列出共发射极、共集电极、共基极三种组态电路的性能和用途。

表 2-1　三种组态电路

参数 ＼ 组态	共发射极放大电路	共集电极放大电路	共基极放大电路
电压放大倍数 A_u	$-\dfrac{\beta R_\mathrm{L}'}{r_\mathrm{re}}$	$\dfrac{(1+\beta)R_\mathrm{L}'}{r_\mathrm{be}+(1+\beta)R_\mathrm{L}'}$	$\dfrac{\beta R_\mathrm{L}'}{r_\mathrm{be}}$
输入电阻 r_i	$R_\mathrm{b1}//R_\mathrm{b2}//r_\mathrm{be}$	$R_\mathrm{b}//[r_\mathrm{be}+(1+\beta)R_\mathrm{L}']$	$R_\mathrm{e}//\dfrac{r_\mathrm{be}}{1+\beta}$
输出电阻 r_o	R_c	$R_\mathrm{e}//\left(\dfrac{r_\mathrm{be}+R_\mathrm{b}//R_s}{1+\beta}\right)$	R_c
u_o 与 u_i 的相位关系	反相	同相	同相
用途	一般放大,多级放大器中间级	输入级、中间级、输出级	高频放大或宽频带放大电路及恒流源

2.3 场效应管

场效应管(field effect transistor,用 FET 表示)是一种压控电流源器件。与半导体三极管相比,场效应管(FET)具有输入电阻大、温度稳定性好、制造工艺简单及集成度高等优点。因这种器件主要依靠一种载流子导电(电子或空穴),故又称为单极型器件。

常用场效应管的
工作原理及基本
放大电路分析

场效应管(FET)分为结型场效应管(junction FET,或 JFET)和金属-氧化物-半导体场效应管(metal-oxide-semiconductor FET,或 MOSFET)两种类型。MOSFET 又有 N 沟道(N MOSFET)和 P 沟道(P MOSFET)两种,在集成电路中利用 NMOS 和 PMOS 电压极性的互补性,由两种 MOS 管结合使用构成的电路,又称为 CMOS 电路。

◆ 2.3.1 结型场效应管

1. 结构

结型场效应管(JFET)有两种导电类型,分别为 N 沟道和 P 沟道。图 2-16(a)所示为 N 沟道 JFET 的结构示意图。在一块 N 型半导体硅片两侧,扩散出两个高掺杂的 P 区,形成两个 PN 结,将其中两个 P 区连接在一起作为栅极。N 型硅片两端各自引出电极,分别为源极和漏极。电路符号图中箭头方向表示 PN 结加正偏时栅极电流实际流动方向。

类似地,将图 2-16 中的 N 型换成 P 型半导体硅片,两侧的 P 区换成 N 区,便构成了 P 沟道 JFET,图 2-17 所示为 P 沟道 JFET 的结构示意图和它的电路符号。

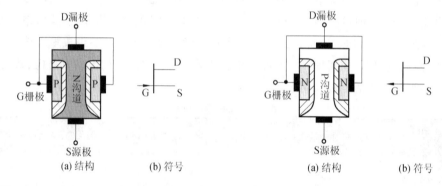

图 2-16　N 沟道 JFET 的结构和电路符号　　图 2-17　P 沟道 JFET 的结构和电路符号

2. 工作原理

N 沟道和 P 沟道结型场效应管的工作原理完全相同,下面以 N 沟道结型场效应管为例,进行分析输入电压对输出电流的控制作用,在图 2-18 中给出了栅源电压 u_{GS} 对导电沟道影响的示意图。

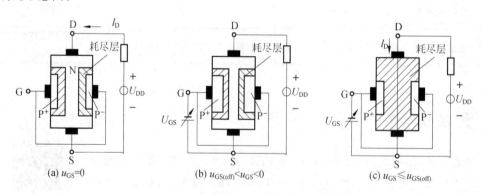

图 2-18　栅源电压 u_{GS} 对导电沟道的影响

(1) 当 $u_{GS}=0$ 时,PN 结的耗尽层如图 2-18(a)中阴影部分所示。耗尽层只占 N 型半导体体积的很小一部分,导电沟道很宽,沟道电阻比较小。

(2) 当在栅极和源极之间加上一个可变直流负电压 u_{GS} 时,两个 PN 结都是反向偏置,耗尽层加宽,导电沟道变窄,沟道电阻变大。

(3) 当栅源电压 u_{GS} 达到一定负值时,两个 PN 结的耗尽层近乎碰上,导电沟道被夹断,沟道电阻趋于无穷大。此时的栅源电压叫作栅源夹断电压,用 $U_{GS(off)}$ 表示。

从以上的分析可知,改变栅源电压 u_{GS} 的大小,就能改变导电沟道的宽窄,也就能改变沟道电阻的大小。如果在漏极和源极之间接入一个合适的正电压 u_{DS},则漏极电流 i_D 的大小将随栅源电压 u_{GS} 的变化而变化,这就实现了控制作用。

3. 特性曲线

栅源电压对漏极电流的控制关系用转移特性曲线表示出来,如图 2-19 所示。

转移特性是指在漏极和源极电压 u_{DS} 一定时,漏极电流 i_D 和栅源电压 u_{GS} 的关系。当 $u_{GS}=0$ 时的 i_D,叫作栅源短路时漏极电流,用 I_{DSS} 表示;使漏极电流 $i_D=0$ 的栅源电压就是夹断电压 $U_{GS(off)}$。

图 2-20 是 N 沟道结型场效应管的输出特性曲线,它是指在栅源电压一定时,漏极电流 i_D 和漏源电压 u_{DS} 之间的关系。它分成可变电阻区、恒流区和击穿区。

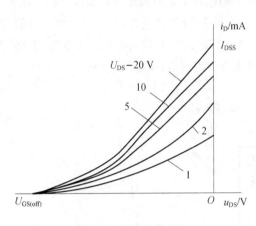

图 2-19　转移特性曲线

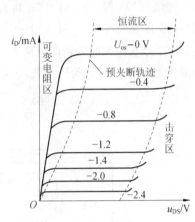

图 2-20　输出特性曲线

1) 可变电阻区

特性曲线上升的部分叫作可变电阻区,i_D 随 u_{DS} 的增加而近于直线上升,场效应管状态相当于一个电阻,而这个电阻的大小又随栅源电压 u_{GS} 的变化而变化(不同 u_{DS} 的输出特性曲线的斜率不同),所以把这个区域叫作可变电阻区。

2) 恒流区

曲线近于水平的部分叫作恒流区,又叫饱和区,此时 u_{DS} 增加,i_D 基本不变,i_D 随 u_{GS} 的大小变化而改变,场效应管状态相当于一个"恒流源",两组曲线之间的间隔反映出 u_{GS} 对 i_D 的控制能力。

3) 击穿区

特性曲线快速上翘的部分叫作击穿区,在此区内,u_{DS} 比较大,i_D 急剧增加,导致击穿现象的发生,场效应管工作时,不允许进入这个区域。

结型场效应管正常使用时,栅极和源极之间加的是反偏电压,其输入电阻虽然没有绝缘栅型场效应管那么高,但相比三极管高多了。详细参数请查阅相关半导体手册。

思考题:场效应管属于电压控制型器件,这个结论对吗?

◆ 2.3.2 MOS 场效应管

MOS 场效应管从沟道类型上看,有 N 沟道和 P 沟道之分,从工作方式上又分为增强型 (enhancement MOS 或 EMOS)和耗尽型(depletion MOS 或 DMOS)两类。

1. N 沟道 MOSFET

1) N 沟道增强型 MOSFET

图 2-21(a)为 N 沟道增强型 MOSFET 的结构示意图。用 P 型半导体材料作为衬底,在上面扩散两个高掺杂的 N^+ 区,分别称为源区和漏区,从源区和漏区分别引出的电极称为源极(用 S 表示)和漏极(用 D 表示)。源区和漏区与 P 型衬底之间形成 PN 结。衬底表面覆盖一层二氧化硅(SiO_2)绝缘层,并在两个 N^+ 区之间的绝缘层上覆盖一层金属,其上引出的电极称为栅极(用 G 表示)。另外,还将衬底通过 P 引线区引出电极称为衬底极(用 U 表示)或背栅极(用 B 表示)。图 2-21(b)是 N 沟道增强型 MOSFET 的电路符号,图中衬底极的箭头方向是 PN 结加正偏时的正向电流方向,说明衬底相连的是 P 区,沟道是 N 型的;电路符号图中漏极 D 到源极 S 之间用虚线,表示初始时没有导电沟道,属于增强型。

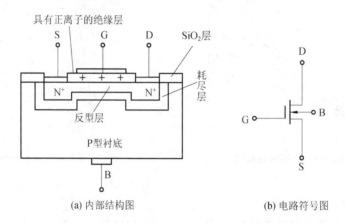

(a) 内部结构图　　　　　　　(b) 电路符号图

图 2-21　N 沟道增强型 MOSFET 结构和符号图

(1) 工作原理。

由图 2-21(a)可见,漏区(N^+ 型)、衬底(P 型)和源区(N^+ 型)之间形成两个背靠背的 PN 结,当 G、S 之间无外加电压时(即 $u_{GS}=0$ 时),无论在 D、S 之间加何种极性的电压,总有一个 PN 结是反偏的,D、S 之间无电流流过。

若给 G、S 之间加上正电压 u_{GS},且源极 S 与衬底 B 相连时,栅极下的 SiO_2 绝缘层中将产生一个垂直于半导体表面的电场,其方向由栅极指向 P 型衬底。该电场是排斥空穴而吸引电子的。当 u_{GS} 足够大时,该电场可吸引足够多的电子,使栅极附近的 P 型衬底表面形成一个 N 型薄层。由于它是在 P 型衬底上形成的 N 型层,故称为反型层。这个 N 型反型层将两个 N^+ 区连通,这时在 D、S 之间加上正向电压,电子就会沿着反型层由源极向漏极运动,形成漏极电流 i_D,故 N 型反型层构成了 D、S 之间 N 型导电沟道。

将开始形成反型层所需的栅源电压称为开启电压,通常用 $u_{GS(th)}$ 表示,其值由管子的工艺参数确定,由于这种场效应管无原始导电沟道,只有当栅源电压大于开启电压 $u_{GS(th)}$ 时,才能产生导电沟道,故称为增强型 MOS 管。产生导电沟道以后,若继续增大 u_{GS} 值,则导电沟道加厚,沟道电阻减小,漏极电流 i_D 增大。

综上可见,场效应管具有压控电流作用,通过控制输入电压 u_{GS},可以控制输出电流 i_D 的有无,也可以控制其大小。

(2)转移特性曲线。

转移特性描述 u_{DS} 为某一常数时,i_D 与 u_{GS} 之间的函数关系,它反映的是输入电压 u_{GS} 对输出电流 i_D 的控制作用,如表 2-3 所示。在 $u_{GS} \ll U_{GS(th)}$ 时,因为无导电沟道,因此 $i_D = 0$;当 $u_{GS} > U_{GS(th)}$ 时,产生反型层导电沟道,因此 $i_D \neq 0$;增大 u_{GS},则导电沟道变厚,i_D 增大。

(3)输出特性曲线。

输出特性描述 u_{GS} 为某一常数时,i_D 与 u_{DS} 之间的函数关系,如表 2-3 所示。根据工作特点不同,输出特性可分为三个工作区域,即截止区、放大区和可变电阻区。

① 截止区:指 $u_{GS} < U_{GS(th)}$ 的区域,这时因为无导电沟道,所以 $i_D = 0$,管子截止。

② 放大区:i_D 仅受 u_{GS} 控制而与 u_{DS} 无关。i_D 不随 u_{DS} 而变化的现象在场效应管中称为饱和,这一区域内,场效应管 D、S 间相当于一个受电压 u_{GS} 控制的电流源,故又称为恒流区,也称为放大区。

③ 可变电阻区(也称非饱和区):当 u_{GS} 一定时,i_D 与 u_{DS} 呈线性关系,D、S 间等效为电阻;改变 u_{GS} 可改变直线的斜率,也就控制了电阻值,因此 D、S 间可等效为一个受电压 u_{GS} 控制的可变电阻,所以称为可变电阻区。

2)N 沟道耗尽型 MOSFET

耗尽型 NMOS 管简称为 NDMOS 管(DMOS 即 depletion MOS),其结构与增强型 NMOS 管基本相同,但在制造耗尽型 MOS 管时,通常在二氧化硅(SiO_2)绝缘层中掺入大量的正离子,由于正离子的作用,使漏源间的 P 型衬底表面在 $u_{GS} = 0$ 时已感应出 N 反型层,形成导电沟道,如图 2-22(a)所示,耗尽型 NMOS 管的图形符号如图 2-22(b)所示。

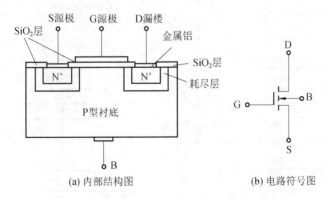

(a)内部结构图　　　　(b)电路符号图

图 2-22　N 沟道耗尽型 MOSFET 结构和符号图

耗尽型 NMOS 管的工作原理也与增强型的相似,具有压控电流作用。由于存在原始导电沟道,则在 $u_{DS} = 0$ 时就有电流 i_D 流通;当 u_{GS} 由零值向正值增大时,反型层导电沟道增厚,i_D 增大;反之,当 u_{GS} 由零值向负值增大时,反型层导电沟道变薄,i_D 减小。当 u_{GS} 负向增大到某一数值时,反型层会消失,称为沟道全夹断,这时 $i_D = 0$,管子截止。使反型层消失所需的栅源电压称为夹断电压,用 $U_{GS(off)}$ 表示。耗尽型 NMOS 管特性曲线见如图 2-3 所示。

2.P 沟道 MOSFET

P 沟道 MOS 管简称为 PMOS 管,其结构、工作原理与 NMOS 管相似,PMOS 管以 N 型半导体硅为衬底，两个 P^+ 区分别作为源极和漏极，导电沟道为 P 型反型层。使用时，u_{GS}、u_{DS} 的极性与 NMOS 管的相反，漏极电流 i_D 的方向也相反，即由源极流向漏极。

　　PMOS 管也有增强型和耗尽型两种，其图形符号和相应的特性曲线如表 2-2、表 2-3 所示。

表 2-2　各类场效应管对比

类型	结型场效应管		增强型场效应管		耗尽型场效应管	
符号	N-JFET	P-JFET	N-EMOS	P-EMOS	N-DMOS	P-DMOS
电压 u_{DS}	凡是 N 沟道，载流子是电子，欲使电子向漏极漂移运动，u_{DS} 必须为正					
	凡是 P 沟道，载流子是空穴，欲使空穴向漏极漂移运动，u_{DS} 必须为负					
电压 u_{GS}	栅源间必须反偏　N 沟道 u_{GS} 为负值　P 沟道 u_{GS} 为正值		没有原始的导电沟道　N 沟道，u_{GS} 为正　P 沟道，u_{GS} 为负		具有原始的导电沟道　u_{GS} 任意	
电压关系	u_{DS} 和 u_{GS} 极性相反		u_{DS} 和 u_{GS} 极性相同		N 沟道 u_{DS} 为正，P 沟道 u_{DS} 为负　u_{GS} 任意	

表 2-3　P 沟道与 N 沟道场效应管对比

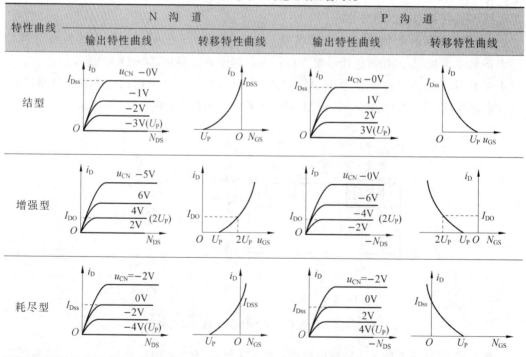

特性曲线	N 沟道		P 沟道	
	输出特性曲线	转移特性曲线	输出特性曲线	转移特性曲线
结型				
增强型				
耗尽型				

◆ 2.3.3　场效应管的参数

1.直流参数

1）开启电压 $U_{GS(th)}$（或称为 U_T）

u_{DS} 为定值时，增强型场效应管开始导通（i_D 达到某一定值）时，所需加的值 u_{GS}。

2）夹断电压 $U_{GS(off)}$（或称为 U_P）

在 u_{DS} 为定值的条件下，耗尽型场效应管减小到近于零时的 u_{GS} 值。

3）饱和漏极电流 I_{DSS}

耗尽型场效应管工作在饱和区且 $u_{GS}=0$ V 时，所对应的漏极电流 i_D。

4）直流输入电阻 R_{GS}

栅源电压 u_{GS} 与对应的栅极电流 i_G 之比。场效应管输入电阻很高，结型管一般在 10^7 Ω 以上；绝缘栅管更高，一般在 10^9 Ω 以上。

2. 交流参数

1）跨导 g_m

u_{DS} 一定时，漏极电流变化量 Δi_D 和引起这个变化栅源电压变化量 Δu_{GS} 之比。它表示了栅源电压对漏极电流的控制能力。

2）极间电容

场效应管三电极之间等效电容 C_{GS}、C_{GD}、C_{DS}。结电容为几皮法，高频性能好。

3. 极限参数

(1) 漏极最大允许耗散功率 P_{DM}：i_D 与 u_{DS} 的乘积不应超过的极限值。

(2) 漏极击穿电压 $u_{(BR)DS}$：漏极电流 i_D 开始剧增时所加的漏源间的电压。

2.4 场效应管基本放大电路及组态

分析思路与分析三极管放大电路时一样，即直流分量与交流分量分开处理，先进行直流分析，求出静态工作点，再进行交流分析，计算 FET 放大电路的交流性能指标。这种将放大电路分为直流通路（偏置电路）和交流通路（增量通路）的方法，是分析小信号 FET 放大电路的基本方法。

如同三极管放大电路，按照信号电压的输入方式和输出方式，可将 FET 放大电路分为共源放大电路（栅极输入——漏极输出）、共栅放大电路（源极输入——漏极输出）和共漏放大电路（栅极输入——源极输出），与三极管的共发射放大电路、共基放大电路及共集放大电路三种放大组态相对应。

要注意的是，FET 的漏极 D 不能作为信号输入端，与三极管的集电极 C 不能输入信号一样；栅极 G 不能作为信号输出端，这与三极管的基极 B 不能输出信号一样。

2.4.1 场效应管放大电路分析估算

对于采用场效应三极管的共源基本放大电路，可以与共射组态接法的基本放大电路相对应，只不过场效应管是电压控制电流源，即 V_{CCS}。共源组态的基本放大电路如图 2-23 所示。只要将微变等效电路画出，就变成一个解电路的问题了。

直流分析如下：将共源基本放大电路的直流通路画出，如图 2-24 所示。图中 R_{g1}、R_{g2} 是栅极偏置电阻，R 是源极电阻，R_d 是漏极负载电阻。与共射基本放大电路的 R_{b1}、R_{b2}、R_e 和 R_c 分别一一对应，而且只要结型场效应管栅源 PN 结是反偏工作，无栅流，那么 JFET 和 MOSFET 的直流通路和交流通路是一样的。

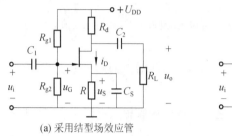 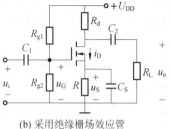

(a) 采用结型场效应管　　　　　　(b) 采用绝缘栅场效应管

图 2-23　共源组态接法基本放大电路

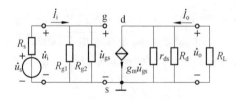

**图 2-24　共源基本放大
电路的直流通路**

根据图 2-24 可写出下列方程：

$$U_G = \frac{R_{g2}}{R_{g1}+R_{g2}}U_{DD}$$

$$U_G = U_G - U_S = U_G - I_{DQ}R$$

$$I_{DQ} = \left[1 - \left(\frac{U_{GSQ}}{U_{GS(off)}}\right)^2\right]I_{DSS}$$

$$U_{DSQ} = U_{DD} - I_{DQ}(R_d + R)$$

于是可以解出 U_{GSQ}、I_{DQ} 和 U_{DSQ}。

◆ **2.4.2　场效应管放大电路动态分析**

1. 共漏组态基本放大电路

画出图 2-23 所示电路的微变等效电路，如图 2-25 所示，与双极型三极管相比，输入电阻无穷大，相当开路。V_{CCS} 的电流源 $g_m u_{GS}$ 还并联了一个输出电阻 r_{ds}，在双极型三极管的简化模型中，因输出电阻很大，视为开路，在此可暂时保留，其他部分与双极型三极管放大电路情况一样。

图 2-25　微变等效电路

1）电压放大倍数

输出电压为：

$$\dot{u}_o = -g_m \dot{u}_{gs}(r_{ds}//R_d//R_L)$$

$$\dot{A}_u = -g_m \dot{u}_{gs}(r_{ds}//R_d//R_L)/\dot{u}_{gs} = -g_m(r_{ds}//R_d//R_L) = -g_m R_L'$$

如果有信号源内阻 R_S 时，源电压放大倍数：

$$\dot{A}_u = -g_m R_L' r_i/(r_i + R_S)$$

式中：r_i 是放大电路的输入电阻。

2）输入电阻

$$r_i = u_i/i_i = R_{g1}//R_{g2}$$

3）输出电阻

为计算放大电路输出电阻，可按双口网络计算原则，将放大电路画成如图 2-26 所示的形式。

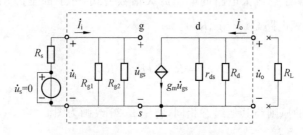

图 2-26　计算 r_o 的电路模型

将负载电阻 R_L 开路，并想象在输出端加上一个电源 $\dot{u}_o'$，将输入电压信号源 $\dot{u}_s$ 短路，但保留内阻，然后计算 $\dot{i}_o'$，于是：

$$r_o = \frac{\dot{u}_o'}{\dot{i}_o'} = \frac{r_{ds}}{R_d}$$

2. 共漏基本放大电路

共漏组态基本放大电路如图 2-27 所示，其直流工作状态和动态分析如下。

1）直流分析

将共漏组态接法基本放大电路的直流通路画于图 2-28 之中，于是有：

$$U_G = U_{DD} \times \frac{R_{g2}}{R_{g1} + R_{g2}}$$

$$U_{GSQ} = U_G - U_S = U_G - I_{DQ}R$$

$$I_{DQ} = I_{DSS} \left[1 - (\frac{U_{GSQ}}{U_{GS(off)}})\right]^2$$

$$U_{DSQ} = U_{DD} - I_{DQ}R$$

由此可以解出 U_{GSQ}、I_{DQ} 和 U_{DSQ}。

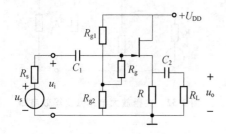

图 2-27　共漏组态放大电路

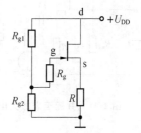

图 2-28　共漏放大电路的直流通路

2）交流分析

将图 2-27 所示共漏组态放大电路的微变等效电路画出，如图 2-29 所示。

（1）电压放大倍数。

由图 2-29 可知：

$$\dot{A}_u = \frac{\dot{u}_o}{\dot{u}_i} = \frac{g_m \dot{u}_{gs}(r_{ds}//R//R_L)}{\dot{u}_{gs} + g_m \dot{u}_{gs}(r_{ds}//R//R_L)} = \frac{g_m R_L'}{1 + g_m R_L'}$$

式中：$R_L' = r_{ds} // R // R_L \approx R // R_L$。

$\dot{A}_u$ 为正，表示输入与输出同相，当 $\dot{g}_m R_L' \gg 1$ 时，$\dot{A}_u \approx 1$。

比较共源和共漏组态放大电路的电压放大倍数公式，分子都是 $\dot{g}_m R_L'$，分母对共源放大电路是 1，对共漏放大电路是 $(1 + \dot{g}_m R_L')$。

（2）输入电阻。

$$r_i = R_g + (R_{g1} // R_{g2})$$

（3）输出电阻。

计算输出电阻的原则与其他组态相同，将图 2-29 改画为图 2-30。

$$\dot{i}_o' = \frac{\dot{u}_o'}{(R // r_{ds})} - g_m \dot{u}_{gs} = u_o' / [R // r_{ds} // (1/g_m)] \qquad \dot{u}_o' = -\dot{u}_{gs}$$

$$r_o = \frac{\dot{u}_o'}{\dot{I}_o'} = R // r_{ds} // (1/g_m) = \frac{R // r_{ds}}{1 + (R // r_{ds}) g_m} \approx \frac{R}{1 + g_m R} = R // \frac{1}{g_m}$$

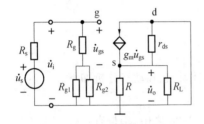
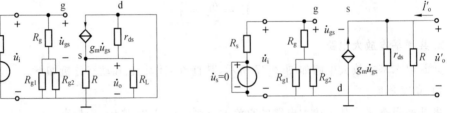

图 2-29　共漏放大电路的微变等效电路　　　　图 2-30　求输出电阻的微变等效电路

3. 共栅组态基本放大电路

共栅组态放大电路如图 2-31 所示，其微变等效电路如图 2-32 所示。

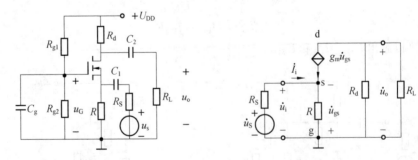
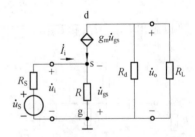

图 2-31　共栅组态放大电路　　　　图 2-32　共栅放大电路微变等效电路

1）直流分析

与共源组态放大电路相同。

2）交流分析

（1）电压放大倍数：

$$\dot{A}_u = \frac{\dot{u}_o}{\dot{u}_i} = \frac{-g_m \dot{u}_{gs}(R_d // R_L)}{-\dot{u}_{gs}} = g_m(R_d // R_L) = g_m R_L$$

（2）输入电阻：

$$r_i = \frac{\dot{u}_i}{\dot{I}_i} = \frac{-\dot{u}_{gs}}{\frac{-\dot{u}_{gs}}{R} - g_m \dot{u}_{gs}} = \frac{1}{\frac{1}{R} + g_m} = R // \frac{1}{g_m}$$

（3）输出电阻：

$$r_o \approx R_d$$

2.5 放大电路中的反馈

◆ 2.5.1 反馈的概念

常用基本放大电路
中的负反馈类型

在放大电路中，将输出回路中的某个电量（电压或电流）的一部分或
全部通过称为反馈网络的电路送回到输入回路来，与输入信号进行比较
（相加或相减）后再进行放大，以期使放大电路的某些性能得到改善，这样
的技术手段就叫作反馈。如果反馈信号是直流量，叫作直流反馈；如果反馈信号是交流量，
叫作交流反馈。如果比较方式是反馈信号与输入信号相加，则称为正反馈，正反馈常用于振
荡器电路中，以产生周期性的波形。如果比较方式是反馈信号与输入信号相减，则称为负反
馈。直流负反馈能稳定静态工作点，而交流负反馈能稳定电压放大倍数，并能改善放大电路
的其他性能。本节主要介绍交流负反馈这一类型。交流负反馈放大电路的框图如图 2-33
所示，其中：

A_o——开环电压放大倍数（无反馈时的电压放

大倍数），即 $A_o = \dot{X}_o / \dot{X}_d$；

F——反馈系数，$F = \dot{X}_f / \dot{X}_o$；

$\dot{X}_i$——输入信号（电压或电流）；

$\dot{X}_o$——输出信号（电压或电流）；

$\dot{X}_f$——反馈信号（电压或电流），$\dot{X}_f = F\dot{X}_o$；

$\dot{X}_d$——差值信号，$\dot{X}_d = \dot{X}_i - \dot{X}_d$。

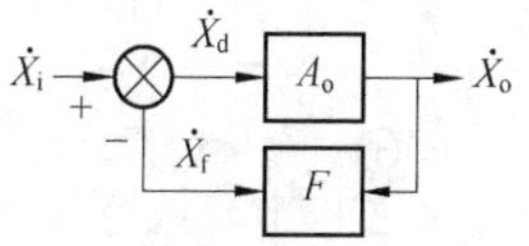

图 2-33 交流负反馈放大电路框图

所以，交流负反馈放大电路的电压放大倍数 A_f 为

$$A_f = \frac{\dot{X}_o}{\dot{X}_i} = \frac{\dot{X}_o}{\dot{X}_d + \dot{X}_f} = \frac{\dot{X}_o}{\frac{\dot{X}_o}{A_o} + F\dot{X}_o} = \frac{A_o}{1 + FA_o}$$

上式是负反馈放大电路的电压放大倍数的一般表达式，此式表明，负反馈会使电压放大
倍数下降。

当 $|FA_o| \gg 1$ 时，有：$A_f = \frac{A_o}{1 + FA_o} \approx \frac{1}{F}$，此时称为深度负反馈。

◆ 2.5.2 反馈的类型

1. 正反馈与负反馈

在分析实际反馈电路时,首先判别其属于哪种反馈类型。应当说明,在判断反馈类型之前,首先应看放大器的输出端与输入端之间有无电路连接,以便由此确定有无反馈。如果反馈信号使净输入信号加强,这种反馈就称为正反馈;反之,若反馈信号使净输入信号减弱,这种反馈就称为负反馈。

通常采用瞬时极性判别法来判别实际电路反馈极性的正、负。首先假定输入信号在某一瞬时对地而言极性为正,然后由各级输入输出之间的相位关系,分别推算出其他有关各点的瞬时极性(用"+"表示升高,用"—"表示降低),最后判别反映到电路输入端的作用是加强了输入信号还是削弱了输入信号,若为加强则为正反馈,若为削弱则为负反馈。

现在,用瞬时极性法判断图 2-34 中各图反馈的极性。在图 2-34(a)中反馈元件是 R_f,设输入信号瞬时极性为⊕,由共射电路集基反相,知 VT_1 集电极(也是 VT_2 的基极)电位为⊖,而 V_2 集电极电位为⊕,电路经 C_2 的输出端电位为⊕,经 R_f 反馈到输入端后使原输入信号得到加强(输入信号与反馈信号同相),因而由 R_f 构成的反馈是正反馈。在图 2-34(b)中,反馈元件是 R_e,当输入信号瞬时极性为⊕时,基极电流与集电流瞬时增加,使发射极电位瞬时为⊕,结果净输入信号被削弱,因而是负反馈。同样,亦可用瞬时极性法判断出,图 2-34(c)、(d)中的反馈也为负反馈。

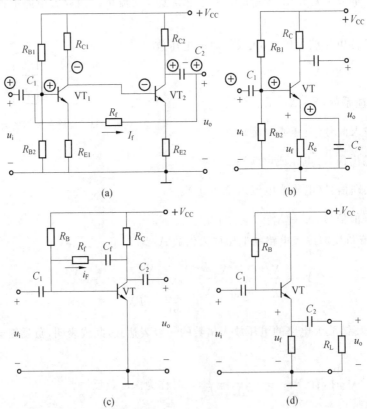

图 2-34 反馈类型的判别

2. 直流反馈与交流反馈

如果反馈信号中只有直流成分，即反馈元件只能反映直流量的变化，这种反馈就叫直流反馈；如果反馈信号中只有交流部分，即反馈元件只能反映交流量的变化，这种反馈就叫作交流反馈。应当说明，有些情况下，反馈信号中既有直流成分，又有交流成分，这种反馈则称为交直流反馈。

交流与直流反馈分别反映了交流量与直流量的变化。因此，可以通过观察放大器中反馈元件出现在哪种电流通路中来判断。若出现在交流通路中，则该元件起交流反馈作用，若出现在直流通路中，则起直流反馈作用。图 2-34(c) 中的反馈信号通道（C_f、R_f 支路）仅通交流，不通直流，故为交流反馈。而图 2-34(b) 中反馈信号的交流成分被 C_e 旁路掉，在 R_e 上产生的反馈信号只有直流成分，因此是直流反馈。

3. 电压反馈与电流反馈

如果反馈信号取自输出电压，称为电压反馈，其反馈信号正比于输出电压，它取样的输出电路为并联连接，如图 2-35(a) 所示。如果反馈信号取自输出电流，称为电流反馈，其反馈信号正比于输出电流，它取样的输出电路为串联连接，如图 2-35(b) 所示。

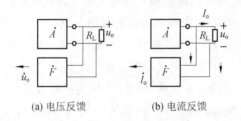

(a) 电压反馈　　　　　(b) 电流反馈

图 2-35　反馈取样方式

由此可见，是电压反馈还是电流反馈是按照在放大器输出端取样特征来分类的。

电压、电流反馈的判别是根据反馈信号与输出信号之间的关系来确定的，也就是要判断输出取样内容是电压还是电流。换句话说，当负载变化时，反馈信号与什么输出量成正比，就是什么反馈。可见，作为取样对象的输出量一旦消失，则反馈信号也必随之消失。由此，常采用负载电阻 R_L 短路法来进行判断。假设将负载 R_L 短路使输出电压为零，即 $u_o=0$，而 $i_o \neq 0$。此时若反馈信号也随之为零，则说明反馈是与输出电压成正比，为电压反馈；若反馈依然存在，则说明反馈量不与输出电压成正比，应为电流反馈。图 2-35(a) 中，令 $u_o=0$，反馈信号 i_f 随之消失，故为电压反馈。而图 2-35(b) 中令 $u_o=0$，反馈信号 u_f 依然存在，故为电流反馈。

思考题：反馈电路分析中，判断电压还是电流反馈，主要是从输出端分析吗？

4. 串联反馈与并联反馈

如果反馈信号在放大器输入端以电压形式出现，那么在输入端必定与输入电路相串联，这就是串联反馈，如图 2-36(a) 所示。如果反馈信号在放大器输入端以电流形式出现，那么在输入端必定与输入电路相并联，这就是并联反馈，如图 2-36(b) 所示。显然串联反馈与并联反馈是按照反馈信号在放大器输入端的连接方式不同来分类的。

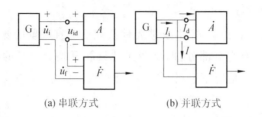

(a) 串联方式　　　　　　(b) 并联方式

图 2-36　反馈叠加方式

可以根据反馈信号与输入信号在基本放大器输入端的连接方式来判断串联、并联反馈。如果反馈信号与输入信号是串接在基本放大器输入端则为串联反馈,如果反馈信号与输入信号是并接在基本放大器输入端,则为并联反馈。

因为串联反馈中反馈信号与输入信号在放大器输入回路中是以电压形式相叠加的,而并联反馈中则是以电流形式相叠加的,如果把输入回路中的反馈节点对地短路,对于串联反馈来说,相当于反馈信号 $\dot{u}_f = 0$,于是 $\dot{u}_i$(输入信号)等于 $\dot{u}_d$(净输入信号),输入信号还是能加到基本放大器中去;而对于并联反馈来说,将反馈节点对地短路,输入信号则因此被短路,无法加进基本放大器,因此可以假设把输入端的反馈节点对地短路,以此来判断是串联反馈还是并联反馈。图 2-34(c)中,设将输入回路的反馈节点(反馈元件 R_f 与输入回路的交点,即三极管的 B 极)对地短路,显然,因三极管 B、E 短路,输入信号无法进入放大器,故为并联反馈。而图 2-34(d)中输入信号 u_i 仍可加在三极管的 B、E 之间,因而仍能进入放大器,故为串联反馈。同理,图 2-34(a)为并联反馈,图 2-34(b)为串联反馈。

> **思考题**:反馈电路分析中,判断串联还是并联反馈,主要是从输入端分析吗?

◆ 2.5.3　负反馈放大电路

应当指出,反馈信号在放大器输入回路中是以电压形式还是电流形式出现,仅由其在放大器输入端的叠加方式是串联还是并联来决定,而与输出回路的取样方式无关。也就是说,无论是电压反馈还是电流反馈,它们的反馈信号在输入端都可能以串联并联两种方式中的一种与输入信号相叠加,这样,从输出端取样与输入端叠加综合考虑,实际的负反馈放大器可以有四种基本类型:电压串联负反馈、电压并联负反馈、电流串联负反馈、电流并联负反馈。

1. 电压串联负反馈

图 2-37(a)所示电路是一个电压串联负反馈放大器。它由两级放大电路构成,图中电阻 R_7 和电容 C_3 将第二级(VT_2)的输出回路与第一级(VT_1)的输入回路联系起来,R_7、C_3 即为反馈元件。由于它们的存在,电路的输出电压 u_o 的一部分被回送到了第一级放大器的输入回路中,从该电路的交流通路图 2-37(b)中可以更清楚地看到这一点,反馈元件 R_7(C_3 在交流通路中视为短路不再出现)与 R_4 组成了反馈电路,R_4 上的电压降 u_f 即为反馈信号,忽略 VT_1 的发射极电流 i_{e1} 在 R_4 上的压降,则反馈电压为:

$$u_f = \frac{R_4}{R_4 + R_7} u_o$$

由此式可见,反馈信号与输出电压成正比(或者当令 $u_o=0$ 时,u_f 随之消失),故为电压反馈。从图 2-37(b)中也可以看到,反馈信号 u_f 与 u_i 以串联方式连接在输入回路中,故为串联反馈。若将输入回路反馈节点(VT_1 的 E 极)对地短路,输入信号仍可加在放大电路上,从这一点也可判断其为串联反馈。按照瞬时极性法,设 VT_1 基极输入信号瞬时极性为 $\oplus$,则经两极反相后传至 VT_2 集电极为 $\oplus$,再经反馈元件 C_3、R_7 回传至 VT_1 发射极亦为 $\oplus$,结果使 VT_1 的净输入信号 $u_{BE}=u_i-u_f$ 减小,因此这种反馈为负反馈。

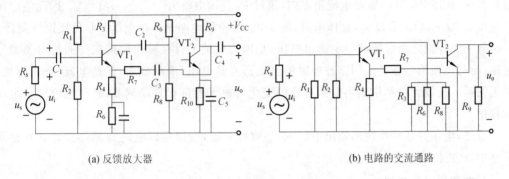

(a) 反馈放大器　　　　　　　　　　　　　(b) 电路的交流通路

图 2-37　电压串联负反馈放大器

总体来讲,图 2-37(a)所示电路是一个电压串联负反馈放大器。电压负反馈具有稳定输出电压的作用。其稳定过程如图 2-38 所示。

可见,由于某种原因(这里是 R_L 减小)导致输出电压下降的趋势,因负反馈而受到抑制,使输出电压基本稳定。

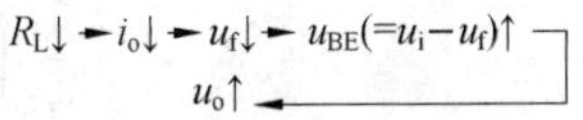

$$R_L\downarrow \to i_o\downarrow \to u_f\downarrow \to u_{BE}(=u_i-u_f)\uparrow$$
$$u_o\uparrow \leftarrow$$

图 2-38　电压负反馈稳定过程

上述稳定输出电压的过程也说明,电压负反馈放大器具有恒压源的性质,即放大器的输出电阻因引入负反馈而减少了,这是电压负反馈的另一个重要特点。

总之,电压串联负反馈的输出电压 u_o 是取样对象,反馈量以电压 u_f 的形式串联在输入回路中,u_f 正比于输出电压 u_o。

2. 电压并联负反馈

图 2-39(a)所示电路是一个电压并联负反馈放大器。反馈元件为 R_f,跨接在输出与输入回路之间,将放大器的输出电压引到输入回路中(三极管的基极),放大器的交流通路如图 2-39(b)所示,由交流通路可以看出,反馈信号是以电流 i_f 的形式出现的,反馈电流为:

$$i_f=-\frac{u_B-u_o}{R_f}$$

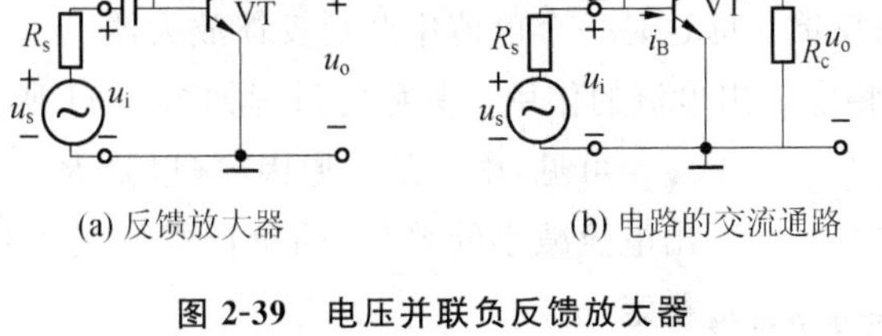

(a) 反馈放大器　　　　　　　　　　　　　(b) 电路的交流通路

图 2-39　电压并联负反馈放大器

通常 $u_o \gg u_{BE}$，所以 $i_f = -\dfrac{u_o}{R_f}$，可见反馈信号与输出电压成正比，故是电压反馈。若将输入回路中反馈节点(三极管 B 极)对地短路，则三极管的 B、E 被短路，使输入信号无法加进三极管放大电路，故为并联反馈，当然由反馈信号是以电流形式(i_f)在输入端与输入信号叠加，也可判定出为并联反馈。

根据瞬时极性法，设输入电压瞬时极性为 $\oplus$，由共射电路的反相作用，输出电压的瞬时极性为 $\ominus$，按图 2-39(b)所设电流正方向，流过 R_f 反馈电流 $i_f (= i_i - i_B)$ 将增加，因而使净输入电流 i_B 减少，故为负反馈，总体来讲，图 2-39(a)所示电路是一个电压并联负反馈放大器。

电压负反馈之所以能够稳定输出电压，是因为反馈元件在输出回路取样的信号类型是电压，而与反馈信号在输入回路叠加时的出现形式是电压(串联叠加)还是电流(并联叠加)并无关系。反馈元件利用输出电压自身的变化对放大器进行自动调节，起到稳定输出电压的作用。

总之，电压并联负反馈的输出电压 u_o 是取样对象，反馈量以电流 i_f 的形式并联在输入回路中，i_f 正比于输出电压 u_o。

3. 电流串联负反馈

图 2-40(a)所示电路是一个电流串联负反馈放大器，图中 R_E 是反馈元件，它介于输入和输出回路之间构成联系，由图 2-40(b)所示交流通路可以看出：

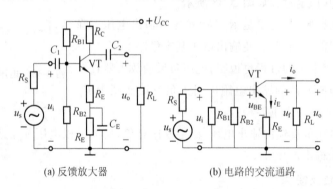

(a) 反馈放大器　　　　　　　(b) 电路的交流通路

图 2-40　电流串联负反馈放大器

反馈电压 u_f 为：

$$u_f = R_E i_E$$

由于 $i_o \approx -i_E$，所以 $u_f = -R_E i_o$。

可见，反馈电压与输出电流成正比，但以电压形式出现，令输出电压为零，反馈电压 u_f 依然存在，因而是电流反馈。反馈电压在输入回路中与输入电压 u_i 叠加，其差值 $u_{BE} = u_i - u_f$ 作为净输入送入放大器，因而是串联反馈。设某瞬时输入电压极性为 $\oplus$，引起 i_E 增加，u_f 增加，u_{BE} 减少，故为负反馈。即这是一个电流串联反馈放大器。

电流负反馈具有稳定输出电流的作用。其稳定过程如图 2-41 所示。

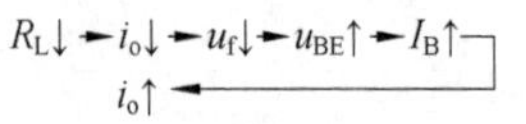

$R_L \downarrow \rightarrow i_o \downarrow \rightarrow u_f \downarrow \rightarrow u_{BE} \uparrow \rightarrow I_B \uparrow$
$\qquad i_o \uparrow \longleftarrow$

图 2-41　电流负反馈稳定电流过程

可见，由于某种原因(这里是 $R_L' = R_C /\!/ R_L$ 减少)导致输出电流减小的趋势，因负反馈而受到抑制，使输出电流基本稳定。

上述稳定输出电流的过程也说明，电流负反馈放大器具有恒流源的性质,即放大器的输出电阻因引入负反馈而增大了,这是电流负反馈的另一个重要特点。

总之,电流串联负反馈的输出电流 i_o 是取样对象,反馈量以电压 u_f 的形式串联在输入回路中,u_f 正比于输出电流 i_o。

4. 电流并联负反馈

图 2-42(a)所示电路是一个电流并联负反馈放大器。图中 R_f 是反馈元件,它将第二级(VT_2)的输出回路与第一级(VT_1)的输入回路联系起来构成反馈。电路的交流通路如图 2-42(b)所示。下面我们由交流通路导出反馈信号 i_f 与输出电流 i_o($i_o = -i_{E2}$)之间的关系。一般情况下,$u_{E2} \gg u_{B1}$,即可认为 $u_{B1} \approx 0$,这样,i_f 可以看成是 i_{E2} 在 R_f 与 R_{E2} 之间的分流,即

$$i_f = -\frac{R_{E2}}{R_{E2} + R_f}i_{E2} = \frac{R_{E2}}{R_{E2} + R_f}i_o$$

式中负号是考虑到在图中所设的正方向而得出的。可见,反馈电流与输出电流成正比,故为电流反馈。反馈信号 i_f 与原输入信号 i_i 并联连接,故为并联反馈。设输入电压瞬时极性为 $\oplus$,由 VT_1 的反相作用,其集电极电位即 VT_2 基极电位降低,VT_2 的发射极电位亦降低,因而使反馈电流 i_f 增加,导致净输入电流 i_B 减少,故为负反馈。总体来讲,这是一个电流并联负反馈放大器。

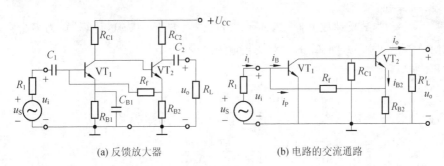

(a) 反馈放大器　　　　　　　　　(b) 电路的交流通路

图 2-42　电流并联负反馈放大器

总之,电流并联负反馈的输出电流 i_o 是取样对象,反馈量以电流 i_f 的形式并联在输入回路中,i_f 正比于输出电流 i_o。

2.5.4　负反馈对放大器性能的影响

放大器引入负反馈后,会使放大倍数有所下降,但其他性能却可以得到改善,如它能提高放大器增益的稳定性、展宽通频带、减小非线性失真、改变输入电阻和输出电阻等。下面分别加以讨论。

1. 减小放大倍数

由反馈放大电路的方框图可知:

$$A_f = \frac{A}{1 + AF}$$

负反馈时,AF 总是大于零,所以,$|A_f| < |A|$,即引进负反馈后,放大倍数减小。

2. 提高放大倍数的稳定性

放大器的放大倍数取决于晶体管及电路元件的参数,当元件老化或更换、电源不稳定、负载变化以及环境温度变化时,都会引起放大倍数的变化。因此,通常要在放大器中加入负反馈以提高放大倍数的稳定性。

将 A_f 表达式对 A 求导

即

$$\frac{\mathrm{d}A_f}{\mathrm{d}A} = \frac{1}{1+A} - \frac{AF}{(1+AF)^2} = \frac{1+AF-AF}{(1+AF)^2} = \frac{1}{(1+AF)^2}$$

$$\mathrm{d}A_f = \frac{\mathrm{d}A}{(1+AF)^2}$$

用式 A_f 除以上式两边,可得:

$$\frac{\mathrm{d}A_f}{A_f} = \frac{1}{1+AF} \cdot \frac{\mathrm{d}A}{A}$$

上式表明,负反馈放大器的闭环放大倍数的相对变化量 $\dfrac{\mathrm{d}A_f}{A_f}$ 仅为开环放大倍数相对变化量 $\dfrac{\mathrm{d}A}{A}$ 的 $\dfrac{1}{1+AF}$,也就是说,虽然负反馈的引入使放大倍数下降了 $(1+AF)$ 倍,但放大倍数的稳定性却提高了 $(1+AF)$ 倍。

例 2-5 某反馈放大器,其 $A=10^4$,反馈系数 $F=0.01$,计算 A_f 为多少?若因参数变化使 A 变化 $\pm10\%$,问 A_f 的相对变化量为多少?

解

$$A_f = \frac{A}{1+AF} = \frac{10^4}{1+10^4 \times 0.01} \approx 100$$

$$\frac{\mathrm{d}A_f}{A_f} = \frac{1}{1+AF} \cdot \frac{\mathrm{d}A}{A} = \frac{1}{1+10^4 \times 0.01} \times (\pm10\%) \approx \pm 0.1\%$$

计算结果表明,负反馈使闭环放大倍数下降了约 100 倍,而放大倍数的稳定性却提高了约 100 倍(由 10% 变至 0.1%),负反馈越深,稳定性越高。

3. 扩展通频带

由于电路电抗元件存在,造成了放大器放大倍数随频率而变化。即中频段放大倍数扩大,而高频段和低频段放大倍数随频率升高和降低而减小。如图 2-43 中 f_{BW} 所示。

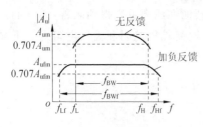

图 2-43 负反馈展宽通频带

引入负反馈后,就可以利用负反馈的自动调整作用将通频带展宽。具体来讲,在中频段,净输入信号减少,使中频段放大倍数有较明显的降低。而在高频段和低频段,放大倍数降低得少。从总体上使放大倍数随频率的变化减少了,幅频特性变得平坦,上限频率升高,下限频率下降,通频带得以展宽,如图 2-43 中 f_{BWf} 所示。

4. 减小非线性失真及抑制干扰

非线性失真是由放大器件的非线性所引起的,例如输入标准的正弦波,经基本放大器放大后产生非线性失真,输出波形"X_o",假如为前半周大后半周小,如图 2-44(a)所示。如果引入负反馈,如图 2-44(b)所示,失真的输出波形就会反馈到输入回路。在反馈系数不变的情况下,反馈信号 X_f 也是前半周大后半周小,与 X_o' 失真情况相似。输入端反馈信号 X_f 与输入信号 X_i 叠加,使净输入信号 $X_d = X_i - X_f$ 变为前半周小,后半周大的波形,这样净输入信号经基本放大器放大,就可以抵消基本放大器的非线性失真,使输出波形前后半周幅度趋于一致,接近输入的正弦波形,从而减小了非线性失真。

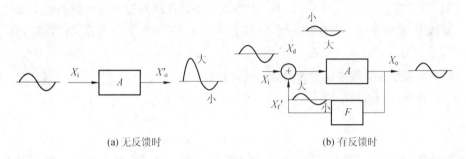

(a) 无反馈时　　　　　　　　　(b) 有反馈时

图 2-44　负反馈减小非线性失真

5. 对输入、输出电阻的影响

1) 对输入电阻的影响

负反馈对输入电阻的影响仅与反馈信号在输入回路出现的形式有关,而与输出端的取样方式无关,也就是说,是电压反馈还是电流反馈对输入电阻不会产生影响。对于串联负反馈,由于反馈信号 $\dot{u}_f$ 串入输入回路中,对 $\dot{u}_i$ 起分压作用,所以在 $\dot{u}_i$ 一定的条件下,串联负反馈的输入电流比无反馈时小,即说明输入电阻比无反馈时大了。对于并联负反馈,由于反馈信号 $\dot{I}_f$ 和输入信号 $\dot{I}_i$ 并联于输入回路,对 $\dot{I}_i$ 起分流作用,所以在净输入信号 $\dot{I}_d$ 一定的条件下,并联负反馈的输入电流 $\dot{I}_i$ 将增大,即说明输入电阻比无反馈时小了。

2) 对输出电阻的影响

前面已指出,电压负反馈具有稳定输出电压的作用,这就是说,电压负反馈放大器具有恒压源的性质,因此引入电压负反馈后的输出电阻 r_{of} 比无反馈时的输出电阻 r_o 减小了,相应地,电流负反馈具有稳定输出电流的作用,这就是说,电流负反馈放大器具有恒流源的性质,因此引入电流负反馈后的输出电阻 r_{of} 要比无反馈时大。

负反馈对输出电阻的影响仅与反馈信号在输出回路中的取样方式有关,而与在输入端的叠加形式无关,也就是说,是串联反馈还是并联反馈对输出电阻不会产生影响。

综合上述,可将负反馈对放大器输入、输出电阻的影响列于表 2-4。

表 2-4　负反馈对输入、输出电阻的影响

负反馈类型　　　　　　　　电阻类别	电压串联	电压并联	电流串联	电流并联
输入电阻	增大	减小	增大	减小
输出电阻	减小	减小	增大	增大

2.5.5 深度负反馈放大电路

1.深度负反馈的概念

由式：

$$A_f = \frac{A}{1+AF}$$

可知,当反馈深度$(1+AF) \gg 10$时,闭环放大倍数即降到开环放大倍数的十分之一以下。一般认为,这时是处于深度负反馈,习惯上将$(1+AF) \gg 1$的放大器叫作深度负反馈放大器。

2.深度负反馈放大器电压放大倍数的近似估算

由于深度负反馈电路的$(1+AF) \gg 1$,所以上式可简化为：

$$A_f = \frac{A}{1+AF} \approx \frac{1}{F}$$

该式表明,深度负反馈放大器的闭环放大倍数主要由反馈系数F决定。而与基本放大倍数A无关。因此,即使因外界条件(如温度)导致晶体管内参数发生变化,但只要反馈系数稳定(由于反馈元件通常是由一些电阻、电容组成,所以这个条件容易满足),放大器的放大倍数就能够基本保持不变。正是基于这个优点,在各种电子设备中,大都采用深度负反馈措施。后面将讲到的运算放大器工作于线性区时,就是采用了深度负反馈措施,才使得电路能够产生仅由反馈系数决定的稳定放大倍数。

应当说明,这里的A和A_f是广义的放大倍数,仅仅在电压串联负反馈时才是电压放大倍数,因此在计算其他类型负反馈电路的电压放大倍数时,还要进行转换。

例 2-6 图 2-45 为标注元件参数的电压串联负反馈放大器电路。

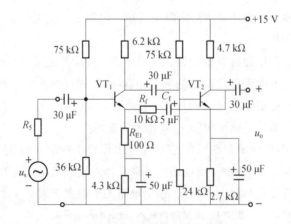

图 2-45 电压串联深度负反馈放大器

这是一个电压串联负反馈电路,反馈系数为：

$$F = \frac{u_f}{u_o} \approx \frac{R_{E1}}{R_{E1}+R_f}$$

满足深度负反馈条件,闭环放大系数为：

$$A_f = \frac{A}{1+AF} \approx \frac{1}{F} = 1 + \frac{R_f}{R_{E1}}$$

电压串联负反馈闭环放大倍数即为闭环电压放大倍数:

$$A_{uf} \approx A_f = \frac{A}{1+AF} \approx \frac{1}{F} = 1 + \frac{R_f}{R_{E1}} = 101$$

思考题:深度负反馈时,放大倍数只与反馈系数 F 有关,这个结论对吗?

项目实施

1. 工作任务与分析

通过收音机放大电路的安装,巩固和加深理解放大电路的理论教学内容,提高元器件识别、焊接、安装和调试能力,并初步了解产品生产的工艺过程,参与编制工艺文件。

2. 工作原理分析

如图 2-46 所示,本收音机电路由输入回路、混频级、中放、检波与 AGC、低放级和功放级等部分组成。

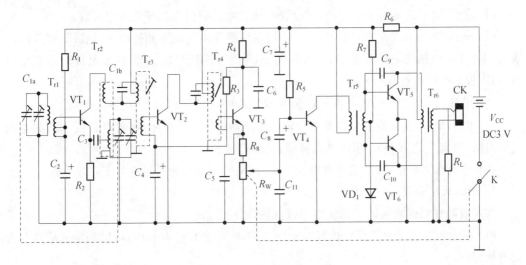

图 2-46 收音机电路图

3. 安装制作与检测

1)装配与调试

在焊接前应该用万用表将所有元器件检查一遍,并做好引线的处理工作,注意磁性天线线圈的线较细,刮去漆皮时不要弄断导线,在安装时各种有极性的元器件不要插错。振荡线圈和中频变压器要找准位置,注意色标,振荡线圈的外壳与中频变压器的外壳也要焊在电路板上,扬声器、耳机插座及电池均用导线与电路板连接,焊接时一定要仔细,焊好后应对照检查一遍,确认无误即可通电调试。

2)收音机调试流程

图 2-47 所示为六管超外差收音机的电路板图。将万用表拨至 100mA 直流电流挡,两表笔跨接于电源开关(开关为断开位置)的两端(若指针反偏,将表笔对调一下),测量整机静

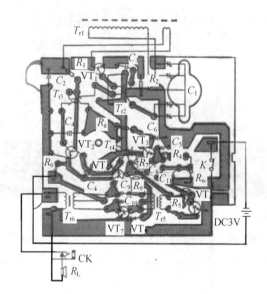

图 2-47　六管超外差收音机的电路板图

态总电流,可能有如下几种结果。

(1) 电流为 0,这是由于电源的引线已断,或者电源的引线及开关虚焊所致。

(2) 电流在 30 mA 左右,这是由于 C_7、振荡线圈 TR_2 与地不相通的一组线圈(即 TR_2 次级)、TR_3、TR_4 内部线圈与外壳、输入变压器 B5 初级、VT_1、VT_2、VT_4 的集电极对地发生短路,印刷板上有桥接存在等。

(3) 电流在 15～20 mA,可将电阻 R_7 更换大一些,如原为 560 Ω 现换成 1 kΩ。

(4) 电流很大,表针满偏。这是由于输出变压器初级对地短路,或者 VT_5 或 VT_6 集电极对地短路(可能 VT_5 或 VT_6 的 ce 结击穿或搭锡所致)。

(5) 总电流基本正常(本机正常电流为 10 mA±2 mA),此时可进行下一步检查。

3) 判断故障位置

判断故障在低放之前还是低放之中(包括功放)的方法:

(1) 接通电源开关将音量电位器开至最大,喇叭中没有任何响声,可以判定低放部分肯定有故障。

(2) 判断低放之前的电路工作是否正常,方法如下:将音量关小,万用表拨至直流 0.5 V 挡,两表笔并接在音量电位器非中心端的另两端上,一边从低端到高端拨动调谐盘,一边观看电表指针。若指针摆动,即可断定低放前电路工作是正常的。若无摆动,则说明低放之前电路中有故障,应先解决低放问题,再解决低放前电路中问题。

表 2-5 为正常时各级晶体管静态工作电压和电流,供参考。

表 2-5　静态工作点参考

测试点	发射极电压/V	基极电压/V	集电极电压/V	集电极电流/mA	备　注
VD_1				2.5～3	二极管
VT_1	1.1～1.3	1.4～1.9	2.5	0.4 左右	
VT_2	0	0.7	2.5	0.1～0.2	
VT_3	0.05	0.7	1.7	0.2 左右	该管近似截止状态

续表

测试点	发射极电压/V	基极电压/V	集电极电压/V	集电极电流/mA	备 注
VT_4	0	0.7	1.9	1.5 左右	
VT_5	0	0.65	3	1～2.5	
VT_6	0	0.65	3	1～2.5	

4）调频率范围

在调整中要配好刻度盘,调中波振荡线圈(黑色)的磁芯,调节振荡回路中微调电容(即双联上的微调电容)并将声音调大,由于高、低端的频率在调整中会互相影响,所以低端调电感磁芯、高端调电容的工作要反复调几次才能最后调准。

5）统调

利用调整频率范围时收听到的低端电台,调整磁性天线线圈在磁棒上的位置,使声音最响,达到低端统调。利用调整频率范围时收听到的高端电台,调节输入回路中的微调电容(双连上天线连的微调电容),使声音最响,以达到高端统调,和调整频率范围一样,需要高、低端反复调整。

6）演示与总结评估

(1) 按内容要求整理实验数据。

(2) 画出实训内容中的电路图、接线图。

 知识梳理与总结

1.半导体三极管按材料分为锗管和硅管,每种又有 NPN 和 PNP 两种结构形式。半导体三极管具有电流放大作用,根据输出特性曲线,三极管具有截止、放大、饱和三种工作状态。

2.半导体三极管放大电路具有共射极、共基极和共集电极三种放大组态。放大电路要有合适的直流通路,提供合适的静态工作点,同时要有让交流信号顺利通过的交流通路。在分析放大电路时,首先进行静态分析,确定其静态工作点。然后用小信号等效模型进行动态分析,计算放大倍数、输入电阻、输出电阻等参数。

3.场效应管利用栅源电压改变导电沟道宽窄来实现对漏极电流控制,属电压控制型器件。场效应管分为结型场效应管(JFET)和金属-氧化物-半导体场效应管(MOSFET)两种类型,MOSFET 又分为增强型和耗尽型,同时每种又有 N 沟道和 P 沟道两类。

4.场效应管放大电路的分析类似半导体三极管放大电路,首先计算静态工作点,然后利用小信号等效模型进行交流分析。

5.反馈是指将输出信号的一部分或者全部通过反馈回路引回输入端的过程。反馈的类型可分为:正反馈和负反馈;直流反馈和交流反馈;电压反馈和电流反馈;串联反馈和并联反馈。

6.负反馈放大电路分为电压串联负反馈、电压并联负反馈、电流串联负反馈、电流并联负反馈四种类型。交流负反馈使得放大倍数下降,它可提高放大器增益的稳定性、扩展通频带、减小非线性失真以及改变输入电阻和输出电阻等。

习题

一、填空题

1. 三极管的三个工作区域是_____、_____、_____。

2. 在 NPN 三极管组成的基本共射放大电路中,如果电路的其他参数不变,三极管的 β 增加,则 I_{BQ}_____、I_{CQ}_____、U_{CEQ}_____。

3. 某放大电路中的三极管,在工作状态中测得它的管脚电位 $U_a = 1.2\text{ V}$,$U_b = 0.5\text{ V}$,$U_c = 3.6\text{ V}$,试问该三极管是_____管(材料),_____型的三极管,该管的集电极是 a、b、c 中的_____。

4. 三极管放大电路的三种基本组态是_____、_____、_____。

5. 晶体管工作在饱和区时,发射结_____,集电结_____;工作在放大区时,集电结_____,发射结_____。

6. 已知某两级放大电路中第一级、第二级的对数增益分别为 60 dB 和 20 dB,则该放大电路总的对数增益为_____dB,总的电压放大倍数为_____。

7. 负反馈放大电路的四种基本类型是_____、_____、_____、_____。

8. 场效应管从结构上分成_____和_____两大类型,它属于_____控制型器件。

9. 电压串联负反馈能稳定电路的_____,同时使输入电阻_____。

10. 电流并联负反馈能稳定电路的_____,同时使输入电阻_____。

11. 负反馈对放大电路性能的改善体现在提高_____、减小_____、抑制_____、扩展_____、改变输入电阻和输出电阻。

二、选择题

1. 画三极管放大电路的小信号等效电路时,直流电压源 U_{CC} 应当(   )。

A. 短路　　　　　　B. 开路　　　　　　C. 保持不变　　　　　　D. 变为电流源

2. 测量放大电路中某三极管各电极电位分别为 6 V、2.7 V、2 V(如图 2-48 所示),则此三极管为(   )。

A. PNP 型锗三极管　　　　　　B. NPN 型锗三极管

C. PNP 型硅三极管　　　　　　D. NPN 型硅三极管

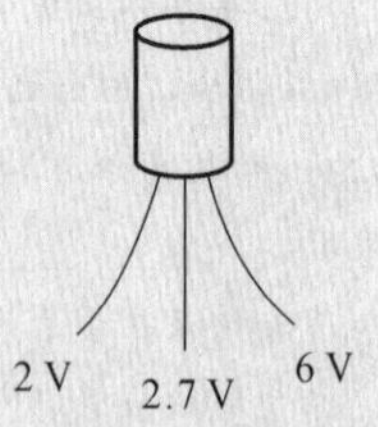

3. 当放大电路的电压增益为 −20 dB 时,说明它的电压放大倍数为(   )。

A. 20 倍　　　　　　B. −20 倍　　　　　　C. −10 倍　　　　　　D. 0.1 倍

4. 场效应管放大电路的输入电阻,主要由(   )决定。

A. 管子类型　　　　B. g_m　　　　C. 偏置电路　　　　D. u_{GS}

2 V　　2.7 V　　6 V

图 2-48　选择题 2

5. 场效应管属于(   )。

A. 单极性电压控制型器件　　　　　　B. 双极性电压控制型器件

C. 单极性电流控制型器件　　　　　　D. 双极性电压控制型器件

6. 要使负载变化时,输出电压变化较小,且放大器吸收电压信号源的功率也较少,可以采用(   )负反馈。

A. 电压串联　　　　B. 电压并联　　　　C. 电流串联　　　　D. 电流并联

7. 串联负反馈放大电路环内的输入电阻是无反馈时输入电阻的(   )。

A. $(1+AF)$ 倍　　　　B. $\dfrac{1}{1+AF}$ 倍　　　　C. $\dfrac{1}{F}$ 倍　　　　D. $\dfrac{1}{AF}$ 倍

三、计算题

1. 电路如图 2-49 所示, 已知 $\beta=50$, $r'_{bb}=200\ \Omega$, $U_{BEQ}=0.7\ V$, $U_{CC}=12\ V$, $R_b=570\ k\Omega$, $R_C=4\ k\Omega$, $R_L=4\ k\Omega$。

(1) 估算电路的静态工作点: I_{BQ}、I_{CQ}、U_{CEQ};

(2) 计算交流参数 A_u、r_i、r_o 值;

(3) 请简要说明环境温度变化对该电路静态工作点的影响。

2. 三极管放大电路如图 2-50 所示。

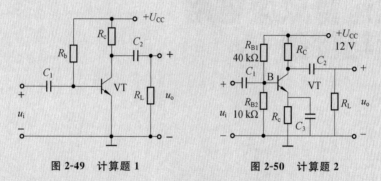

图 2-49   计算题 1   图 2-50   计算题 2

已知: $r'_{bb}=300\ \Omega$, $\beta=49$, $U_{BEQ}=0.7\ V$, $R_C=6.4\ k\Omega$, $R_L=6.4\ k\Omega$, $R_E=2.3\ k\Omega$

(1) 画出其微变等效电路。

(2) 计算电压放大倍数 A_u。

(3) 计算输出电阻 r_o。

3. 已知一个电压串联负反馈放大电路的电压放大倍数 $A_{uf}=20$, 其基本放大电路的电压放大倍数 A_u 的相对变化率为 10%, A_{uf} 的相对变化率小于 0.1%, 试问 F 和 A_u 各为多少?

4. 电路如图 2-51 所示。要求:

(1) 指出级间反馈支路, 判断其反馈类型;

(2) 按深度负反馈估算其闭环放大倍数。

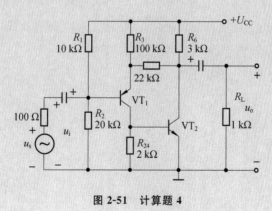

图 2-51   计算题 4

学习情境 3

集成运算放大电路安装与检测

教学导航

　　本学习情境介绍了差分放大电路的组成及电路连接形式,分析了集成运算放大器主要参数及性能特点,总结了集成运算放大器的线性和非线性应用,通过集成运算放大器温度测量电路工作任务分析、安装与检测等过程,使学生完成对集成运算放大器学习的知识目标和技能目标。

学习目标

　　(1) 了解差分放大电路的组成及电路连接形式。

　　(2) 了解理想集成运放主要参数和性能特点。

　　(3) 掌握集成运算放大器的原理及应用。

相关知识

3.1 集成电路概述

1. 集成电路简介

集成电路是一种微型电子器件,它采用一定工艺,把电阻、电容、电感、二极管和晶体管等电路元件及布线互连在一起,制作在一小块半导体晶片或介质基片上,然后封装在一个管壳内;在电路中用字母"IC"表示。

集成电路按照制造工艺分类,可分为半导体集成电路、薄膜集成电路、厚膜集成电路和混合集成电路。

用平面工艺(氧化、光刻、扩散、外延工艺)在半导体晶片上制成的电路称为半导体集成电路;用厚膜工艺(真空蒸发、溅射)或薄膜工艺(丝网印刷、烧结)将电阻、电容等无源元件连接制作在同一片绝缘衬底上,再焊接上晶体管管芯,使其具有特定的功能,叫作厚膜或薄膜集成电路;如再装焊上单片集成电路,则称为混合集成电路。目前使用最多的是半导体集成电路,它按有源器件分为双极型、MOS 型和双极 MOS 型集成电路;按集成度分类,有小规模、中规模、大规模集成电路;按照功能分为数字集成电路和模拟集成电路两大类。

1)数字集成电路

数字电路是能够传输"0"和"1"两种状态信息并完成逻辑运算的电路。用双极性三极管或 MOS 场效应晶体管作为核心器件,可分别制成双极型和 MOS 场效应数字集成电路。常用的双极型数字集成电路有 54××、74××、74LS×× 系列。MOS 场效应数字集成电路具有构造简单、集成度高、功耗低、抗干扰能力强、工作温度范围大等特点,常用的 CMOS 场效应数字集成电路有 4000、74HC×× 系列。

2)模拟集成电路

除了数字集成电路,其余的集成电路统称为模拟集成电路。按照电路输入信号和输出信号的关系,模拟集成电路还分为线性集成电路和非线性集成电路。

(1)线性集成电路。

线性集成电路指输出信号与输入信号呈线性关系的集成电路。根据功能可分类如下:

① 通用型——低增益、中增益、高增益、高精度线性集成电路;

② 专用型——高输入阻抗、低漂移、低功耗、高速度线性集成电路。

(2)非线性集成电路。

非线性集成电路大多是专用集成电路,其输入、输出信号通常是模拟-数字信号的混合。

2. 集成电路命名

集成电路命名与分立器件命名相比,规律性较强,绝大部分国内外厂商生产的同一种集成电路,采用基本相同的数字标号,而以不同的字母代表不同的厂商。例如 NE555、LM555、SG555 分别是由不同厂商生产的 555 定时器电路,它们的性能、封装和引脚排列也都一致,可以相互替换。我国集成电路的型号命名采用与国际接轨的准则,如表 3-1 所示。

表 3-1　集成电路的型号命名方法

第 0 部分		第一部分	第二部分	第三部分		第四部分	
用字母表示器件 符合国家标准		用字母表示 器件的类型	用阿拉伯数字表示器件的系列和品种代号	用字母表示器件的 工作温度范围		用字母表示 器件的封装	
符号	意义	符号	意义	符号	意义	符号	意义
C	中国制造	T TTL H HTL E ECL C CMOS F 线性放大器 D 音响、电视电路 W 稳压器 B 非线性电路 M 存储器 μ 微型机电路	（与国际接轨）	C 0～70 ℃ E −40～85 ℃ R −55～85 ℃ M −55～125 ℃		W 陶瓷扁平 B 塑料扁平 F 全密封扁平 D 陶瓷直插 P 塑料直插 J 黑陶瓷直插 K 金属菱形 T 金属圆形	

3. 集成电路封装与引脚识别

表 3-2 列出常用集成电路封装、引脚及特点。

表 3-2　常用集成电路封装及引脚示意

名　　称	封装标记及引脚识别	管脚数/间距	特点及应用
金属圆形 Can TO-99		8,12	可靠性高,散热、屏蔽性良好,价格高,主要用于高档产品
功率塑封 ZIP-TAG		3,4,5,8,10,12,16	散热性能好,用于大功率器件
双列直插 DIP,SDIP DIPtab		8,14,16,18,20,22,24,28,40 2.54/1.778 （标准/窄间距）	塑封造价低,应用最广泛,陶瓷耐高温,造价较高,用于高档产品
单列直插 SIP,SDIP SIPtab		3,5,7,8,9,10,12,16 2.54/1.778 （标准/窄间距）	造价低且安装方便,广泛用于民品
双列表面安装 SOP SSOP		5,8,14,16,18,20,22,24,28 1.27/0.8 （标准/窄间距）	体积小,用于微组装产品
扁平矩形 QFP SQFP		32,44,64,80,120,144,168 0.8/0.65 （QFP/SQFP）	引脚数多,用于大规模集成电路

续表

名　　称	封装标记及引脚识别		管脚数/间距	特点及应用
软封装			直接将芯片封装在 PCB 上	低造价,主要用于低价格民品,如玩具 IC 等

4. 集成电路检测

1）电阻法

（1）通过测量单块集成电路各引脚对地正反向电阻,与参考资料或相同型号的集成电路进行比较,从而做出判断。

（2）在没有对比资料情况下使用间接电阻法测量,即在印制电路板上通过测量集成电路引脚外围元件好坏来判断,若外围无损坏,则集成电路有可能已损坏。

2）电压法

测量集成电路引脚对地动、静态电压,与线路图或其他资料所提供的参考电压进行比较。若有较大差别,其外围元件又没有损坏,则集成电路有可能已损坏。

3）波形法

测量集成电路各引脚波形是否与原设计相符,若发现有较大区别,其外围元件又没有损坏,则集成电路有可能已损坏。

4）替换法

用相同型号集成电路做替换试验,若电路恢复正常,则集成电路已损坏。

3.2　差分放大电路

零点漂移,简称为零漂,就是当输入信号为零时,输出信号不为零。产生零漂的原因有很多,如温度变化、电源电压波动、晶体管参数变化等,其中温度变化是主要的,因此零漂也称为温漂。差分放大电路可以有效地消除零点漂移现象。

差分放大电路

1. 基本差分放大电路

图 3-1 所示为基本差分放大器,它由两个完全对称的共射电路组成,由于两个三极管 VT_1、VT_2 的特性参数（$\beta U_{BE} r_{be}$）完全一样,外接电阻也完全对称相等,两边各元件的温度特性也都一样,因此两边电路是完全对称的。输入信号从两管的基极输入,输出信号则从两管的集电极之间输出。静态时,输入信号为零,即 $I_{BQ1} = I_{BQ2}$,由于电路左右对称,$I_{CQ1} = I_{CQ2}$,$U_{CQ1} = U_{CQ2} = U_{CC} - I_{CQ1}R_C$,故输出电压为 $U_O = U_{CQ1} - U_{CQ2} = 0$。

图 3-2 所示为带射极公共电阻的差分放大器,$-U_{EE}$ 提供两管基极偏置,两个三极管 VT_1、VT_2 及组成的电路参数完全一致,静态时,输出电压 $u_o = 0$ V。

1）静态分析

$$I_{BQ1} = I_{BQ2} = \frac{U_{EE} - U_{BE}}{2(1+\beta)R_e}$$

$$I_{CQ1(2)} = \beta I_{BQ1(2)}$$

$$U_{C1Q} = U_{C2Q} = U_{CC} - I_{CQ}R_C$$

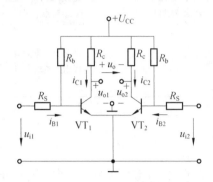

图 3-1　基本差分放大器

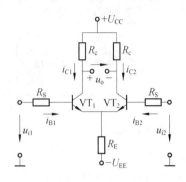

图 3-2　带射极公共电阻的差分放大器

2）动态分析

差模电压放大倍数：
$$A_{ud} = -\beta\frac{R_C}{r_{be}}$$

输入电阻：
$$r_{id} = 2r_{be}$$

输出电阻：
$$r_o = 2R_c$$

　在图 3-3 所示电路中，$R_S = 5$ kΩ，$R_C = 10$ kΩ，$R_E = 10$ kΩ，$U_{CC} = U_{EE} = 12$ V，两管电流放大倍数均为 $\beta = 50$。试计算：

① 静态工作点；

② 差模电压放大倍数；

③ 输入、输出电阻。

解　①静态工作点计算

$$I_{BQ1} = I_{BQ2} = \frac{U_{EE} - U_{BE}}{2(1+\beta)R_E} = \frac{12 - 0.7}{2 \times 51 \times 10}\ \text{mA} = 11\ \text{mA}$$

$$I_{CQ} = \beta I_{BQ} = 50 \times 11\ \text{mA} = 550\ \text{mA}$$

$$U_{C1Q} = U_{C2Q} = U_{CC} - I_{CQ}R_C = (12 - 0.55 \times 10)\ \text{V} = 6.5\ \text{V}$$

② 差模电压放大倍数

$$r_{be} = 300 + (1\beta)\frac{26}{I_{eQ}} = \left(300 + 51 \times \frac{26}{0.55}\right)\ \Omega = 2710\ \Omega$$

$$A_{ud} = -\beta\frac{R_C}{r_{be}} = -51 \times \frac{10}{2.71} = -188$$

③ 输入、输出电阻计算

输入电阻：
$$r_{id} = 2r_{be} = 2 \times 2.71\ \text{kΩ} = 5.42\ \text{kΩ}$$

输出电阻：
$$r_o = 2R_c = 2 \times 10\ \text{kΩ} = 20\ \text{kΩ}$$

思考题：差分放大器电路对称，可有效克服零点漂移，结论对吗？

2. 差分放大电路四种输入输出形式

1) 单端输入、单端输出

在单端输入差分放大电路中,信号仅加入一只管子的输入端,另一只管子信号输入端接地,输出信号仅从一只管子的集电极输出,所以输出信号减小一半,电压放大倍数也减小了一半,即单端输入、单端输出差分电路的电压放大倍数,仅是单管电压放大倍数的一半。单端输出不能抑制温度变化、元件老化等因素引起的零点漂移,因而必须采取工作点稳定措施,保证差分放大电路的正常工作。

差模电压放大倍数: $\quad A_{ud} = \dfrac{u_o}{u_i} = -\dfrac{\beta R'_L}{2r_{be}}, R'_L = R_C /\!/ R_L$

差模输出电阻: $\qquad\qquad R_o \approx R_C$

差模输入电阻: $\qquad\qquad R_{id} = 2r_{be}$

共模抑制比: $\qquad\qquad K_{CMR} = \dfrac{A_{ud}}{A_{uc}}$

2) 单端输入、双端输出

图 3-4 所示电路是单端输入、双端输出差分放大电路,它的电压放大倍数与双端输入双端输出差分放大电路相同,能够抑制温度、元件老化等因素引起的零点漂移。

差模电压放大倍数: $\quad A_{ud} = \dfrac{u_o}{u_i} = -\dfrac{\beta R'_L}{r_{be}}, R'_L = R_C /\!/ \dfrac{R_L}{2}$

差模输出电阻: $\qquad\qquad R_o \approx 2R_C$

差模输入电阻: $\qquad\qquad R_{id} = 2r_{be}$

共模抑制比: $\qquad\qquad K_{CMR} = \dfrac{A_{ud}}{A_{uc}} \to \infty$

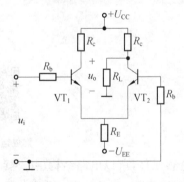 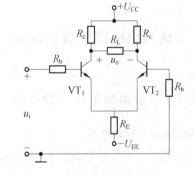

图 3-3　单端输入单端输出差分放大电路　　图 3-4　单端输入双端输出差分放大电路

3) 双端输入、单端输出

图 3-5 所示电路是双端输入、单端输出差分放大电路,这种电路的电压放大倍数与单端输入、单端输出差分放大电路相同,也需要采取工作点稳定措施。

差模电压放大倍数: $\quad A_{ud} = \dfrac{u_o}{u_i} = -\dfrac{\beta R'_L}{2r_{be}}, R'_L = R_C /\!/ R_L$

差模输出电阻: $\qquad\qquad R_o \approx R_C$

差模输入电阻: $\qquad\qquad R_{id} = 2r_{be}$

共模抑制比: $\qquad\qquad K_{CMR} = \dfrac{A_{ud}}{A_{uc}}$, 很高

4）双端输入、双端输出

图 3-6 所示电路是双端输入、双端输出差分放大电路,这种电路的电压放大倍数与单端输入双端输出电路一致,是单端输入单端输出差分放大电路的一倍。

差模电压放大倍数：

$$A_{ud} = \frac{u_o}{u_i} = -\frac{\beta R_L'}{r_{be}}, R_L' = R_C // \frac{R_L}{2}$$

差模输出电阻： $R_o \approx 2R_C$

差模输入电阻： $R_{id} = 2r_{be}$

共模抑制比： $K_{CMR} = \frac{A_{ud}}{A_{uc}} \to \infty$

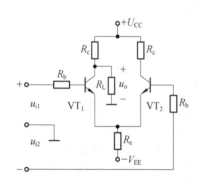 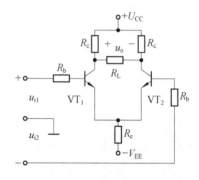

图 3-5　双端输入单端输出差分放大电路　　图 3-6　双端输入双端输出差分放大电路

> 思考题：双端输出时,单端输入与双端输入的差分放大器的电压放大倍数是一致的吗?

3.3　集成运放电路的线性应用

◆ 3.3.1　集成运放电路主要参数

1. 集成运放电路的组成

集成运放电路的
线性应用 1

由于集成电路内部不能制作大容量电容器及电感元件,所以电路结构中一般采用直接耦合方式,直接耦合放大器可以放大交流信号,也可以放大直流信号,但直接耦合放大器的直流通路互相联通,导致各级工作点互相影响,从而带来零点漂移问题,特别是温度变化引起的零漂,解决方法通常是采用带温度补偿的差分放大电路,并采用晶体管或场效应管构成恒流源电路,取代大阻值电阻,或采用新型半导体制造工艺制作大阻值电阻。

集成运放电路的
线性应用 2

集成运放图形符号如图 3-7 所示,有两个输入端 u_+、u_-,输出端为 u_o,箭头表示信号流向,开环放大倍数为∞。

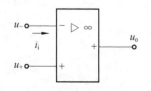

图 3-7　集成运放图形符号

1）输入级

集成运放的输入级多采用差分放大电路,目的是抑制零漂,改善集成运放性能。

2）中间级

集成运放的中间级一般由一级或两级共射放大电路组成，主要是提供足够的电压放大倍数，并为后级提供较大的驱动电流。

3）输出级

集成运放的输出级一般由互补对称射极输出器构成，主要是提供给负载一定的工作电压和工作电流，通常输出级输出电阻较小，以利提供较大电流给负载。

2. 集成运放的主要参数

1）开环差模电压放大倍数 A_{od}

所谓开环就是集成运放电路不存在反馈或无反馈回路。此时开环差模电压放大倍数：

$$A_{od} = \frac{u_o}{u_{id}} = \frac{u_o}{u_+ - u_-}$$

理想集成运放的开环差模电压放大倍数为 ∞。

2）差模输入电阻 r_{id}

差模输入电阻通常越大越好，差模输入电阻 r_{id} 越大，信号源向集成运放提供的电流就越小，理想集成运放的差模输入电阻为无穷大，即 $r_{id} = \infty$。

3）共模抑制比 K_{CMR}

共模抑制比 K_{CMR} 表示运算放大器的差模电压放大倍数 A_d 与共模电压放大倍数 A_c 之比。

$K_{CMR} = \left| \dfrac{A_d}{A_c} \right|$，$K_{CMR}$ 越大，表示集成运放共模抑制性能越好。理想集成运放的共模抑制比为无穷大，即 $K_{CMR} = \infty$。

4）输出电阻 r_o

输出电阻 r_o 指运算放大器输出级的电阻。r_o 越小，表示集成运放带载能力越强，理想集成运放的输出电阻为 0，即 $r_o = 0$。

5）最大线性输出电压 u_{omax}

最大线性输出电压 u_{omax} 是指在额定电源下，最大不失真输出电压。

6）理想集成运放的输入失调电压 U_{IO}

理想运算放大器，当输入电压 $u_{i1} = u_{i2} = 0$ 时，即将两输入端同时接地时，则输出电压为 $u_o = 0$，但实际电路中，因元器件参数不对称等原因，输入电压为 0 时，输出电压 $u_o \neq 0$。如果要使 $u_o = 0$，必须在输入端加一个理想电压源 U_{IO}，称此为输入失调电压，相应的还有输入失调电流 I_{IO}，一般输入失调电压和电流越小越好，理想值为 0。

7）理想集成运放的上限频率

理想集成运放的上限频率为无穷大，即 $A_{od} = \infty$。

3. 理想集成运放工作在线性区的特点

1）虚短的概念

由于理想集成运放 $A_{od} = \dfrac{u_o}{u_{id}} = \infty$，而输出电压 u_o 为有限值，故可以认为两个输入端之间差模电压近似为零。即 $u_{id} = u_- - u_+ \approx 0 \Rightarrow u_- = u_+$，即两个差分输入端之间电压差为零，因为不是实际短路,故称为"虚短"。

2)虚断的概念

由于理想集成运放 $r_{id}=\infty$,$i_{in}=\dfrac{u_{id}}{r_{id}}$,此时 $i_{in}=0$,则认为两个输入端没有电流流过,即 $i_-=i_+\approx0$,两个差分输入端相当于断路,称为"虚断"。

> 思考题:集成运放分析时,"虚短"是因为运放开环放大倍数为无穷大,而输出电压值为有限值,对吗?

3.3.2 基本运算放大电路

1.反相比例运算电路

如图 3-8 所示,因为虚断,有

$$i_-=i_+\approx0,u_+=0\ \mathrm{V},i_1=i_f$$

根据虚短,所以

$$u_+=u_-=0\ \mathrm{V}$$

$$i_f=\frac{u_--u_o}{R_f}=-\frac{u_o}{R_f}$$

又因为 $i_1=\dfrac{u_i-u_-}{R_1}=\dfrac{u_i}{R_1}$,由 $i_1=i_f$ 推导得出:

$$A_{uf}=-\frac{u_o}{u_i}=-\frac{R_f}{R_1}$$

2.同相比例运算电路

同相比例运算电路如图 3-9 所示。

因为

$$i_1=\frac{0-u_-}{R_1}=-\frac{u_-}{R_1},i_f=\frac{u_--u_o}{R_f}$$

根据虚断,有:$i_-=i_+\approx0$,所以 $u_+=u_i$,又根据虚短有

$$u_+=u_-=u_i$$

由 $i_1=i_f$ 推导得出:

$$A_{uf}=\frac{u_o}{u_i}=1+\frac{R_f}{R_1}$$

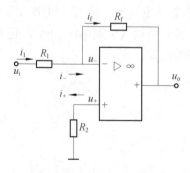

图 3-8 反相比例运算电路

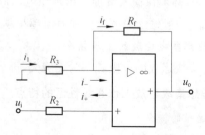

图 3-9 同相比例运算电路

3. 求和运算电路

如图 3-10 所示,根据虚断,有 $:i_- = i_+ \approx 0$,故 $u_+ = 0$ V。又根据虚短有

$$u_+ = u_- = 0 \text{ V}$$

又因为

$$i_f = i_1 + i_2 + i_3$$

$$i_1 = \frac{u_{i1} - u_-}{R_1} = \frac{u_{i1}}{R_1}, i_2 = \frac{u_{i2} - u_-}{R_2} = \frac{u_{i2}}{R_2}, i_3 = \frac{u_{i3} - u_-}{R_3} = \frac{u_{i3}}{R_3}$$

$$i_f = \frac{u_- - u_o}{R_f} = -\frac{u_o}{R_f}$$

所以

$$u_o = -\left(\frac{R_f}{R_1}u_{i1} + \frac{R_f}{R_2}u_{i2} + \frac{R_f}{R_3}u_{i3}\right)$$

其中 $R_4 = R_1 // R_2 // R_3 // R_f$。

4. 减法运算电路

如图 3-11 所示,根据虚短,$u_+ = u_-$,计算如下:

根据虚断,$u_+ = \dfrac{R_3}{R_2 + R_3}u_{i2}$,又因为虚短 $u_+ = u_-$

故

$$u_- = \frac{R_3}{R_2 + R_3}u_{i2}$$

又因为

$$i_+ = i_- = 0, i_1 = i_f$$

由 $i_1 = \dfrac{u_{i1} - u_-}{R_1}, i_f = \dfrac{u_- - u_o}{R_f}$,推导得

$$u_- = \frac{R_f}{R_1 + R_f}u_{i1} + \frac{R_1}{R_1 + R_f}u_o$$

若 $R_1 = R_2, R_f = R_3$,则

$$u_o = -\frac{R_f}{R_1}(u_{i1} - u_{i2})$$

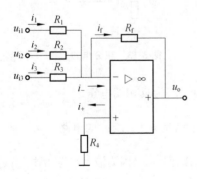
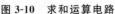

图 3-10   求和运算电路

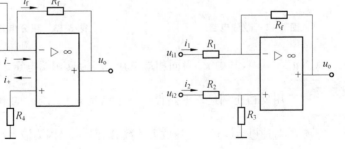

图 3-11   减法运算电路

思考题:集成运放分析时,"虚断"是因为运放输入电阻为无穷大,这个结论对吗?

3.3.3　微分运算电路和积分运算电路

1. 微分运算电路

如图 3-12 所示，根据虚断，有：

$$i_- = i_+ \approx 0, u_+ = 0 \text{ V}$$

因为 $i_1 = i_f$ 又根据虚短有：

$$u_+ = u_- = 0 \text{ V}$$

而

$$i_1 = C\frac{\mathrm{d}u_i}{\mathrm{d}t} \quad i_f = -\frac{u_o}{R_f}$$

所以

$$u_o = -i_1 R_f = -R_f C\frac{\mathrm{d}u_i}{\mathrm{d}t}$$

2. 积分运算电路

如图 3-13 所示，根据虚断，有：$i_- = i_+ \approx 0, u_+ = 0 \text{ V}$，又根据虚短有

$$u_+ = u_- = 0 \text{ V}$$

因为

$$i_1 = i_f$$

而

$$i_1 = \frac{u_i}{R_1} \quad i_f = -C\frac{\mathrm{d}u_o}{\mathrm{d}t}$$

所以

$$u_o = -\frac{1}{R_1 C}\int_0^t u_i(t)\mathrm{d}t$$

集成运放电路工作在线性区时，输出电压应与输入差模电压呈线性关系。

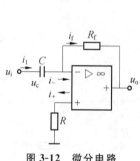

图 3-12　微分电路

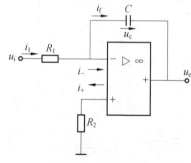

图 3-13　积分电路

即：$u_o = A_{od}(u_+ - u_-)$，其中 u_+ 为同相端电压，u_- 为反相端电压。

例 3-2　用反相比例运算电路设计一个满足 $u_o = 0.5u_i$ 的电路。

解　对理想运放开环电压放大倍数 $A_{od} = \infty$，又因为输入端为"虚短"，故 $u_+ = u_-$。

当同相端 $u_+ = 0 \text{ V}$ 时，反相端"虚地"$u_- = 0 \text{ V}$。因为理想运放输入电阻为无穷大，故流过两输入端的电流很小（nA 级），近似为零，即 $i_- = i_+ \approx 0$，又称输入端"虚断"。

由于反相比例运算电路中 u_o 与 u_i 反相，有

$$u_o' = -\frac{R_{f1}}{R}u_i$$

设 $R = 2R_{f1}$，取 $R_{f1} = 50 \text{ k}\Omega$。

则 $R = 100 \text{ k}\Omega, u_o' = -0.5u_i$。

要实现 $u_o' = 0.5u_i$，需增加一级反相比例运算，使：

$$u_o = -u_o' = \frac{R_{f2}}{R}u_i$$

本题中，设 $R = R_{f2}$，取 $R = 100\ \text{k}\Omega$，$R_{f2} = 100\ \text{k}\Omega$，则可实现输出：$u_o = 0.5u_i$。

其中 $R_1 = R // R_{f1}$，$R_2 = R // R_{f2}$，实现电路如图 3-14 所示。

例 3-3 如图 3-15 所示运算放大电路，试求 u_o。

解 根据"虚短"和"虚断"，有：

$$u_+ = u_- = 0\ \text{V}$$

因为
$$u_o = -i_f R_2 - \frac{1}{C_2}\int i_f \mathrm{d}t \qquad i_f = i_{C1} + i_1 = C_1 \frac{\mathrm{d}u_i}{\mathrm{d}t} + \frac{u_i}{R_1}$$

所以
$$u_o = -\left(\frac{R_2}{R_1} + \frac{C_1}{C_2}\right)u_i - R_2 C_1 \frac{\mathrm{d}u_i}{\mathrm{d}t} - \frac{1}{R_1 C_2}\int u_f \mathrm{d}t$$

经整理，该电路可实现比例、积分、微分 PID 调节电路功能。

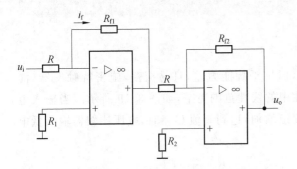

图 3-14 例题 3-2 图

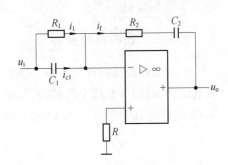

图 3-15 比例调节电路

3.4 集成运放电路的非线性应用

3.4.1 电压比较器

若集成运放处于开环（未引入负反馈）或引入了正反馈，则表明集成运放工作在非线性区，此时没有"虚短"的概念，仍有"虚断"的概念，如图 3-16 所示。同相端电压 U_+ 与反相端电压 U_- 相比较，集成电压比较器输出只有两个值，即最大值 $+U_{oH}$ 及最小值 $-U_{oL}$。

$$U_o = \begin{cases} +U_{oH}, \text{当}\ U_{REF} > U_i \\ -U_{oL}, \text{当}\ U_{REF} < U_i \end{cases}$$

集成运放电路的
非线性应用

3.4.2 过零比较器

如图 3-17 所示，当 $U_{REF} = 0\ \text{V}$ 时，此时电压比较器则构成过零比较器。

当 $U_i < U_{REF}(0\ \text{V})$ 时，输出 $+U_{oH}$，当 $U_i > U_{REF}(0\ \text{V})$ 时，输

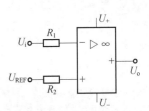

图 3-16 集成电压比较器

出$-U_{oL}$。

为了实现输出电压限幅功能,在输出与运放反相端接一双向稳压管,使输出电压幅度限制在$-U_Z \sim +U_Z$之间。电路如图 3-18 所示。

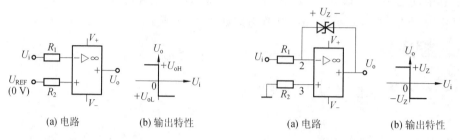

(a) 电路 (b) 输出特性   (a) 电路 (b) 输出特性

图 3-17 过零比较器   图 3-18 限幅过零电压比较器

> **思考题:**集成运放非线性应用时,其输出值具有什么特点?

3.4.3 施密特触发器

电压比较器结构较为简单,灵敏度高,但抗干扰能力差,且易振荡,施密特触发器(滞回电压比较器)具有两个阈值,使传输特性中的线性范围更窄,如图 3-19 所示。当输入电压U_i较低时,$U_o = +U_Z$,当U_i从 0 开始逐渐增加,达到阈值U_{th+}时,电压比较器输出低电平。

$$U_{th+} = \frac{R_1}{R_1 + R_2}U_{REF} + \frac{R_2}{R_2 + R_3}U_Z$$

此时,$U_o = -U_Z$,当输入电压由高向低变化时,有:

$$U_{th-} = \frac{R_1}{R_1 + R_2}U_{REF} - \frac{R_2}{R_2 + R_3}U_Z$$

当U_i达到阈值U_{th-}时,电压比较器输出高电平。

$$\Delta U_{th-} = U_{th+} - U_{th-} = 2U_Z\frac{R_2}{R_2 + R_3}$$

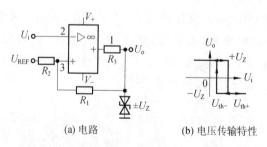

(a) 电路   (b) 电压传输特性

图 3-19 施密特触发器(滞回电压比较器)

> **思考题:**施密特触发器电压传输特性曲线中,输入电压从低往高变化及从高往低变化时,输出电压变化路径是怎样的?

项目实施

1. 工作任务与分析

通过集成运算放大电路的温度测量电路安装与检测,巩固和加深对集成运算放大电路的理论教学内容的理解,并提高元器件焊接、安装和调试能力,同时初步了解产品生产的工艺过程,参与编制工艺文件。

1)工作原理分析

集成运放温度测量电路如图 3-20 所示。

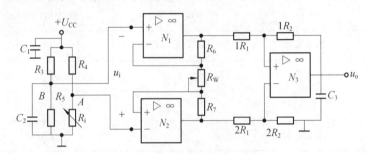

图 3-20　温度-电压转换电路图

集成运放输入端接有电阻 R_3、R_4、R_5 及温度传感器 R_t 组成的温度测量电桥,其中电阻 $R_3 = R_4 = R_5 = R$,并使 $1R_1 = 2R_1$,$1R_2 = 2R_2$,组成对称差分放大电路。当温度为 0 ℃时,调节 R_W 平衡,当温度升高后,R_t 阻值增大,A 点电位升高,A 点与 B 点之间的电压不为 0,集成运放输出电压随着 A 点与 B 点之间的电压差的变动而变化,A 点电位为:$\dfrac{R_t}{R_t + R} U_{CC}$,$B$ 点电位为:$\dfrac{1}{2} U_{CC}$,集成运放输出端电压 u_o 可通过外部电压温度转换显示电路处理,以显示所测温度的大小。

集成运放输入电压 u_i:

$$u_i = \frac{R_t}{R_t + R} U_{CC} - \frac{U_{CC}}{2} = \frac{R_t - R}{2(R_t + R)} U_{CC}$$

通过求解得到 u_o:

$$u_o = \frac{R_2}{R_1} \times \frac{2R + R_W}{R_W} u_i = \frac{R_2}{R_1} \times \frac{2R + R_W}{R_W} \times \frac{R_t - R}{2(R_t + R)} U_{CC}$$

2)设备要求

毫伏表一台(DA-16);示波器 TBS1102B;万用表;元器件(LM324 两只),电阻、连接导线若干。

2. 安装制作与检测

1)焊接和安装

(1)清查元器件的数据(见表 3-3)与质量,对不合格元件应及时更换。

(2)引脚处理,将引脚弯曲成形并进行烫锡处理,把字符面置于易观察位置。

(3)插装。根据元器件位号对号插装,不可插错。

（4）焊接。各焊点加热时间及焊锡量要适当，对耐热性差的元器件应使用工具辅助散热，防止虚焊、错焊，避免因拖锡而造成短路。

（5）焊后处理。剪去多余引脚线，检查所有焊点，对缺陷进行修补，必要时用无水酒精清洗印制板。

表 3-3　元器件清单

序　号	名　称	代　号	规　格
1	电阻	$1R_1$，$2R_1$	$5.1\ \text{k}\Omega\pm5\%$
		$1R_2$，$2R_2$	$10\ \text{k}\Omega\pm5\%$
		$R_3\sim R_5$	$1\ \text{k}\Omega\pm1\%$
2	热敏电阻	R_t	PTC $4.7\ \text{k}\Omega$
3	电容	$C_1\sim C_3$	$0.01\ \mu\text{F}/10\ \text{V}$
4	电位器	R_W	$10\ \text{k}\Omega$
5	集成运放	$N_1\sim N_3$	LM324

2）调试和检测

装配焊接完成后，按原理图、印制板装配图及工艺要求检查电路板（见图 3-21）安装情况，着重检查电源线连线及印制板上相邻导线或焊点有无短路及缺陷。

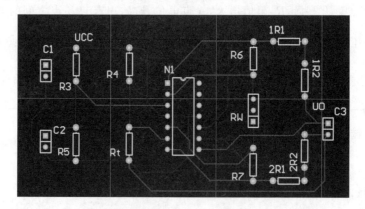

图 3-21　温度-电压转换电路板图

（1）打开直流稳压电源，将电压调在 15 V，关闭电源，将电源插头引线正、负极分别接于集成运放电源正、负极，打开电源。

（2）调节 R_W 电位器，使温度测量电桥处于平衡状态，用毫伏表测量输入电压 u_i 值。

（3）用示波器及数字万用表测量输入电压 u_i 初始值并记录。

（4）用 20 W 电烙铁对热敏电阻加温，使热敏电阻 R_t 阻值升高，用毫伏表测量输出电压 u_o 的变化并记录。

（5）给电路通电测试，并对测试结果进行分析。

知识梳理与总结

1.集成运放应用可分成线性应用和非线性应用,判断集成运放是否工作在线性区,主要看其是否有负反馈,如存在负反馈,则工作在线性区;若电路开环或处于正反馈,则工作在非线性区。

2.集成运放线性应用主要是基本运算,包含反相比例运算、同相比例运算、微分运算和积分运算等。

3.集成运放典型非线性应用为电压比较器,它可进行信号的比较及变换,滞回电压比较器(施密特触发器)具有很强的抗干扰性,得到了广泛的应用。

 习 题

一、填空题

1.差分放大电路能放大直流和交流信号,它对_____具有放大能力,它对_____具有抑制能力。

2.集成运放通常由_____、中间级、_____等三个部分组成。

3.理想集成运算放大器的条件是 $A_{od} =$ _____,$r_{id} =$ _____,$K_{CMR} =$ _____,$r_o =$ _____。

4.工作在线性区的理想集成运放有两条重要结论是_____和_____。

5.工作在非线性区的理想集成运放作为比较器使用,其输出值为_____和_____。

二、选择题

1.集成运算放大器构成的反相比例运算电路的一个重要特点是( )。

A.反相端为虚地　　B.输入输出同相　　C.输入输出反相　　D.反相端为电源

2.共模抑制比 K_{CMR} 越大,表明电路( )。

A.放大倍数越稳定　　　　　　　　B.交流放大倍数越大

C.抑制零漂能力越强　　　　　　　D.输入信号中的差模成分越大

3.差分放大器由双端输入变为单端输入,差模电压增益是( )。

A.增加一倍　　　　　　　　B.为双端输入时的一半

C.不变　　　　　　　　　　D.不确定

三、计算题

1.在图 3-22 所示电路中,已知 $R=R_1=R_2=R_f=100\ k\Omega$,$C=1\ \mu F$。

(1) 试求出 u_o 与 u_i 的运算关系。

(2) 设 $t=0$ 时 $u_o=0\ V$,且 u_i 由 0 跃变为 $-1\ V$,试求输出电压由 0 上升到 $+6\ V$ 所需要的时间。

2.如图 3-23 所示电路,集成运放均为理想器件,求输出电压 u_o 与输入电压 u_{i1}、u_{i2} 的关系式。

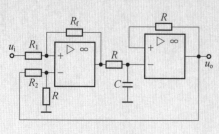

图 3-22　计算题 1

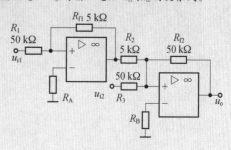

图 3-23　计算题 2

学习情境 4

音响功率放大电路安装与检测

教学导航

　　本学习情境介绍了功率放大器的分类及主要特性,分析了甲类、乙类、丙类、丁(D)类、戊(E)类功率放大器的组成、工作原理及主要技术指标,提出了乙类互补对称功率放大器减小失真的改进措施,通过具体音响功率放大电路设计与检测项目,使学生了解项目的工作任务分析、安装检测等过程,完成对功率放大器学习目标。

学习目标

　　(1) 了解功率放大器分类及主要特性。

　　(2) 了解甲类、乙类功率放大器工作原理及主要技术指标。

　　(3) 了解丙类功率放大器工作原理及主要技术指标。

　　(4) 了解丁(D)类、戊(E)类功率放大器工作原理及主要技术指标。

　　(5) 掌握音响功率放大电路安装与检测方法。

相关知识

4.1 概述

功率放大器的作用是将微弱信号放大,输出足够功率给负载,典型模拟电子设备的组成如图 4-1 所示。

概述

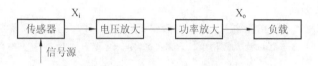

图 4-1 典型模拟电子设备的组成

典型模拟电子设备中,传感器如话筒、光和热转换器等,可将非电量信号转换成电信号,并作为放大电路的输入量。多级放大器包括输入级、中间级和输出级等,它将微弱的电信号进行电压放大和功率放大,并把放大的电信号转换成其他形式的能量,去驱动继电器、扬声器及记录显示仪器等负载。

◆ 4.1.1 功率放大器特点

功率放大器与电压放大器相比,虽然都是利用晶体管或场效应管在输入信号的控制下,实现能量的转换与控制,但两者完成的任务不同。

1. 功率放大器与电压放大器的区别

功率放大器的任务是保证信号在允许失真的范围内,输出足够大的功率,以驱动负载,其工作在大信号状态,传输功率也大。其与电压放大器的区别如表 4-1 所示。

表 4-1 功率放大器与电压放大器特性对照表

放大器类型	电压放大器	功率放大器
功能	放大微小的电信号	向负载提供足够大的功率
晶体管工作状态	小信号状态下工作,动态范围小,有一定的静态电流	大信号状态下工作,晶体管接近极限工作状态,静态电流很小
分析方法	微变等效电路法	图解法
主要性能指标	增益,输入电阻,输出电阻	最大不失真输出功率,转换效率,管耗
研究重点	静态工作点,主要性能指标	主要性能指标,功率管安全工作、散热与保护

2. 功率放大器的分类

功率放大器按耦合方式分为无输出电容功率放大器(output capacitor less,OCL)、无变压器输出功率放大器(output transformer less,OTL)及变压器耦合推挽输出功率放大器(balanced transformer less,BTL)。

当功率管工作于有源状态时,根据其输入信号在一完整周期内,功率管处于导通状态的时间,分为甲类、乙类、甲乙类、丙类等功率放大器。

（1）甲类功率放大器：在输入信号整个周期内，均有电流流过功率管，即在整个周期内功率管都导通。

（2）乙类功率放大器：在输入信号整个周期内，功率管只有半个周期处于导通状态。

（3）甲乙类功率放大器：在输入信号整个周期内，功率管在大于半个周期且小于一个周期内处于导通状态。

（4）丙类功率放大器：在输入信号整个周期内，功率管在小于半个周期内处于导通状态。

（5）当功率管工作于开关状态时，可分为丁（D）类和戊类（E）功率放大器，其功率放大器的转换效率将大大提高。

> 思考题：功率放大器与电压放大器相比较，晶体管工作状态有什么区别？

◆ 4.1.2 功率放大器主要指标

1. 输出功率（P_o）

功率放大电路提供给负载的信号功率称为输出功率。当输入为正弦波，且输出基本不失真时，输出功率为交变电压和交变电流的乘积。因功率管会产生一定功率损耗，直流电源产生的功率不能完全输出提供给负载。图 4-2 所示为功率放大器特性图，图中 I_{CM}、U_{CEM}、P_{CM} 为功率晶体管的极限参数值，一旦超过极限值，则功率管容易损坏。

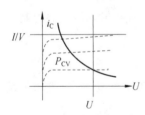

图 4-2 功率放大器特性图

2. 转换效率（η）

功率放大电路要尽可能将电源提供的能量转换给负载，要求其功率转换效率高，且尽量减少晶体管及线路上的能量损失。

$$\eta = \frac{P_{omax}}{P_{DC}} \times 100\%$$

式中：P_{omax} 为负载得到的最大交流信号功率，P_{DC} 为直流电源提供的功率。

3. 非线性失真

功率放大电路工作在大信号状态，所以不可避免要产生非线性失真，而且同一功放管输出功率越大，非线性失真越严重，通常在满足负载要求的情况下，非线性失真应尽可能小，有时可利用负反馈减少非线性失真。

4. 散热与保护

因功率放大管工作在大电流和大电压状态下，大量功率耗散在功率晶体管集电结上，使结温和管壳温度升高，需考虑散热与保护问题，以使功率晶体管工作在可靠范围内。

4.2 甲类功率放大器

如图 4-3（a）所示为甲类功率放大器电路图，和前述电压放大器（射极输出器）类似，其输出电阻低，带负载能力强，电压放大倍数近似为 1，输出电流比输入电流大，有功率放大作用，可以作功率放大器，但转换效率较低，理想效率最大为 50%。因为若使所放大的信号不失真,静态工作点设置较高,往往设置在负载线的中点,静态电流 I_{CQ} 较大,功率晶体管和射极电阻的静态损耗较大,故效率降低。甲类功率放大器的输出电压波形如图 4-3(b)所示。

甲类功率放大器

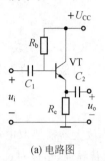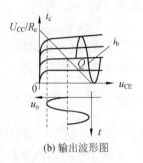

(a) 电路图   (b) 输出波形图

图 4-3　甲类放大器电路及输出波形图

忽略晶体管的饱和压降,有如下表达式:

$$U_{CEQ} = \frac{U_{CC}}{2}$$

流过功率晶体管的集电极电流为:

$$I_{CQ} = \frac{U_{CC}}{2R_E}$$

输入直流电源功率为:

$$P_E = U_{CC} \times I_{CQ} = \frac{U_{CC}^2}{2R_E}$$

功率晶体管输出功率为:

$$P_o = \frac{U_{CEQ}}{\sqrt{2}} \times \frac{I_{CQ}}{\sqrt{2}} = \frac{U_{CC}^2}{4R_E}$$

甲类放大器转换效率为:

$$\eta = \frac{P_o}{P_E} = 50\%$$

式中:U_{CC} 为电源电压,U_{CEQ}、I_{CQ} 分别为功率晶体管的集-射间电压、集电极电流,P_E、P_o 分别为输入直流电源功率及功率晶体管输出功率。

为了提高射极输出器的效率,通过减少晶体管的直流损耗——降低 Q 点,将晶体管直流工作点设置偏向截止区,其静态电流设置为零,当 $u_i = 0$ V 时,I_{BQ}、I_{CQ} 均为零,如图 4-4 所示,在一个周期内功率管有半个周期以上 i_c 大于零,此时功率放大器又称为甲乙类功率放大器,它的功率转换效率比甲类功率放大器大得多,在电路结构上可采用互补对称功率放大电路等措施提高效率。

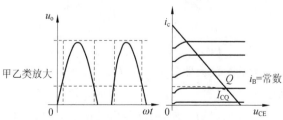

图 4-4　甲乙类功率放大器

思考题:甲类功率放大电路如何提高其转换效率?

4.3　乙类功率放大器

甲类功率放大器转换效率较低,理想效率最大为 50%。乙类功率放大电路一般采用互补对称功率放大电路结构,使输出信号尽可能不失真地放大。

◆ 4.3.1　OCL 功放电路

乙类功率放大器

如图 4-5 所示,无输出电容(OCL)互补对称功率放大器需要双电源供电,采用两个特性相同。类型互补(NPN 型、PNP 型)的功率晶体管交替导通,组成对称式射极输出器。

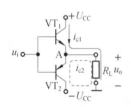

图 4-5　OCL 功率放大电路

1)工作原理

乙类功放电路分析

设 u_i 为正弦波,静态时 u_i 为 0 V,VT$_1$、VT$_2$ 不工作,$u_o = 0$ V。动态时,当 u_i 大于 0 V,VT$_1$ 导通,VT$_2$ 截止,流过负载的电流 i_L 等于 VT$_1$ 管的电流 i_{c1};当 u_i 小于 0 V 时,VT$_1$ 截止,VT$_2$ 导通,流过负载的电流 i_L 等于 VT$_2$ 管的电流 i_{c2},图 4-5 中静态电流 I_{BQ}、I_{CQ} 均为 0,每管只工作半周期。

2)最大输出电压与电流

负载端最大电压为:

$$u_{omax} = U_{CC}$$

而流过负载的最大电流为:

$$i_{Lmax} = \frac{U_{CC}}{R_L}$$

3)负载得到的最大功率

$$P_{omax} = \frac{u_{omax}}{\sqrt{2}} \times \frac{i_{Lmax}}{\sqrt{2}} = \frac{U_{CC}^2}{2R_L}$$

4)电源提供的直流平均功率

每个电源电流(半个正弦波)的平均值:

$$I_{AV1} = \frac{1}{2\pi}\int_0^\pi \frac{U_{CC}}{R_L}\sin\alpha t\, d\alpha t = \frac{U_{CC}}{\pi R_L}$$

两个电源提供的总功率:

$$P_E = P_{E1} + P_{E2} = 2U_{CC} \times I_{AV1} = \frac{2U_{CC}^2}{\pi R_L}$$

效率:

$$\eta = \frac{P_{omax}}{P_E} = \frac{U_{CC}^2}{2R_L} \Big/ \frac{2U_{CC}^2}{\pi R_L} = \frac{\pi}{4} = 78.5\%$$

由以上分析可知:乙类功率放大器效率可达 78.5%。

5)功率管的最大管耗

电源提供的直流功率,除输出功率外,一部分消耗在功率管上,由于两管参数互补对称,每只管耗约为总管耗的一半。

$$P_{c1m} = P_{c2m} = \frac{1}{\pi^2} \times \frac{U_{CC}}{R_L} \approx 0.2 P_{om}$$

功率管极限参数选择为：

$$I_{cm} \geqslant \frac{U_{CC}}{R_L}, \quad V_{CEO(BR)} \geqslant 2U_{CC}, \quad P_{cm} \geqslant 0.2 P_{om}$$

4.3.2　OTL 功放电路

如图 4-6 所示，OTL 功放（功率放大）电路为无输出变压器互补对称功率放大器，它由单电源供电，输出电路需加有大电容 C_L。

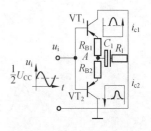

图 4-6　OTL 功率放大电路

1）静态分析

令 $u_i = \frac{U_{CC}}{2}$，因为功率管 VT_1、VT_2 特性对称，功率晶体管 VT_1、VT_2 中间点电压 u_A 近似为：

$$u_A = \frac{U_{CC}}{2}$$

2）动态分析

设输入 u_i 为正弦信号（在直流基础上），则 $u_i > \frac{U_{CC}}{2}$ 时，VT_1 导通、VT_2 截止，此时电容 C_L 上充电电压近似为 $\frac{U_{CC}}{2}$。

当 $u_i < \frac{U_{CC}}{2}$ 时，VT_2 导通、VT_1 截止，电容 C_L 上电压放电。

因电容容量足够大，电容上充电电压相当于电源，其基本保持不变，使负载上得到的正弦信号正、负半周对称。

3）效率同 OCL 电路

$$\eta = \frac{P_{Lmax}}{P_E} = \frac{\pi}{4} = 78.5\%$$

例 4-1　已知功放电路最大输出功率 $P_{omax} = 16$ W，负载 $R_L = 8$ Ω，试计算输出电压 U_o，若输入信号为 11.2 mV，试计算放大倍数 A_u。

解　根据公式 $P_{omax} = \frac{U_o^2}{R_L}$，有

$$U_o = \sqrt{P_{omax} R_L} = 8\sqrt{2} \text{ V} = 11.2 \text{ V}$$

若输入信号为 11.2 mV，则放大倍数

$$A_u = \frac{u_o}{u_i} = \frac{11.2 \text{ V}}{11.2 \text{ mV}} = 1000$$

4.3.3　变压器耦合推挽功率放大器

如图 4-7 所示为变压器耦合推挽功率放大器，它具有电路结构简单、效率高、频率响应较好等优点。当 u_i 处于正半周时，VT_1 导通，VT_2 截止；当 u_i 处于负半周时，VT_2 导通，VT_1 截止；输出变压器将 VT_1、VT_2 集电极输出信号合成后，将输出信号耦合给负载 R_L。变压器耦合推挽功率放大电路近似工作在乙类，效率计算公式与乙类 OCL 功率放大电路类似。

$$P_{\text{omax}} = \frac{u_{\text{omax}}}{\sqrt{2}} \times \frac{i_{\text{Lmax}}}{\sqrt{2}} = \frac{U_{\text{CC}}^2}{2R_{\text{L}}}$$

式中的负载 R_{L} 由 R_{L}' 取代，$R_{\text{L}}' = \left(\dfrac{N_1}{N_2}\right) \cdot R_{\text{L}}$，其中 N_1 为输出变压器原边绕组总匝数的一半，N_2 为输出变压器副边绕组匝数。

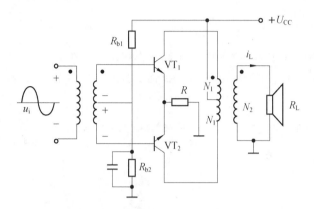

图 4-7　变压器耦合推挽功率放大器

若功率转换效率为 η_{e}，考虑变压器效率 η_{T}，则电路的总效率：

$$\eta = \eta_{\text{T}} \eta_{\text{e}}$$

此类功放特点是工作可靠、使用方便，只需在器件外部适当连线，即可向负载提供一定的功率。

◆ 4.3.4　互补对称功率放大电路的改进措施

1. 存在问题

如图 4-8、图 4-9 所示，对于乙类互补对称功率放大电路，当 $U_{\text{BE}} < U_{\text{T}}$ 时因晶体管发射 PN 结无正向偏压，功率管不能导通，当两管交替导通时，因存在死区电压使输出波形产生的失真，称为交越失真。

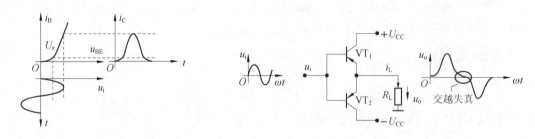

图 4-8　u_{BE} 偏置电压图　　　　　　图 4-9　产生交越失真示意图

2. 电路的改进

（1）克服交越失真的方法——电路中增加 R_1、R_2、VD_1、VD_2 支路，如图 4-10 所示。

静态时：VT_1、VT_2 两管发射结电位分别为二极管 VD_1、VD_2 的正向导通压降，致使两管均处于微弱导通状态，为功放管设置适当的静态电流。

动态时：设 u_i 加入正弦信号，正半周 VT_2 截止，VT_1 基极电位进一步提高，进入导通状态;负半周 VT_1 截止,VT_2 基极电位进一步提高,进入导通状态。

（2）克服交越失真的方法二——u_{BE} 电压倍增电路

为更好地和 VT_1、VT_2 两管发射结电位配合,克服交越失真,图 4-11 中的二极管 VD_1、VD_2 可以用 u_{BE} 电压倍增电路替代,假设 $I \gg I_B$,则合理选择 R_1、R_2 大小,B_1、B_2 间便可得到 u_{BE} 任意倍数的电压,可使功放管导通,以消除交越失真。

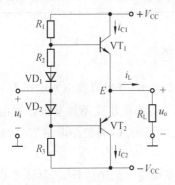 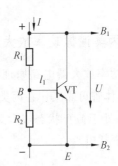

图 4-10　增加 VD_1 及 VD_2 支路电路图　　图 4-11　u_{BE} 电压倍增电路图

思考题:乙类互补功率放大电路克服交越失真的方法有哪些?

例 4-2　已知互补对称功放电路如图 4-10 所示,电源电压 $U_{CC} = 15$ V,负载 $R_L = 8$ Ω,试分析该电路功放管的极限参数要求。

解　功放电路最大输出功率为:

$$P_{omax} = \frac{1}{2} \times \frac{U_{CC}^2}{R_L} = \frac{1}{2} \times \frac{15^2}{8} \text{ W} \approx 14 \text{ W}$$

所以功放管极限参数为:

$$U_{(BR)CEO} > 2 \times 15 \text{ V} = 30 \text{ V}$$

$$P_{CM} > 0.2 P_{omax} = 2.8 \text{ W}$$

$$I_{CM} > \frac{U_{CC}}{R_L} = \frac{15}{8} \text{ A} \approx 1.9 \text{ A}$$

4.4　丙类功放电路

丙类功率放大器属高频功率放大器,用于放大高频信号并获得足够大输出功率。按工作频带宽窄不同,高频功率放大器可分为窄带型和宽带型两大类。窄带型通常采用选频谐振网络作为负载,而宽带型常采用工作频带很宽的传输线变压器作为负载。表 4-2 所示为丙类谐振功率放大器与低频功率放大器比较。

丙类功放电路

表 4-2　丙类谐振功率放大器与低频功率放大器比较

放大器性能	丙类谐振功率放大器	低频功率放大器
功能	功率放大	功率放大

续表

放大器性能	丙类谐振功率放大器	低频功率放大器
工作频率和相对频带	几十万赫兹～几百兆赫兹	工作频率低，20 Hz～20 kHz
负载性质	选频谐振网络	电阻、变压器等非谐振负载
工作状态	效率较高，丙类状态	兼顾效率和不失真放大

◆ 4.4.1 丙类谐振功率放大器工作原理

丙类谐振功率放大器电路原理图如图 4-12 所示，基极直流电源电压 U_{BB} 小于晶体管截止电压，为使晶体管可靠工作在丙类状态，常使 U_{BB} 为负压或不加基极偏置电源。当无激励信号时，晶体管处于截止状态，LC 为并联谐振网络负载，调谐在激励信号的频率上，r 为实际负载的等效损耗电阻。

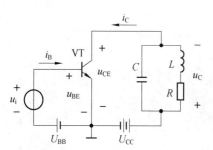

图 4-12　丙类谐振功率放大器电路原理图

当基极输入激励信号 u_i，晶体管基射电压：
$$U_{BE} = U_{BB} + u_i \cos\omega t$$

产生的基极电流 i_B 用傅里叶级数展开，其中 n 为整数，I_{bn} 为基波振幅。

$$i_B = \sum_{n=0}^{n} I_{bn} \cos n\omega t$$

集电极电流 i_C 用傅里叶级数展开：

$$i_C = \sum_{n=0}^{n} I_{cn} \cos n\omega t$$

若晶体管集电极偏置电压为 U_{CC}，LC 回路只有基波电压 u_C，回路谐振电阻为 R_{LP}，可得到：

$$u_C = I_{c1} m R_{LP} \cos\omega t$$

晶体管集-射间瞬时电压 u_{CE} 为：

$$u_{CE} = U_{CC} - u_C = U_{CC} - u_{cm} \cos\omega t$$

◆ 4.4.2 主要性能指标

丙类功率放大器主要技术指标为输出功率 P_o、效率 η 和功率增益 A_P，如直流电源提供的功率为 P_{DC}，功率管集电极耗散功率为 P_C，基极输入功率为 P_{in}，则放大器输出功率等于集电极电流基波分量在负载 R_{LP} 上的平均功率：

$$P_o = \frac{1}{2} I_{c1} m V_{cm} = \frac{1}{2} I_{c1}^2 m R_{LP}$$

直流电源提供的功率为 P_{DC}：

$$P_{DC} = I_{c0} U_{CC}$$

效率 η：

$$\eta = \frac{P_o}{P_{DC}} = \frac{1}{2} \cdot \frac{I_{c1} m U_{cm}}{I_{c0} U_{CC}} \times 100\%$$

功率增益：

$$A_P = \frac{P_o}{P_{DC}}$$

例 4-3 已知谐振放大器电路如图 4-12 所示，若线圈直流电组 $R = 0.4\ \Omega$，电感 $L = 55\ \text{uH}$，电容 $C = 220\ \text{pF}$，试求线圈空载 Q_o 和谐振阻抗 Z_o。

解 根据公式：

$$\text{线圈}\ Q_o = \frac{1}{R}\sqrt{\frac{L}{C}} = \frac{1}{0.4} \times \sqrt{\frac{55 \times 10^{-6}}{220 \times 10^{-12}}} = 1250$$

$$\text{谐振阻抗}\ Z_o = \frac{L}{RC} = \frac{55 \times 10^{-6}}{0.4 \times 220 \times 10^{-12}}\ \Omega = 625\ \text{k}\Omega$$

> **思考题：**丙类谐振功率放大电路中晶体管工作于开关模式吗？

4.5 丁（D）类和戊（E）类功放电路

与前述乙类、丙类功率放大器相比，丁（D）类和戊（E）类功率放大器件的特点是，晶体管工作于开关状态，即饱和导通和截止状态，这一类型放大器又称为开关模式功率放大器。由于晶体管是开关工作，其集电极电压（电流）是一连串规则的矩形波，包含丰富的谐波成分，需加选频滤波网络，选出

丁戊类功放电路

基波分量，滤除其余谐波分量，从而在负载上得到所需的基频电压和电流，完成功率放大。

一般晶体管开关模式丁（D）类功率放大器由一对参数基本相同的晶体管和外部电路组成，在激励信号作用下，两管轮流饱和导通和截止。工作时，如果两管集电极电压波形为矩形波的放大器称为电压开关型丁（D）类功率放大器；如果两管集电极电流波形为矩形波的放大器称为电流开关型丁（D）类功率放大器。

4.5.1 电压开关型 D 类功率放大器

图 4-13（a）中 VT_1、VT_2 为两个参数基本相同的晶体管，$L_1 C_2$ 为输出端的串联调谐回路，R_L 为等效负载电阻，C_1 为高频旁路电容。输入变压器 T_1 使两管获得幅度相等、相位相差 $180°$ 的输入信号，输入激励信号可以是正弦波或矩形波电压。

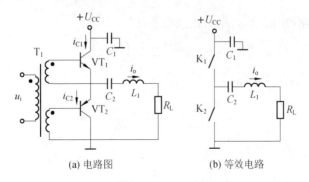

(a) 电路图　　　　(b) 等效电路

图 4-13　D 类电压功放电路原理图

　　若激励信号为基频 f 的矩形波电压。在正半周时，VT_1 饱和导通，等效于图 4-13(b)中 K_1 闭合，VT_2 管截止，等效开关 K_2 断开。负半周时刚好相反。

　　当开关 K_1 闭合，开关 K_2 断开时，P 点电压应为电源电压 U_{CC} 减去 VT_1 管饱和压降 U_{CES}，当开关 K_1 断开，开关 K_2 闭合时，P 点电压应为 VT_1 管饱和压降 U_{CES}。放大器的开关等效电路如图 4-13(b)所示。晶体管集电极电流 $i_{C1}(t)$、$i_{C2}(t)$ 为余弦脉冲，如图 4-14 (b)所示。

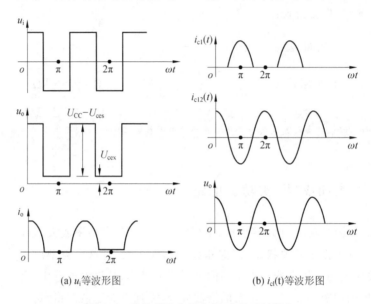

(a) u_i 等波形图　　　　　　　　(b) $i_{c1}(t)$ 等波形图

图 4-14　晶体管集电极电压(电流)波形图

　　开关函数 $S(t)$ 是幅度为 1 的矩形脉冲序列，由于 $S(t)$ 为 T 的周期性函数，展开为傅里叶级数，求得 P 点电压：

$$u_P(t) = (U_{CC} - U_{CES})\frac{1}{2}\left[1 + \sum\left(\frac{4(-1)^{n+1}}{(2n-1)\pi}\cos(2n-1)\omega t\right)\right]$$

基波电压表达式应为：

$$u_P(t) = \frac{2}{\pi}(U_{CC} - U_{CES})\cos\omega t$$

在负载 R_L 上得到的输出功率为：

$$P_o = \frac{2(U_{CC} - U_{CES})^2}{\pi^2} \cdot \frac{R_L}{(R_L + r_L)^2}$$

若串联 LC 回路 Q_o 值很高，r_L 可以忽略不计。

$$P_o = \frac{2(U_{CC} - U_{CES})^2}{\pi^2}$$

流过电阻 R_L' 的基波电流幅度为 I_{P1}，则：

$$I_{P1} = \frac{u_{P1}}{R_L'} = \frac{2(U_{CC} - U_{CES})}{\pi R_L'}$$

流过晶体管的直流电流 I_{dc} 应为：

$$I_{dc} = \frac{I_{P1}}{\pi} = \frac{2(U_{CC} - U_{CES})}{\pi^2 R_L'}$$

电源供给的直流功率为：

$$P_{dc} = I_{dc} \cdot U_{CC} = \frac{2(U_{CC} - U_{CES})}{\pi^2 R_L'} \cdot U_{CC}$$

功率转换效率为：

$$\eta_e = \frac{P_o'}{P_{dc}} = \frac{U_{CC} - U_{CES}}{U_{CC}}$$

◆ 4.5.2 电流开关型丁(D)类功率放大器

图 4-15 所示为电流开关型 D 类放大器电路图，T_1、T_2 分别为输入和输出变压器，T_2 的初级电感 L 与电容 C 组成并联谐振电路，谐振于激励信号的基频，R_L 为等效负载电阻。

与电压开关型电路不同，线圈 L 的中心抽头处接有一个大电感 L_1，其作用是保持高频每个周期流过的电流不能突变，使电源 U_{CC} 供给两个晶体管恒定的直流电流 I_{dc}。

若激励信号为足够大的矩形波电压，在正半周时，VT_1 管饱和导通，VT_2 管截止。负半周时，VT_1 管截止，VT_2 管饱和导通。两个晶体管基极、集电极电流都为矩形波，故电路称为电流开关型丁(D)类放大器。

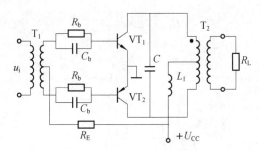

图 4-15　电流开关型 D 类放大器电路图

由于负载回路 LC 谐振于矩形波的基频，当每个管子集电极电流流过 LC 回路以后，在回路两端产生的正弦波电压与矩形波电流的基频同相。放大器各部分的电流、电压波形如图 4-16、图 4-17 所示。

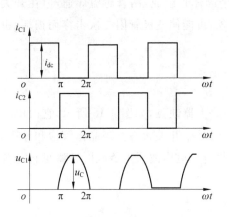

图 4-16　放大器各部分电流电压波形图

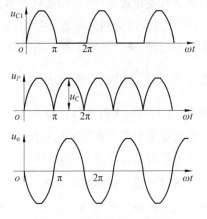

图 4-17　放大器电压波形图

P 点电压的平均值应等于电源电压 U_{CC}，有：

$$U_{CC} = \int_{-\frac{\pi}{2}}^{\frac{\pi}{2}} \left[(u_P - u_{CES})\cos\omega t + u_{CES}\right]d\omega t = \frac{2(u_P - u_{CES})}{\pi} + u_{CES}$$

由此得到：

$$u_P = \frac{\pi(U_{CC} - u_{CES})}{2} + u_{CES}$$

集电极回路两端高频电压的幅度应为：

$$u_C = 2(u_P - u_{CES}) = \pi(U_{CC} - u_{CES})$$

由于每管通过的电流是幅度为 I_{dc} 的矩形波，它的基频分量幅度等于 $\frac{2}{\pi}I_{dc}$。

在回路两端产生的基频电压幅度为：

$$U_c = \left(\frac{2}{\pi}I_{dc}\right) \cdot R_L$$

$R_L{'}$ 为负载电阻 R_L 反射到回路两端的电阻。

$$I_{dc} = \frac{\pi U_c}{2R_L{'}} = \frac{\pi^2}{2R_L{'}}(U_{CC} - u_{CES})$$

输出功率应为：

$$P_o = \frac{u_c^2}{2R_L{'}} = \frac{\pi^2}{2R_L{'}}(U_{CC} - u_{CES})^2$$

直流输入功率为：

$$P_{dc} = I_{dc} \cdot U_{CC} = \frac{\pi^2}{2R_L{'}}(U_{CC} - u_{CES})U_{CC}$$

功率转换效率为：

$$\eta_e = \frac{P_o{'}}{P_{dc}} = \frac{U_{CC} - U_{CES}}{U_{CC}}$$

丁(D)类开关模式功率放大器在理想状态下工作时效率可接近 100%，但晶体管不是一个理想开关，其转换效率必然要降低。丁(D)类放大器的损耗主要有渡越损耗和饱和损耗。前者由于晶体管开关转换需要一定的时间而产生，后者因为晶体管饱和期间，饱和压降不为零而产生。

晶体管开关模式丁(D)类功率放大器由两个晶体管组成，两管轮流导通，但在开关转换的瞬间，可能出现两管同时导通，即共态导通现象，可能使三极管因二次击穿而损坏，也有可能两管同时断开，使功率放大器效率下降。

◆ 4.5.3　戊(E)类功率放大器

戊(E)类功率放大器可以克服丁(D)类功率放大器缺点，如图 4-18 所示，它由单个晶体管和负载电阻等组成。在激励信号作用下，晶体管处于开关状态。当晶体管饱和导通时，集电极电压波形由晶体管决定；当晶体管截止时，集电极电压波形由负载网络瞬变响应确定。

1. 功率放大器功率和效率分析

负载网络的瞬变响应必须满足下列两个条件。

(1) 晶体管截止时，集电极电压必须延迟到晶体管"开关"断开后才开始上升。

(2) 晶体管饱和导通时，集电极电压及其对时间的导数必须都为零(假设饱和压降 U_{CES} 为 0)

$$u = U_{CC} \cdot \sin(\theta + \varphi_1)$$

其中 $\theta=\omega t$，$\varphi_1=\varphi+\tan^{-1}\dfrac{X}{R_L}$，$\tan^{-1}\dfrac{X}{R_L}$ 为剩余电抗 jX 产生的附加相移。

$$u_c=\frac{1}{\omega c_o}\left[\begin{array}{l}I_{dc}\theta+\dfrac{u_o}{R_L}\cos(\theta+\varphi)-\dfrac{u_o}{R_L}\cos\varphi\\[2mm]u_o=I_{dc}R_Lg(\varphi,\theta),g(\varphi,\theta)=\dfrac{\pi\sin\varphi_1+2\cos\varphi_1}{2\cos\varphi\sin\varphi_1+\dfrac{\pi}{2}\cos\varphi}\\[4mm]U_{CC}=\dfrac{1}{2\pi}\displaystyle\int_o^{2\pi}u_c\,d\theta\end{array}\right]$$

放大器的输出功率为：

$$P_o=\frac{1}{2}\cdot\frac{u_o}{2R_L}=\frac{1}{2}I_{dc}^{\ 2}R_Lg^2$$

输入直流功率为：

$$P_{dc}=U_{CC}I_{dc}=\frac{U_{CC}^2}{R_{dc}}$$

放大器的效率为：

$$\eta=\frac{P_o}{P_{dc}}=\frac{g^2}{2R_{dc}}R_L$$

戊（E）类功率放大器波形图如图 4-19 所示。

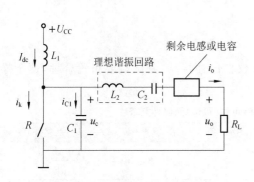

图 4-18　E 类功率放大器原理图

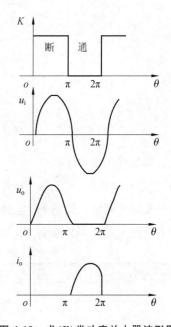

图 4-19　戊（E）类功率放大器波形图

2. 戊（E）类开关模式功率放大器的损耗分析

戊（E）类开关模式功率放大器的损耗主要有渡越损耗、饱和损耗和负载网络的高频损耗。渡越损耗由于晶体管开关转换需要一定的时间而产生，饱和损耗因为晶体管饱和期间，饱和压降不为零而产生，负载网络的高频损耗主要是电抗元件的 Q 值不够高所带来的损耗，一般来说，电容器的损耗很小，其损耗比电感 L 的损耗要小得多，所以负载网络的高频损耗主要是电感 L 的损耗。

思考题：丁（D）类功率放大电路由两个晶体管组成并交替导通，如两管同时导通或同时截止，功放
电路会出现什么情况？

项目实施

1. 工作任务与分析

通过音响功率放大电路的安装和检测，加深对音响功率放大电路内容的理解，提高焊接、安装和检测能力，并初步了解产品生产工艺过程，参与编制工艺文件。

采用双电源供电的功放电路如图 4-20 所示，其中运放为驱动级，晶体管 $VT_1 \sim VT_6$ 组成复合式晶体管互补对称功放电路。

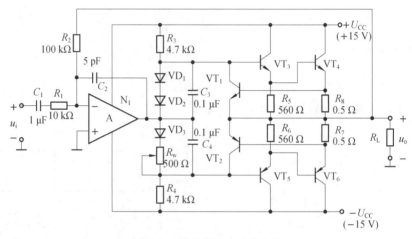

图 4-20　双电源供电功放电路

2. 安装制作与检测

1) 安装与制作

电路安装分单元电路进行，电路与外接仪器的连接端、测试端要布置合理，便于操作。音响放大电路电子元器件如表 4-3 所示。

表 4-3　音响电路实验可供（可选）元器件列表

序 号	名 称	规 格	数 量	序 号	名 称	规 格	数 量
	二极管	1N4001	3 只		电解电容	10 μF	2 支
2	大功率管 VT_4、VT_6	TIP41	1 只			1 μF	2 支
		TIP42	1 只	9	瓷片电容	0.022 μF	2 支
3	三极管 VT_1、VT_3	9013	2 只				
	三极管 VT_2、VT_5	9012	2 只			0.1 μF	4 支
5	电位器	100 kΩ	1 只	10	功放 N_1	TDA2003	1 块
		500 Ω	1 只	11	话筒		1 支
6	大电阻	0.5 Ω/2 W	1 只	12	扬声器	1 W/8 Ω	1 支
7	电阻	100 kΩ	2 只				
		4.7 ～ 10 kΩ	4 只				
		560 Ω	4 只				

2）音响电路的检测

（1）调试前先对电路作直观检查。

（2）静态检测：调节复合管基极偏置电压的电位器 R_W，消除输出交越失真，然后将功放电路输入端接地，测量 OTL 功放电路的各级静态电压与电路电流，记录在表 4-4 中。

（3）动态检测。

① 输入端接入 1 kHz 输入信号，逐步提高信号电压，并调节电位器 R_W，使输出为最大不失真电压，用毫伏表或示波器采用交流耦合方式测量功放输出电压 u 及功放负载输出电流 I_{cm}，记录在表 4-4 中。

表 4-4　功放电路的测试数据表（$f=1$ kHz）

静态测量 $u_i=0$					动态测量			负载测量 $R_L=10\ \Omega$				
I_{om}/A	u_{b3}/V	u_{b5}/V	u_{e4}/V	u_{e6}/V	u_o/V	u_i/V	u_o/V	A_u	V_{cc}/V	I_{om}/mA	u_o/V	P_m/W $\quad P_c$/W

② 音响的额定功率：音响放大器输出失真度小于某定值时的最大功率：

$$P_{om}=\frac{U_{om}^2}{R_L}$$

③ 整机效率：指音响输出额定功率 P_o 与输入电源功率 P_{DC} 之比。

即：

$$\eta=\frac{P_o}{P_{DC}}\times100\%$$

④ 给电路通电测试，分析电路的功能。

 知识梳理与总结

1.功率放大器的任务是保证信号在允许失真的范围内，输出足够大的功率，以驱动负载，其工作在大信号状态，传输功率也大。

2.功率放大器按耦合方式分为无输出电容功率放大器（OCL）、无变压器输出功率放大器（OTL）及变压器耦合推挽输出功率放大器。

3.当功率管工作于有源状态时，根据在输入信号整个周期内，处于导通状态的时间，分为甲类、乙类、丙类功率放大器。

4.丙类功率放大器：在输入信号整个周期内，功率管小于半个周期处于导通状态。丙类功率放大器属高频功率放大器，高频功率放大器可分为窄带型和宽带型两大类。窄带型通常采用选频谐振网络作为负载，而宽带型常采用工作频带很宽的传输线变压器作为负载。

5.当功率管工作于开关状态时，可分为丁（D）类和戊（E）类功率放大器。

6.丁（D）类开关模式功率放大器的主要损耗有渡越损耗、饱和损耗，戊（E）类开关模式功率放大器的主要损耗有渡越损耗、饱和损耗和负载网络的高频损耗。

习 题

一、填空题

1.在甲类、乙类和甲乙类功率放大电路中,效率最低的电路为_____。

2.输出功率为 10 W 的扩音机,若用乙类推挽功放,则应选额定功耗至少为_____的功率管_____只。

3.乙类互补对称功率放大电路产生的失真现象叫_____失真。

4.双电源互补对称功率放大电路(OCL)中 $U_{CC}=8$ V,$R_L=8$ Ω,电路的最大输出功率为_____。

二、选择题

1.与甲类功率放大方式比较,乙类 OCL 互补对称功放的主要优点是(   )。

A. 不用输出端变压器　　　　　　　　B. 不用输出端大电容

C. 效率高　　　　　　　　　　　　　D. 无交越失真

2.与乙类功率放大方式比较,甲乙类 OCL 互补对称功放的主要优点是(   )。

A. 不用输出端变压器　　　　　　　　B. 不用输出端大电容

C. 效率高　　　　　　　　　　　　　D. 无交越失真

3.在甲乙类功放中,单个电源互补对称电路中,每个管子工作电压 u_{CE} 与所加电源 U_{CC} 的关系表示正确的是(   )。

A. $u_{CE}=u_{CC}$　　　　　　　　　　B. $u_{CE}=\dfrac{1}{2}u_{CC}$

C. $u_{CE}=2u_{CC}$　　　　　　　　　　D. 以上都不正确

三、问答题

1.功率放大器与电压放大器相比较,晶体管工作状态有什么区别?

2.乙类互补功率放大电路如何减小失真和提高效率?

3.丁(D)类功率放大电路的两个晶体管,如同时导通或同时截止,功放电路会出现什么情况?

四、计算题

1.功率放大电路如图 4-5 所示。设三极管的饱和压降 $U_{CES}=1$ V,为了使负载电阻获得 12 W 的功率。请问:(1)正负电源至少应为多少伏? (2)三极管的 I_{CM}、$U_{(BR)CEO}$ 至少应为多少?

2.功率放大电路如图 4-10 所示,设输入 u_i 为正弦波。

(1) R_L 得到的最大不失真输出功率大约是多少?

(2)直流电源供给的功率为多少?

(3)该电路的效率是多少?

学习情境 5

常用变压器电路安装与检测

教学导航

　　本学习情境主要介绍了变压器的工作原理及分类,分析了常用磁性材料及绝缘材料的选用,拟定了变压器绕制步骤,介绍了常用变压器的参数测量及实验方法等,通过具体变压器绕制与检测的工作任务分析、安装检测等过程,使学生完成对常用变压器相关知识的学习目标。

学习目标

　　(1) 认识常用变压器的工作原理及分类。

　　(2) 了解变压器常用磁性材料及导线。

　　(3) 掌握变压器一般绕制步骤和方法。

　　(4) 会进行常用变压器的参数测量及检测。

相关知识

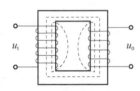 **变压器工作原理**

5.1.1 磁场的基本概念

1. 磁路的概念

变压器工作原理

变压器的铁芯是采用导磁性能良好的铁磁材料制成的,如给绕在铁芯上
的线圈通以一定的励磁电流,在铁芯中就将产生很强的磁场,把铁芯中磁场通过的路径称为
磁路。如图 5-1 中虚线所示即为磁路。

磁路中的磁通可以由励磁线圈中的励磁电流产生,也可以由
永久磁铁产生。为增大磁阻,磁路中可以留有空隙,也可以没有
空隙。

2. 磁场的基本物理量

磁场的特性可用磁导率、磁通、磁感应强度、磁场强度等几个
物理量表示。

图 5-1 变压器的磁路

1) 磁导率

磁导率 μ 是一个用来表示磁场介质磁性和衡量物质导磁能
力的物理量。真空中的磁导率为常数 $\mu_0 = 4\pi \times 10^{-7}\,\mathrm{H/m}$,一般磁性材料的磁导率 μ 和真空
磁导率 μ_0 的比值,称为该物质的相对磁导率 μ_r。

$$\mu_r = \frac{\mu}{\mu_0}$$

当相对磁导率 $\mu_r \approx 1$ 时为非磁性材料,当相对磁导率 $\mu_r > 1$ 时为磁性材料。

2) 磁通

磁感应强度 B 与垂直于磁场方向的面积 S 的乘积,称为通过该面积的磁通 $\varphi(\varphi = BS)$,
它的单位:伏·秒,统称为韦伯(Wb)。

3) 磁感应强度

与磁场方向相垂直的单位面积上通过的磁力线数量,可用来表示磁场某点的磁场强弱
和方向。磁感应强度 B 是一个矢量,既有大小也有方向,其单位为特斯拉(T)或高斯(GS),
$1\,T = 10^4\,GS$。

$$B = \frac{\varphi}{S}$$

4) 磁场强度

磁场强度是计算磁场所用的物理量,其大小为磁感应强度 B 和磁导率 μ 之比。磁导率
μ 的单位为亨/米,H 的单位为安/米。

$$H = B/\mu$$

3. 磁路与电路的对比

（1）直流磁路和电路中的恒压源类似。

（2）直流磁路中：$\Phi = \dfrac{F}{R_{\mathrm{m}}}$，$F$ 固定，Φ 随 R_{m} 变化。直流电路中：$I = \dfrac{E}{R}$，E 固定，I 随 R 变化。

（3）磁路与电路的参数比较如表 5-1 所示。

表 5-1　磁路与电路的参数比较表

磁　路	电　路
磁路	电路
磁动势 $F = NI$（安匝数）	电动势 $E = IR$
磁通 Φ	电流 I
磁感应强度 $\boldsymbol{B}$	电流密度 J
磁阻 R_{m}	电阻 R
$R_{\mathrm{m}} = \dfrac{1}{\mu S}$	$R = \dfrac{1}{\gamma S}$

注：表中 1 是磁路的平均长度，S 是磁路的截面积。

4. 磁性物质的分类

根据磁化曲线的不同，磁性物质大致分为三类。

（1）软磁材料：其矫顽力较小，磁滞回线较窄。如坡莫合金等，常用作磁头、磁芯等。

（2）硬磁材料：其矫顽力较大，磁滞回线较宽。硬磁材料包括碳钢等，常用作永久磁铁。

（3）矩磁材料：其剩磁大，而矫顽力较小，磁滞回线近似为矩形。矩磁材料如铁镍合金等，常用作记忆元件，如磁鼓等。

◆ 5.1.2　变压器工作原理

变压器的主要部件是铁芯、骨架及绕制在骨架上的绕组。它的铁芯构成变压器的磁路部分。绕组通常用绝缘的铜线或铝线绕制，与电源相连的绕组称为原边（一次侧）绕组，与负载相连的绕组称为副边（二次侧）绕组。小容量变压器绕组用高强度漆包线绕制而成，大容量变压器可用绝缘扁铜带等绕制。图 5-2 所示为变压器工作原理图。

1. 电压变换原理

变压器绕组间只有磁耦合没有电联系。在一次绕组中加上交变电压，在一、二次绕组上产生交变磁通，在绕组间分别产生感应电动势。则有：

$$e_1 = -N_1 \frac{\mathrm{d}\Phi}{\mathrm{d}t}$$

$$e_2 = -N_2 \frac{\mathrm{d}\Phi}{\mathrm{d}t}$$

$$U_1 \approx E_1 = 4.44 f N_1 \Phi_{\mathrm{m}}$$

$$U_2 \approx E_2 = 4.44 f N_2 \Phi_{\mathrm{m}}$$

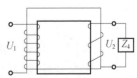

图 5-2　变压器工作原理图

当变压器的原边绕组接交流电压 U_1,副边开路,这种运行状态称为空载运行。

$$\frac{U_1}{U_{2o}} \approx \frac{E_1}{E_2} = \frac{N_1}{N_2} = K$$

式中:K 为变比,U_{2o} 为空载时副边绕组的端电压。

改变匝数比,可得到不同的输出电压。当变比 $K>1$ 时,变压器是降压变压器。当变比 $K<1$,为升压变压器。

 例 5-1 某单相变压器接入电压 $U_1 = 220$ V 的电源上,已知副边空载电压 $U_{2o} = 22$ V,副边绕组匝数 $N_2 = 150$ 匝,求变压器的变比 K 及 N_1。

解

$$K = \frac{U_1}{U_{2o}} = \frac{220}{22} = 10$$

$$N_1 = KN_2 = 10 \times 150 \text{ 匝} = 1500 \text{ 匝}$$

2. 电流变换原理

变压器原副边绕组的电流与匝数成反比。

$$\frac{I_1}{I_2} \approx \frac{N_2}{N_1} = \frac{1}{K}$$

例 5-2 已知一单相变压器原、副绕组匝数 $N_1 = 200$,$N_2 = 50$,原边电流 $I_1 = 0.5$ A,副边电压 $U_2 = 20$ V,负载为纯电阻,若忽略变压器的漏磁和损耗,求变压器的原边电压 U_1、副边电流 I_2 和输入功率、输出功率。

解 $K = \dfrac{N_1}{N_2} = \dfrac{200}{50} = 4$

故原边电压为:

$$U_1 = KU_2 = 4 \times 20 \text{ V} = 80 \text{ V}$$

副边电流为:

$$I_2 = KI_1 = 4 \times 0.5 \text{ A} = 2 \text{ A}$$

输入功率为:

$$P_1 = U_1 I_1 = 80 \times 0.5 \text{ W} = 40 \text{ W}$$

输出功率为:

$$P_2 = U_2 I_2 = 20 \times 2 \text{ W} = 40 \text{ W}$$

由此可见,当变压器功率损耗忽略不计时,它的输入功率和输出功率相等,符合能量守恒定律。

3. 变压器阻抗变换

由图 5-2 可知:

$$\because |Z| = \frac{U_2}{I_2}, \quad |Z'| = \frac{U_1}{I_1}$$

$$\therefore |Z'| = K^2 |Z|$$

上式表明:变压器原边等效阻抗模为副边负载阻抗模的 K^2 倍。

思考题:理想变压器中,输入输出电压比等于相应匝数比,这个结论对吗?

◆　5.1.3　变压器分类

变压器利用电感线圈间的互感现象传递交流电信号和电能,能够通过改变初次级线圈匝数升降交流电压,在电路中可以起到电压变换、电流变换和阻抗变换的作用,它是电子产品中十分常见的无源器件。

1. 变压器分类

(1) 按用途分:电力变压器和特种变压器等。

(2) 按绕组数目分:单绕组(自耦)变压器、双绕组变压器和多绕组变压器。

(3) 按相数分:单相变压器、三相变压器和多相变压器等。

(4) 按铁芯结构分:芯式变压器和壳式变压器等。

(5) 按调压方式分:无励磁调压变压器和有载调压变压器等。

(6) 按冷却介质和冷却方式分:干式变压器、油浸式变压器和充气式变压器等。

(7) 按工作频率范围分:低频变压器、中频变压器和高频变压器等。

2. 型号与额定值

1) 型号

型号通常表示一台变压器的结构、额定容量、电压等级、冷却方式等内容,表示方法如图 5-3 所示。

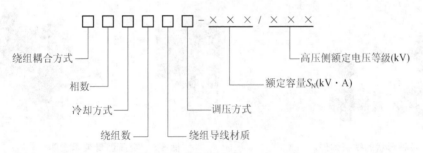

图 5-3　变压器型号表示方法示意图

如 OSFPSZ250000/220 表明自耦三相强迫油循环风冷三绕组铜线有载调压,额定容量 250000 kV·A,高压额定电压 220 kV 的电力变压器。

2) 额定值

(1) 额定容量 $S_A(kV·A)$。

额定容量指铭牌规定的额定使用条件下所能输出的视在功率。

(2) 额定电流 $I_{1N}/I_{2N}(A)$。

额定电流指在额定容量下,允许长期通过的电流。在三相变压器中指的是线电流。

(3) 额定电压 $U_{1N}/U_{2N}(kV)$。

额定电压指长期运行时所能承受的工作电压。U_{1N} 是指一次侧所加的额定电压,U_{2N} 是指一次侧加额定电压时二次侧的开路电压。在三相变压器中额定电压为线电压。

三者关系:

$$S_N = U_{1N}I_{1N} = U_{2N}I_{2N}$$

$$S_N = \sqrt{3}U_{1N}I_{1N} = \sqrt{3}U_{2N}I_{2N}$$

思考题：变压器磁路中磁通Φ与电路中电流 I 概念相对应，如何理解？

5.2 变压器磁芯的选用

一般低频变压器工作频率为工频 50 Hz，为了提高导磁性能和减少铁损，用厚为 0.35～0.5 mm、表面涂有绝缘漆的硅钢片叠成。中高频变压器一般使用铁氧体及金属磁粉芯等软磁性材料，如 R2KU 软磁铁氧体材料，其工作频率较高。

变压器磁芯选用

◆ 5.2.1 变压器基本结构

1. 铁氧体磁芯

铁氧体磁芯形成变压器的主磁路，一般电子变压器磁性材料选用非晶软磁合金及铁氧体等磁性材料。如 R2KU 软磁铁氧体、锰锌铁氧体、镍锌铁氧体、锰镁锌铁氧体及铁粉芯磁性材料等，常用软磁铁氧体材料在高温状态下，烧结成 EE、EI、LP、PQ、EP 等各种形状，如图 5-4 所示，它是中高频变压器中的重要元件，骨架示意图如图 5-5 所示。

图 5-4　各种形状的铁氧体磁芯

图 5-5　变压器骨架示意图

常见铁氧体材料性能见表 5-2。

表 5-2　常用铁氧体材料性能

牌号	初始磁导率/（H/m）	矫顽力/（A/m）	饱和磁感 T	比损耗系数		电阻率	密度/（g/cm³）
				f/MHz	tanδ/u_i		
R20	0.025	1200	0.22	4	3.4	10^9	4.0
R60	0.075	320	0.32	2	100	10^9	4.2
RK1	0.125	240	0.30	1.5	88	10^9	4.3
RK4	0.5	80	0.32	0.05	12.56	10^7	4.5
R1K	1.25	16	0.31	—		10^6	4.8
R6K	7.5	8	0.34	0.002	6.28	10^4	4.8
R10K	12.5	4	0.34	0.002	3.77	10^4	4.9
R2KS	2.5	—	0.45	0.010	—	10^8	—

2. 非晶态合金磁性材料

非晶态合金是一种新型磁性材料,其特点是损耗比硅钢低,但温度稳定性稍差。非晶态合金的性能见表 5-3。

表 5-3　常用非晶态合金性能

材　　料	饱和磁感 T	损耗 W/kg				矫顽力/(A/m)	最大磁导率/(10^{-3} H/m)	电阻率/($\Omega \cdot$ mm²/m)
		$P_{1/60}$	$P_{1.5/50}$	$P_{1.5/60}$	$P_{1/400}$			
$Fe_{67}Co_{18}B_{14}Si_1$	1.75	—	—	0.65	—	4	25.0	1.3
$Fe_{72}Co_8B_{15}Si_5$	1.69	—	—	—	—	0.56	2763	1.3
$Fe_{78}B_{13}Si9$	1.58	0.13	—	0.28	—	3.2	377	1.3
$Fe_{81}B_{13}Si_{3.5}C_2$	1.61	0.16	0.4	—	1.0	4.8	1350	1.25
$Fe_{79}B_{16}Si_5$	1.58	0.30	—	1.8	1.5	8	—	1.25

5.2.2　电感线圈的计算

铁氧体磁芯的电感量一般按电感系数 A_L 进行计算。

$$A_L = \frac{L}{W^2} = \frac{0.4\pi u_e A_e}{I_e} \times 10^{-9}$$

式中:A_L 为电感系数,表示线圈匝数为 1 圈时磁芯的电感量,单位为亨/匝²;μ_e 为磁芯有效导磁率,计算时根据磁芯工作状态确定。A_e 为磁芯的有效截面积,单位为 mm²;l_e 为磁芯的有效磁路长度,单位为 mm^{-1}。

当已知电感系数 A_L 及线圈匝数时,电感量可按下式计算:

$$L = A_L \times W^2$$

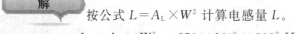 **例 5-3**　已知某磁芯电感系数 A_L 为 250×10^{-9},用来绕制电感线圈,当线圈匝数为 300 匝时,其电感量为多少?

解　按公式 $L = A_L \times W^2$ 计算电感量 L。

$$L = A_L \times W^2 = 250 \times 10^{-9} \times 300^2 \ H = 22.5 \times 10^9 \ H$$

(1)当变压器或电感器工作磁感应强度较低时,可用初始磁导率并按响应的电感系数求得电感。

(2)当变压器或电感器工作磁感应强度较高时,应按工作时的磁感应强度 **B**,查铁氧体 E 形磁芯 **B**-μ_e 曲线,求出磁芯的有效磁导率 u_e,再按下列公式计算电感 L。

$$L = 0.4\pi\mu W^2 A_e \times \frac{10^{-8}}{L_e}$$

式中:A_e 的单位为 cm²;l_e 磁路长度单位为 cm^{-1}。

5.2.3　变压器线圈计算

1. 运用功率容量乘积公式计算

先根据公式计算:

$$A_P = A_e \times A_Q$$

式中：A_e 为磁芯中心柱截面积；A_Q 为骨架可绕线窗口面积。

再由公式计算：

$$A_{P1} = \frac{P_T}{2\eta f \delta} \times \frac{10^6}{B_m K_m K_c}$$

式中：P_T 为变压器标称功率（W）；B_m 为最大磁感应强度（GS），一般取 1500GS，即工作磁通密度取三分之一饱和磁通密度；η 是变压器的效率，取 0.85；f 是变换器的开关频率；δ 是绕组的电流密度，取 2.0 A/mm²；K_m 是窗口的铜填充系数，取值 0.4；K_c 是磁芯填充系数，对于铁氧体磁芯，取值为 1.0；若代入参数计算 A_{P1} 小于 A_P，并留有余量，则输出功率能满足要求。

单端反激式变压器计算步骤如下：

（1）先计算初级电感：

$$L_P = \frac{E^2 t_{on}^2}{2 t_{on} P_{in}}$$

（2）根据初级电感 L_P，求出原边绕组最大峰值电流：

$$I_P = \frac{E t_{on}}{L_P}$$

（3）计算初级绕组匝数：

$$N_P = \frac{E t_{on} \times 10^8}{A_e (B_m - B_r)}$$

2. 按估算公式计算初级绕组

$$N_P = \frac{u_{inmax} \times 10^8}{4 f B_m A_e}$$

> **思考题：**常用 R2KU 软磁铁氧体和铁粉芯磁性材料，它们性能有何区别？

5.3　变压器绕制与试验

◆ 5.3.1　变压器的绕制

1. 变压器绕制材料

变压器绕制与试验

（1）磁性材料准备。

根据变压器工作频率、输入电压范围、输出电压要求、变压器输出预估功率、额定负载等选取合适磁芯型号，并计算确定初级线圈及次级各绕组线圈圈数。通常中高频变压器选取非晶软磁合金及铁氧体磁性材料等。

（2）根据骨架尺寸、初次级圈数、漆包线外径、气隙大小、绝缘要求等确定初级线圈层数、次级线圈层数等，选取合适骨架型号。

（3）常用导线。

电子变压器常用油性漆包线、聚酯漆包线、单丝漆包线、漆包圆铜线、丝包圆铜线等。大电流的变压器采用扁铜带等绕制。根据变压器功率容量、工作电压、工作电流等因素选取绕制材料。常用漆包线的击穿电压参数见表 5-4。

表 5-4　常用漆包线的击穿电压参数

导线标称直径/mm	击穿电压/V(不小于)	
	QZ-2,QQ-2,QA-2,QY-2	QHN
0.06～0.08	600	—
0.10～0.14	900	700
0.15～0.23	1200	800
0.25～0.31	1500	1200
0.33～0.50	1800	1200
0.53～0.71	2400	—
0.75～0.95	3000	—

（4）绝缘材料。

电子变压器常用纸类、纤维类和薄膜类绝缘材料，如电缆纸、聚酯薄膜等。电子变压器常用层压制品类绝缘材料，如环氧酚醛玻璃布板、酚醛布板等。电子变压器绝缘漆常采用氨基绝缘漆、环氧酯绝缘漆、聚酯绝缘漆等。

（5）绝缘套管。

如聚四氟乙烯套管 SFG-1，内径 0.5～4 mm，壁厚 0.2～0.5 mm 及聚氯乙烯软套管等。

（6）常用配件。

电子变压器常用配件有骨架、底筒、焊片、底座、底板、夹框、打包钢带等。

2. 变压器绕制步骤

（1）准备变压器绕线机、剪刀、剥线钳、烙铁、万用表等工具，如图 5-6 和图 5-7 所示。

图 5-6　变压器绕线机图

图 5-7　变压器绕制材料

（2）准备变压器骨架、铜皮或聚酯漆包线、聚四氟乙烯绝缘材料、绝缘套管、胶带等材料。

（3）确定绕制方案，根据电路相位要求设计绕制方向。一般采用顺绕或逆绕方法绕制。

（4）通常按初级线圈、中间绝缘层、反馈线圈、次级线圈、外层绝缘层等顺序进行绕制。

（5）绕制后对直流、电阻等参数进行检测。

（6）装入实际应用电路进行试验，进行圈数等参数调整需重新绕制。

（7）重复以上（4）～（6）步骤，变压器经试验合格后按绝缘要求等进行浸漆处理。

（8）进行变压器各种性能检测和绝缘试验等。

思考题：常用变压器绝缘材料有哪些呢？

◆ 5.3.2　变压器的测量

1. 空载特性测量

变压器的空载特性定义为在特定激磁条件下，变压器次级绕组开路时所测得的变压器特性参数。如空载电压即为次级开路时测得的电压；空载电流即为次级开路时在初级测得的电流；空载损耗即为次级开路时在初级测得的功率。

2. 直流电阻测量

直流电阻影响变压器的效率、温升、电压调整率等技术指标。直流电阻受导线电阻的制造公差、匝数、线圈绕制松紧等因素影响。由于变压器线圈的直流电阻很小，通常采用单臂电桥（惠斯登电桥）和双臂电桥（凯文电桥）来测量直流电阻。$1\ \Omega$ 以下电阻用凯文电桥，高于 $1\ \Omega$ 电阻使用惠斯登电桥或欧姆表等方法测量，可判断绕组有无短路或断路现象。

3. 变压比测量

通常把两个绕组正向串联并加上一个公共激磁电流后，所测得的每两个绕组感应电压之比称为变压比。对于一个绕组匝数为 N_1 和 N_2 的理想变压器，其变压比 n 等于匝数比：

即 $$n = \frac{N_1}{N_2}$$

4. 电感的测量

变压器的初级电感指次级开路时的有效电感。电感的测试方法有伏安法和电桥法等。测量电感必须规定以下测试条件：

（1）测试频率；

（2）变压器或电感器两端交流电压；

（3）直流磁化电流（当有直流磁化时）。

5. 漏感的测量

漏感是指线圈间相互不交链的漏磁通所产生的电感，它与线圈尺寸、绕组排列及匝数等有关，通常用电桥法来测量漏感。

6. 输入阻抗测量

变压器的输入阻抗是指次级在额定负载阻抗 R_L 下，变压器输入端（即初级）所呈现的阻抗，只有在中间频率段，变压器的输入阻抗才等于 $(N_1/N_2)^2 R_L$。

7. 绕组间绝缘电阻的测量

变压器各绕组之间以及绕组和铁芯之间的绝缘电阻可用 500 V 或 1000 V 兆欧表（摇表）进行测量。根据不同的变压器，选择不同的摇表。一般电源变压器和扼流圈应选用 1000 V

摇表,其绝缘电阻应不小于 1000 MΩ;输入变压器和输出变压器用 500 V 摇表,其绝缘电阻应不小于 100 MΩ。若无摇表,也可用万用表的"R×10 kΩ"档,测量时,表头指针应不动(相当于电阻值为∞)。

8. 效率及功率因数测量

变压器的效率等于输出功率 P_o 与输入功率 P_i 之比的百分数。

即:
$$\eta = \frac{P_o}{P_i} \times 100\%$$

变压器的功率因数按下式计算:
$$\cos\varphi = \frac{P_o}{S} = \frac{P_o}{U_1 I_1}$$

式中:S 为视在功率;P_o 为变压器输出功率。

 思考题:绕制完的变压器主要性能测量项目有哪些?

◆ 5.3.3 变压器的试验

1. 负载和温升试验

把负载电阻接到次级线圈,当输入电压为额定值时,调整负载电阻的大小使次级线圈电流达到额定值,就是直接负荷。对于半波、全波和倍压整流变压器及滤波阻流圈,应按实际使用的整流电路和滤波电路负荷。

变压器的温升可采用点温度计法和热电偶法,还可以采用导线电阻随温度成正比增加的性质,即电阻法测量线圈的平均温升。

2. 极性试验

变压器极性表示铁芯中磁通变化时,某一瞬间线圈两端感应电压的方向,两线圈感应电压符号相同的端子称为同极性端,而符号相反的端子叫反极性端。绕组之间的相对极性可用示波器比较输入和输出波形的相位来观测。

3. 变压器的安全性试验

安全性试验包含下列内容:绝缘电阻、抗电强度、感应电压试验、短路试验、电涌试验、阻燃性试验等。

 项目实施

1. 工作任务与分析

某数控开关电源用高频变压器,开关工作频率 40 kz,功率约 200 W,输出电压 +5 V,20 A;输出电压 +24 V,2 A;输出 +15 V,1.5 A;输出 −15 V,1.5 A。该开关电源变压器标称功率 P_T 为 200 W,查阅铁氧体磁芯手册,选 EE55 磁芯。变压器的效率 η 约为 65%,最大磁感应强度 B_m(GS)一般取 1500 GS,即工作磁通密度取三分之一饱和磁通密度。窗口的铜

填充系数 K_m 取值为 0.4。磁芯填充系数 K_c,对于铁氧体磁芯取值为 1.0,绕组的电流密度 δ 取 2.0 A/mm²。

将参数代入以下公式:

$$A_P = \frac{P_T}{2\eta f\delta} \times \frac{10^6}{B_m K_m K_c} = \frac{20 \times 10^6}{2 \times 0.65 \times 40 \times 10^3 \times 900 \times 2 \times 0.4 \times 1} = 5.34$$

EE55 磁芯中心柱截面积 $A_e = 3.515$ mm²,骨架可绕线窗口面积 $A_Q = 3.9$ cm²,根据公式计算:

$$A_P = A_e \times A_Q = 13.76$$

可见采用 EE55 磁芯,其功率容量足够大,满足变压器功率要求。

按下式计算 5 V 原边绕组匝数:

$$N_P = \frac{u_{inmax} \times 10^8}{4fB_m A_e} = \frac{(341) \times 10^8}{4 \times 40 \times 10^3 \times 1500 \times 3.5} = 40.58$$

N_P 取整数 40 匝。

计算 5 V 次边电压:

$$u_{oP} = u_o + u_D + u_L = (5 + 5 \times 10\% + 1.2 + 0.2) V = 6.9 V$$

半桥电源变压器的原边与副边 5 V 绕组匝数比:

$$\frac{N_P}{N_S} = \frac{\left(\frac{1}{2}\right) \times u_{inmax}}{u_{oP}} = \frac{0.5 \times 220}{6.9} = 15.9 \approx 16$$

原边绕组匝数再增加 20%,则副边 5 V 绕组匝数 $N_S = \frac{48}{16}$ 匝 = 3 匝。

经计算,24 V 绕组取整数 20 匝,±15 V 绕组取整数 10 匝。

2. 安装制作与检测

(1) 准备变压器绕线机、剪刀、剥线钳、烙铁、万用表等工具。

(2) 查阅骨架等绕制材料信息,根据骨架尺寸、初次级圈数、漆包线外径、气隙大小、绝缘要求等确定初级线圈层数、次级线圈层数等,选取合适骨架型号。

(3) 准备材料:PQ40、铜皮 40 mm×0.1 mm² 块、0.53 线×2 并绕、黄纳绸、聚四氟乙烯薄膜、高温带等。

(4) 绕制。

① 用锉刀将铜皮边缘的毛刺去除,准备好宽度比铜皮略宽且长度适当的聚四氟乙烯薄膜。

② 将绝缘薄膜绕骨架底部一圈,用胶带固定。先用处理过的铜皮绕次级 5 V 线圈,如图 5-8 所示。

③ 用黄纳绸绝缘薄膜绕层间绝缘一圈,用胶带固定。然后绕制初级线圈 20 T。

④ 用黄纳绸绝缘材料绕层间绝缘一圈,用胶带固定,然后双股并绕次级 ±15 V 绕组。

⑤ 用黄纳绸绝缘材料绕层间绝缘一圈,用胶带固定,然后绕制次级 24 V 绕组。

⑥ 用黄纳绸绝缘材料绕层间绝缘一圈,用胶带固定,然后绕制初级线圈另外 20 T。

⑦ 在绕制好变压器最外端,用黄纳绸绝缘材料绕层间绝缘一圈,并用胶带固定,完成绕制的变压器实物如图 5-9 所示。

图 5-8　次级 5 V 绕组　　　　　　图 5-9　完成绕制的变压器实物图

（5）检测。

使用电感表测量各绕组电感量，其参考电感值如下（误差值±10%）：原边绕组 4 mH；24 V绕组对中心抽头分别为 0.5 mH、0.5 mH；15 V 绕组对中心抽头分别为 0.26 mH、0.26 mH；5 V 绕组对中心抽头分别为 0.033 mH、0.033 mH。

 知识梳理与总结

1. 变压器由初级线圈、次级线圈和铁芯（磁芯）等组成。

2. 变压器根据用途、工作频率、绕组数目、相数等有不同的分类方法。

3. 常用磁性材料有热轧电工硅钢板、冷轧电工硅钢带、精密合金、铁铝合金、非晶软磁合金及铁氧体等。

4. 电子变压器常用导线有聚酯漆包线、单丝漆包线、漆包圆铜线、丝包圆铜线等。

5. 电子变压器常用绝缘材料有电缆纸、油性漆稠、聚酯薄膜、环氧酚醛玻璃布板、酚醛布板等。

6. 常用绝缘漆有氨基绝缘漆、环氧酯绝缘漆、聚酯绝缘漆等。

7. 变压器由线圈、铁芯（磁芯）和骨架等组成，接电源线圈一般称初级线圈，其余称为次级线圈。

8. 常用变压器参数测量有空载特性、直流电阻、变压比、漏电感、输入阻抗、绕组间绝缘电阻、效率及功率因数测量等。

9. 常用变压器试验有负载和温升试验、极性试验、变压器安全性试验等。

习 题

一、填空题

1. 变压器有_____、_____、_____、_____等不同的分类方法。

2. 常用磁性材料有_____、_____、_____、_____、_____等。

3. 常用纸类、纤维类和薄膜类绝缘材料有_____、_____、_____等。

4. 常用变压器的参数测量有_____、_____、_____、_____、_____等。

5. 常用变压器的试验有_____、_____、_____等。

二、选择题

1. 变压器电压比 $\frac{U_2}{U_1}$ 与匝数比 $\frac{N_2}{N_1}$ 的关系为(   )。

A. 成正比   B. 成反比   C. 不成比例   D. 其他

2. 磁芯工作磁通密度取饱和磁通密度比例为(   )。

A. $\frac{1}{3}$ B. $> \frac{1}{3}$ C. $\frac{1}{2}$ D. 2 倍

3. 当变压器磁芯选定,其绕组圈数与变压器工作频率关系为(   )。

A. 成正比   B. 成反比   C. 不成比例   D. 其他

4. 漆包线外径越大,变压器绕组线圈通过的电流(   )。

A. 越大   B. 越小   C. 不变   D. 其他

三、计算题

1. 已知某磁芯电感系数为 260×10^{-9},绕制电感线圈匝数为 150 匝时,其电感量为多少?

2. 请计算 EE42 磁芯中心柱截面积 A_e 及骨架可绕线窗口面积 A_Q 并运用功率容量乘积公式计算 $A_P = A_e \times A_Q$?

3. 由公式计算变压器初次级线圈匝数:

$$A_{P1} = \frac{P_T}{2\eta f \delta} \times \frac{10^6}{B_m K_m K_c}$$

本题中,变压器标称功率 P_o 为 250 W,最大磁感应强度 B_m 为 1500(GS),变压器的效率 η 取 0.85,变压器的开关频率 f 为 25 kHz,绕组的电流密度 δ 取 2.0 A/mm²,窗口的铜填充系数 K_m 取值为 0.4,铁氧体磁芯填充系数 K_c 取值为 1.0。

四、问答题

1. 常用电子变压器绝缘材料有哪些?

2. 请叙述变压器绕制的步骤。

3. 制作完成的变压器要进行哪些参数测量?

4. 制作完成的变压器要进行哪些项目的试验?

学习情境 6

线性稳压电源安装与检测

教学导航

本学习情境介绍了线性串联型稳压电源的工作原理及主要技术指标,分析了三端集成稳压器件的应用,针对具体线性集成稳压电源项目,通过工作任务分析、安装检测等过程,使学生完成线性串联型稳压电源相关内容的学习目标。

学习目标

(1)了解线性串联型稳压电源的工作原理及主要技术指标。

(2)掌握三端集成稳压器件的原理及应用。

(3)掌握线性串联型稳压电源的安装与检测方法。

相关知识

6.1 概述

概述

直流稳压电源通常是将交流电源转换为幅度稳定,能提供负载一定直流电流的电源装置,它为电子电路提供所需的能量。当交流电源电压波动或负载发生变化时,都会引起直流输出电压不稳定,严重时甚至使负载不能正常工作,因此需要增加稳压电路,以维持输出直流电压稳定。

1. 直流稳压电源类型

(1)按照电源输入输出电压相对大小分为降压型电源和升压型电源。

(2)按照电源转换工作频率分为低频电源和高频电源。

(3)按照电源连接方式分为串联型电源和并联型电源。

2. 直流稳压电源组成

直流稳压电源由交流电压输入电路、整流电路、滤波电路、反馈电路、稳压调整电路、保护电路等组成,其原理框图如图 6-1 所示。

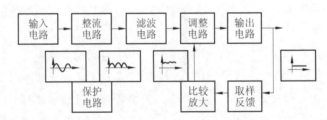

图 6-1 直流稳压电源组成框图

1)输入电路

输入电路通常输入电网电压(220 V 交流、50 Hz)或将其通过电源变压器降压变换为电路所需的交流低压,电源变压器起着电压变换和电路隔离的作用。为了消除电网串入的共模干扰,有时采用共轭线圈及电容组成滤波电路,对输入交流电压进行滤波。

2)整流电路

整流电路将输入交流电压变换为单向脉冲直流电压,这种直流电压幅值变化大,含有较大的脉动成分,还不能提供给电子电路正常使用。

3)滤波电路

滤波电路是将脉动直流电转换成平滑的直流电,主要是滤除交流成分,经过滤波的直流电压仍含有不少脉动成分,尚不能提供给要求较高的电子电路使用。

4)反馈电路

反馈电路对直流电源输出的电压或电流信息进行取样,送入稳压调整电路进行比较处理,并对变换电路进行控制,从而实现电源稳定输出。

5)稳压调整电路

当电网电压出现波动或电子电路负载发生变化时,电源输出电压会出现不稳定。稳压调整电路的作用就是将反馈信号与基准信号比较,通过调节控制变换电路,最终输出稳恒直流电压。

6)保护电路

当直流电源输出的电压或电流过大时,会对电源电路造成损坏,此时需设置对输出电压或电流参数进行检测并处理的电路,从而保护直流电源不受损坏,这种电路就是保护电路。

直流稳压电源保护电路可分为限流型和截止型保护电路,限流型保护电路在负载电流过大时,使电路停止工作,故障消除自动恢复工作,而截止型保护电路则在电路出现过流故障时起保护作用,切断电源,如要恢复工作,需重新开机。

(1)限流型保护电路。

如图 6-2 所示,电流正常时,电阻 R 上压降不足以使三极管 VT_2 导通,当电流超过额定值时,电阻 R 压降增大,三极管 VT_2 导通,将输出电流分流一部分,从而起到保护作用。

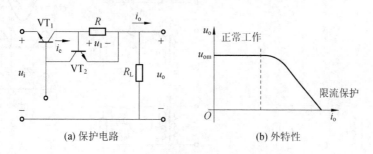

图 6-2　限流型保护电路图

(2)截流型保护电路。

截流型保护电路如图 6-3 所示,电路中如输出电流过大,则使 VT_2 导通,VT_1 管基极电位升高,输出电压 u_o 下降,VT_2 基极电压下降,VT_2 集电极电流增大,最终使 u_o 下降近似为0,从而起到保护电路的作用。

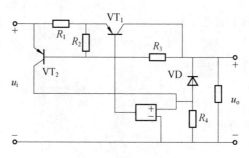

图 6-3　截流型保护电路

<h2>6.2　整流电路</h2>

◆　6.2.1　单相半波整流电路

将交变电流变换成单向脉动电流的过程称为整流,实现这种功能的电路称为整流电路或称整流器。单相半波整流电路如图 6-4 所示,由电源变压器

整流电路

T、整流二极管 VD 和负载电阻 R_L 组成。

1. 工作原理

工作原理示意图如图 6-5(a)所示。

(1) 当 u_2 为正半周时,二极管 VD 加正向电压,处于导通状态,R_L 上产生正半周电压 u_o,如图 6-5(b)所示。

(2) 当 u_2 为负半周时,二极管 VD 加反向电压,处于截止状态,R_L 上无电流流过,如图 6-5(c)所示。

各波形之间的对应关系如图 6-5(d)所示。

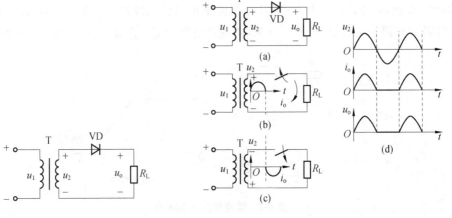

图 6-4 单相半波整流电路   图 6-5 单相半波整流电路原理图

(3) 结论:半波整流后的输出信号为半波脉动直流电。半波整流电路的缺点是电源利用率低,且输出脉动大。

2. 主要参数

(1) 半波整流负载两端的电压的平均值:

$$U_{o(AV)} = 0.45u_2$$

(2) 流过负载电流的平均值:

$$I_{o(AV)} = \frac{u_o}{R_L} = \frac{0.45u_2}{R_L}$$

(3) 流过二极管的正向电流:

$$I_{D(AV)} = I_{o(AV)}$$

(4) 二极管截止时,承受的反向峰值电压:

$$u_R = \sqrt{2}u_2$$

(5) 脉动系数是用于衡量整流电路输出电压平滑程度的参数,其定义为整流输出电压基波分量峰值与输出电压平均值之比。

$$S = \frac{u_{01M}}{u_{o(AV)}} = \frac{\frac{\sqrt{2}u_2}{2}}{\frac{\sqrt{2}u_2}{\pi}} = \frac{\pi}{2} \approx 1.57$$

6.2.2 单相全波整流电路

1. 工作原理

单相全波整流电路及等效电路图如图 6-6(a)、(b)所示。

（1）当 u_1 为正半周时，波形如图 6-6(c)所示，VD$_1$ 导通，VD$_2$ 截止，R_L 两端输出电压 u_o ＝u_{2a}。

（2）当 u_1 为负半周时，波形如图 6-6(c)所示，VD$_2$ 导通，VD$_1$ 截止，R_L 两端输出电压 u_o ＝u_{2b}。

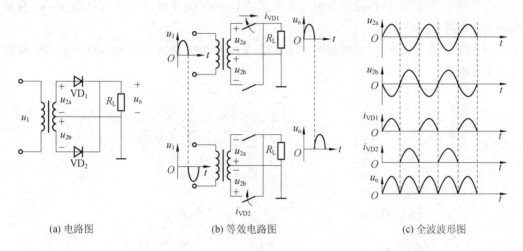

(a) 电路图　　　　　(b) 等效电路图　　　　　(c) 全波波形图

图 6-6　单相全波整流电路及波形图

2. 主要参数

（1）负载所获得的直流输出电压平均值（一周期内）：

$$U_{o(AV)} = 2 \times 0.45 u_2 = 0.9 u_2$$

（2）输出平均电流（一周期内）：

$$I_{o(AV)} = 0.9 \frac{u_2}{R_L}$$

（3）每只二极管承受的反向峰值电压：

$$u_R = 2\sqrt{2} u_2$$

（4）每只二极管通过的平均电流：

$$I_{D(AV)} = \frac{1}{2} I_{o(AV)} = 0.45 \frac{u_2}{R_L}$$

（5）脉动系数：用于衡量整流电路输出电压平滑程度的参数，其定义为整流输出电压基波分量峰值与输出电压平均值之比。

 已知全波整流电路如图 6-6 所示，变压器次级电压 $U_2 = 6$ V，$R_L = 8$ Ω，试计算负载所获得的直流输出电压平均值及输出平均电流。

解　　负载所获得的直流输出电压平均值：

$$U_{o(AV)} = 2 \times 0.45 u_2 = 0.9 u_2 = 5.4 \text{ V}$$

输出平均电流:

$$I_{o(AV)} = 0.9\frac{u_2}{R_L} = 0.9 \times \frac{6}{5.4} \text{ A} = 1 \text{ A}$$

◆ 6.2.3 单相桥式整流电路

具有电阻负载的桥式整流电路如图 6-7 所示,它由 $VD_1 \sim VD_4$ 组成四个桥臂,负载电阻 R_L 上电压 u_o 信号为全波脉动直流电。

1. 工作原理

(1) 当 u_1 为正半周时,波形如图 6-8 所示,VD_1 和 VD_2 导通,VD_3 和 VD_4 截止,R_L 两端输出半波电压 u_o。

(2) 当 u_1 为负半周时,波形如图 6-8 所示,VD_3 和 VD_4 导通,VD_1 和 VD_2 截止,R_L 两端输出半波电压 u_o。

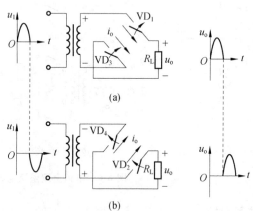

(a)

(b)

图 6-8   桥式整流电路波形

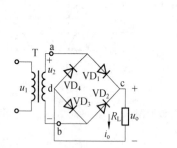

图 6-7   桥式整流电路图

2. 主要参数

(1) 负载所获得的直流输出电压平均值:

$$U_{o(AV)} = 2 \times 0.45u_2 = 0.9u_2$$

(2) 输出电流平均值:

$$I_{o(AV)} = 0.9\frac{u_2}{R_L}$$

(3) 每只二极管通过的平均电流:

$$I_{D(AV)} = \frac{1}{2}I_{o(AV)} = 0.45\frac{u_2}{R_L}$$

(4) 每只二极管承受的反向峰值电压:

$$u_R = 2\sqrt{2}u_2$$

(5) 脉动系数:

$$S = \frac{u_{01M}}{u_{o(AV)}} = \frac{\dfrac{4\sqrt{2}u_2}{3\pi}}{\dfrac{2\sqrt{2}u_2}{\pi}} = \frac{2}{3} \approx 0.67$$

◆ 6.2.4 倍压整流电路

u_2 为变压器次级线圈电压,在 u_2 正半周,电路通过 VD_1 向 C_1 充电,C_1 上充得的最大电压为 $\sqrt{2}u_2$。在 u_2 负半周,C_1 上电压与变压器次级线圈电压 u_2 极性相同,两部分电压叠加后通过 VD_2 给电容 C_2 充电,C_2 上最大电压为 $2\sqrt{2}u_2$。在 u_2 正半周,C_2 上电压与变压器次级线圈电压 u_2 极性相同,电压相叠加后通过 VD_3 给电容 C_1、C_3 充电,去除 C_1 电压,C_3 上充电最大电压为 $2\sqrt{2}u_2$。在 u_2 负半周,C_1、C_3 上电压与变压器次级线圈电压 u_2 极性相同,电压相叠加后通过 VD_4 给电容 C_2、C_4 充电,去除 C_2 电压,C_4 上充电最大电压为 $2\sqrt{2}u_2$。依此推算,除 C_1 上电压为 $\sqrt{2}u_2$,其余电容两端电压均为 $2\sqrt{2}u_2$,如从 A 与 E 之间输出电压则为 $4\sqrt{2}u_2$ 倍压整流电路,多用于高压小电流场合,如图 6-9 所示。

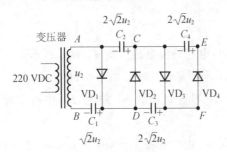

图 6-9　倍压整流电路

思考题:整流电路的形式有哪些?各有哪些特点?

6.3 滤波电路

因整流电路输出的脉动直流电含有较大脉动成分,必须通过滤波电路滤除,才能使负载得到平滑的直流电压。常见的滤波电路有电容滤波、电感滤波以及 π 型混合滤波等,混合滤波又可分为 LC 滤波和 RC 滤波等,如图 6-10 所示。

滤波电路

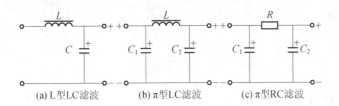

图 6-10　常见滤波电路

◆ 6.3.1 电容滤波电路

电容滤波电路及波形图如图 6-11 所示。

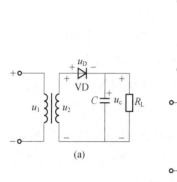
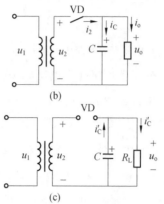
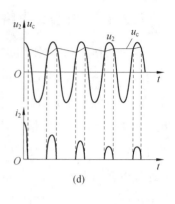

图 6-11　电容滤波电路及波形图

1. 工作原理

（1）u_2 为第一个正半周，电容滤波电路如图 6-11(a)所示。

当 $u_2 > u_c$ 时，VD 导通，对 C 充电。波形如图 6-11(b)所示。

当 $u_2 < u_c$ 时，VD 截止，电容器对负载 R_L 放电，R_L 中有电流，放电延续到下一个正半周。如图 6-11(c)所示。

（2）u_2 为第二个正半周，u_2 由 0 开始上升，但当 $u_2 < u_c$ 时，VD 仍截止。

当 $u_2 > u_c$ 时，VD 导通，继续对 C 充电，但因为电容器上有剩余电压，充电时间缩短。

当 $u_2 < u_c$ 时，VD 截止，电容通过 R_L 放电。

（3）电容的充放电反复进行，直到电容器 C 上充电上升的电压等于放电下降的电压时，进入稳定状态。波形如图 6-11(d)所示。

负载上的直流电压近似等于输入电压 u_2 的峰值 u_{2m}，即 $u_o \approx u_{2m}$。

2. 主要参数

（1）输出电压平均值：

$$U_{o(AV)} = \sqrt{2}u_2\left(1 - \frac{T}{4R_L C}\right)$$

（2）输出电流平均值：

$$I_{o(AV)} = \frac{u_{o(AV)}}{R_L}$$

（3）脉动系数：

$$S = \frac{1}{\dfrac{4R_L C}{T} - 1}$$

6.3.2　电感滤波

电感滤波电路是利用电感的通直流隔交流作用来实现滤波的，整流后所得到的单向脉动直流电中的交流成分将降落在电感上，若忽略电感的电阻，电感对于直流没有压降，单向脉动直流电中的直流成分几乎全部落在负载电阻上，从而使得负载电阻上所得到的输出电压的脉动减小，达到滤波目的。

单相桥式整流电感滤波电路如图 6-12 所示。

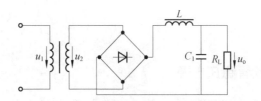

图 6-12　单相桥式整流电感滤波电路

例 6-2 已知滤波电路如图 6-12 所示，变压器次级电压 $U_2 = 6$ V，$f = 50$ Hz，$R_L = 120$ Ω 试求输出电压平均值 U_o 及估算滤波电容 C_1 容量。

解 桥式整流输出电压平均值范围：$0.9U_2 \sim 1.4U_2$。

输出电压平均值：

$$U_o = 1.2U_2 = 7.2 \text{ V}$$

而电容一般满足：

$$R_L C \geqslant (3 \sim 5)\frac{T}{2}$$

所以电容量选取范围：

$$C = (3 \sim 5)\frac{T}{2 \times R_L} = (3 \sim 5) \times \frac{0.02}{2 \times 120} \text{ F} = 250 \sim 420 \text{ } \mu\text{F}$$

◆ 6.3.3　混合 LC 滤波

1. LC 型滤波电路

由电感 L、电容 C 组成滤波电路，图 6-13(a)中 L 为电感量很大的铁芯线圈，使加到 R_L 上的交流成分减小，所以这种滤波器平滑滤波作用比 RC 滤波器好。

2. π 型滤波电路

电容 C_1、C_2、电感 L 组成 LC-π 型滤波电路，电容 C_1、C_2、电阻 R 组成 RC-π 型滤波电路。图 6-13(b)、(c)所示电路中 C_1 的作用和上面讲的滤波作用相同，R 和 C_2 起进一步平滑作用，C_2 越大，效果越好，因电阻 R 上存在直流压降会使输出电压降低。

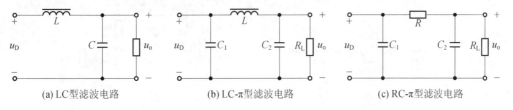

(a)LC型滤波电路　　　　(b)LC-π型滤波电路　　　　(c)RC-π型滤波电路

图 6-13　LC 型及 Π 型滤波电路

思考题：LC 滤波电路与 RC 滤波电路，哪一种滤波效果更好？

6.4　稳压电路

◆ **6.4.1　基本调整管稳压电源**

稳压电路

基本调整管稳压电源电路如图 6-14 所示,工作原理:如输入电压 U_i 增大变化时,则稳压管电流增大,经调整管 U_{CE} 调整后,保持输出电压稳定。

输出电压

$$U_o = U_i - U_{CE}$$

直流稳压电源
工作原理分析

当输入电压 U_i 不变,负载发生变化时,调整稳压管电流来满足负载变化,只要稳压管电流在稳压的线性范围内,可保持输出电压 U_o 不变。

◆ **6.4.2　线性串联型稳压电源**

基本调整管稳压电路由稳压管的稳压值决定,输出电压数值固定,且输出电流范围较小。线性串联型稳压电源电路如图 6-15 所示,它由输出电压取样电路、基准电压源、比较放大电路、控制调整电路等组成,其输出电压值可调,稳压性能较好。

当电网电压波动或者负载电阻变化时,都能够引起输出电压变化。如由于电网电压波动,输入电压增加,使得输出电压增大,则该稳压电路的稳压原理为:

$$U_i \uparrow \rightarrow U_o \uparrow \rightarrow U_{B2} \uparrow \rightarrow U_{BE2} \uparrow \rightarrow i_{B2} \uparrow \rightarrow i_{C2} \uparrow \rightarrow$$
$$U_{CE2} \downarrow \rightarrow U_{BE1} \downarrow \rightarrow i_{B1} \downarrow \rightarrow i_{C1} \downarrow \rightarrow U_{CE1} \uparrow \rightarrow U_o \downarrow$$

当滑动变阻器的滑动触头滑到最上端时,此时输出电压最小,即:

$$U_{omin} = (U_Z + U_{BE2}) \frac{R_3 + R_w + R_4}{R_3 + R_w}$$

当滑动变阻器的滑动触头滑到最下端时,此时输出电压最大,即:

$$U_{omax} = (U_Z + U_{BE2}) \times \frac{R_3 + R_w + R_4}{R_3}$$

其输出电压的可调范围是:

$$(U_Z + U_{BE2}) \times \frac{R_3 + R_w + R_4}{R_3} \leqslant U_o \leqslant (U_Z + U_{BE2}) \frac{R_3 + R_w + R_4}{R_3 + R_w}$$

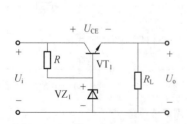

图 6-14　基本调整管稳压电源电路

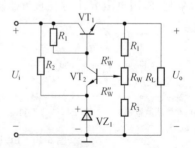

图 6-15　线性串联型稳压电源电路

思考题:串联型稳压电源的稳压工作原理是什么?

6.5 集成稳压电源

目前,把串联型稳压电源的调整管、比较放大电路、基准电压源等集成在半导体硅片上,具有外围元件少、使用方便等特点。

集成稳压电源按输出类型可分为固定输出式和可调输出式稳压电源,每种输出方式按输出电压极性正负又可分为正压和负压系列稳压电源。

集成稳压电源

6.5.1 三端固定输出式集成稳压器

三端固定输出式集成稳压器的输出电压不能调整,其产品可分为输出为正电压的 78×× 系列和输出为负电压的 79×× 系列。78×× 系列三端稳压块有 +5 V、+6 V、+9 V、+12 V、+15 V、+18 V 和 +24 V 共七种输出电压,78×× 的后两位数字表示其输出电压的稳压值,输出电流最大可达 1.5 A(加散热片)。同类型 78M 系列稳压器的输出电流为 0.5 A,78L 系列稳压器的输出电流为 0.1 A。79×× 系列的稳压块输出电压为负电压,电压值种类与 78×× 系列相同,但其引脚编号与 78×× 系列不同。三端固定集成稳压器的封装有 TO-3、TO-220、B-4 等。如图 6-16、图 6-17 所示为 TO-220 封装。

如图 6-16 所示,以 78×× 为例,引脚排列为:1 输入,2 接地,3 输出。如图 6-17 所示,以 79×× 为例,引脚排列为:1 接地,2 输出,3 输入。三端稳压集成器基本应用电路如图 6-18 所示,为正、负双电压输出电路,$U_{o1} = +15$ V,$U_{o2} = -15$ V,可选用 W7815 和 W7915 三端稳压器,考虑到三端固定式稳压器输入与输出间压差至少应大于 3 V,所以 U_i 应为单电压输出时的两倍加调整压差,应为 36 V 以上。

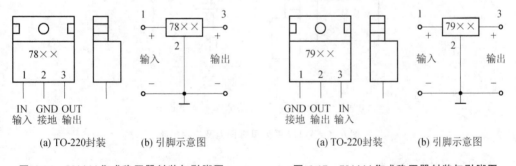

(a) TO-220封装 (b) 引脚示意图	(a) TO-220封装 (b) 引脚示意图
图 6-16 78×× 集成稳压器封装与引脚图	图 6-17 79×× 集成稳压器封装与引脚图

当集成稳压器本身的输出电压或输出电流不能满足要求时,可通过外接电路来进行性能扩展。图 6-19 是一种简单的输出电压扩展电路。如 W7812 稳压器的 3、2 端间输出电压为 12V,因此只要适当选择 R 的值,使稳压管稳压值(U_z)工作在稳压区,则输出电压可高于稳压器本身的输出电压:

$$U_o = 12 + U_z$$

思考题:固定输出集成稳压电路中,输入输出电压差至少应为多少伏?

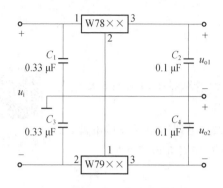

图 6-18　正、负双电压输出电路

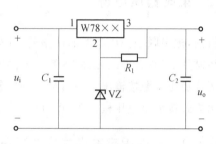

图 6-19　输出电压扩展电路

6.5.2　三端可调输出式集成稳压器

三端可调输出式集成稳压器有输出为正电压的 W117、W217、W317 系列和输出为负电压的 W137、W237、W337 系列。

1. 输出为正电压的 W117、W217、W317 系列

W117、W217、W317 系列，其内部电路完全一致，但 W117 工作温度范围较宽，适合于军用，W217 为工业品级，W317 为民用级产品，价格相对便宜。W117、W217、W317 系列的三端可调输出式集成稳压器封装有 TO-3、TO-220、B-4、TO-92 等。

W317 系列引脚排列及应用电路如图 6-20 所示，一般 R_1 选 120～240 Ω，可通过外接元件 R_2 对输出电压进行调整，以适应不同的需要。

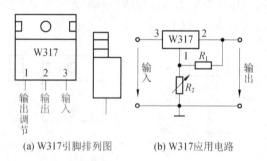

(a) W317引脚排列图　　(b) W317应用电路

图 6-20　W317 系列引脚排列及应用电路

输出电压计算公式：

$$U_o \approx 1.25(1+\frac{R_2}{R_1})$$

最大输入电压：

$$U_{imax} = 40 \text{ V}$$

输出电压范围：

$$U_o = 1.2 \sim 37 \text{ V}$$

例 6-3　已知三端可调压 W317 电路如图 6-20(b)所示，输入电压 $U_i = 25$ V，电阻 $R_1 = 4.7$ kΩ，若调节电位器 $R_2 = 47$ kΩ 及 $R_2 = 10$ kΩ，试分别计算输出电压值。

解　根据公式有

（1）$R_2 = 47\ \text{k}\Omega$ 时：

$$U_o \approx 1.25\left(1 + \frac{R_2}{R_1}\right) = \left[1.25 \times \left(1 + \frac{47}{4.7}\right)\right]\text{V} = 13.75\ \text{V}$$

（2）$R_2 = 10\ \text{k}\Omega$ 时：

$$U_o \approx 1.25\left(1 + \frac{R_2}{R_1}\right) = \left[1.25 \times \left(1 + \frac{10}{4.7}\right)\right]\text{V} = 3.9\ \text{V}$$

2. 输出为负电压的 W137、W237、W337 系列

输出为负电压的 W137、W237、W337 系列使用时，输入必须为负电压，为稳定可靠工作，输入与输出间压差应该至少大于 3 V，其引脚排列与应用电路如图 6-21 所示，计算公式同 W117、W217、W317 系列。

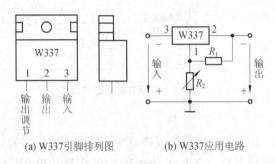

(a) W337引脚排列图　　(b) W337应用电路

图 6-21　W337 系列引脚排列及应用电路

思考题：W317 可调集成稳压电路，输出电压最大值范围是什么？

项目实施

1. 工作任务与分析

通过对实际产品的原理分析、安装及检测，使学生掌握"直流稳压电源及充电器"的工作原理，掌握"直流稳压电源及充电器"产品的安装和调试方法。

1)"直流稳压电源及充电器"功能及主要参数

直流稳压电源：输入电压 220VAC 或直流 10.5~12VDC；输出电压为 6 V；最大输出电流 500 mA。过载保护电路，具有通电指示、过载指示、两路电池充电指示。

电池充电器：慢充电电流为 50~60 mA（普通充电），快充电电流为 130~160 mA，两路可以同时使用，两路都可以充 5 号或 7 号可充电电池两节（串接）。稳压电源和充电器可以同时使用，只需两者电流之和不超过 500 mA。

2）原理分析

（1）直流稳压电源部分。

直流稳压电源工作原理如图 6-22 所示。变压器 T、$VD_1 \sim VD_4$ 二极管和电容 C_1 构成降压变换、桥式全波整流和滤波电路，VT_1、VT_2 组成复合调整管与负载串联，R_4 与 R_5 构成电阻分压器，构成取样电路，LED_2 发光二极管作基准电压，兼作电源指示。当把取样信号与基准电压比较后，其差值经 VT_3 放大，由其集电极输出加到 VT_1 的基极，从而控制复合调整管两端的电压,以达到保持输出电压稳定的目的。R_2 和 LED_1(兼作过载指示)组成过载保护及短路保护电路,当输出电流增大时,R_2 上压降亦增大,增大到一定值时 LED_1 导通,使调整管 VT_1、VT_2 基极电流不再增大,限制了输出电流增加,起限流保护作用。

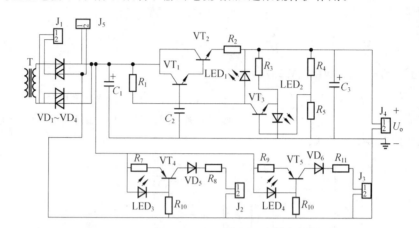

图 6-22　直流稳压电源与充电器电路工作原理

(2) 电池充电器。

对电池进行直流恒流充电,可以比较准确地掌握电池充满所需的时间,这样可以避免过充、欠充而影响电池的使用寿命。充电部分由 VT_4、VT_5 及其相关元件组成,J_2、J_3 和 E_3、E_4 分别连接慢充和快充通道的充电电池,J_5 与直流输入电源相连接。从慢充通道看,VT_4 的基极至电阻 R_7 左端被发光二极管 LED_3 的正向电压箝位,因此可以认为在一定的范围内 VT_4 的集电极电流 I_c(即充电电流)基本为恒流,而与负载无关,LED_3 兼作慢充通道的充电指示,而 VD_5 可以防止电源断电时电池通过充电器内部电路放电。由于

$$I_C = \frac{U_{R7}}{R_7} = \frac{U_{LED3} - U_{eb}}{R_7}$$

式中 U_{LED3} 和 U_{eb} 可以认为是常数,故对于慢充通道来说充电电流的大小由 R_7 决定。快充通道电路与慢充通道基本相同,其充电电流由 R_9 的大小所决定。由于 $R_9 < R_7$,所以快充通道充电电流比慢充通道大,为防止 VT_5 的功耗超过额定值,故在充电回路中串入一适当阻值的电阻 R_{11}。

当知道了充电电流和被充电池的容量后,充电所需的时间可以由下式决定:

充电时间(小时)=电池容量(毫安时)/充电电流(毫安)

2. 安装制作与检测

1) 焊接和安装

(1) 检查元器件的数据(见表 6-1)与质量,对不合格元件应及时更换。

(2) 确定元器件的安装方式、安装高度,一般它由该器件在电路中的作用、印制板与外壳间的距离以及该器件两安装孔之间的距离所决定。

(3) 引脚处理,将引脚弯曲成形并进行烫锡处理。把字符面置于易于观察位置。

(4) 插装。根据元器件位号对号插装,不可插错,对有极性的元器件,如二极管、三极管、电解电容等器件管脚,插孔时应特别小心。

(5) 焊接。各焊点加热时间及焊锡量要适当,对耐热性差的元器件应使用工具辅助散热。防止虚焊、错焊,避免因拖锡而造成短路。

（6）焊后处理。剪去多余引脚线，检查所有焊点，对缺陷进行修补，必要时用无水酒精清洗印制板。

表 6-1　元器件清单

序　号	名　　称	代　号	规　格
1	电阻	R_1、R_3	1 kΩ
		R_2	1 Ω/1 W
		R_4	470 Ω
		R_5	330 Ω
		R_7、R_{11}	24 Ω
		R_8、R_{10}	560 Ω
		R_9	9.1Ω
2	电容	C_1	470 μF/16 V
		C_2	22 μF/16 V
		C_3	100 μF/16 V
3	二极管	VD_1～VD_6	IN4001
4	发光管	LED_1～LED_4	LED
5	三极管	VT_1、VT_3	9013
		VT_2	8050
		VT_4、VT_5	8550
6	变压器	T	9V5W
7	连接器	J_1～J_5	CON2

2）调试和检测

电路板装配焊接完成后，按原理图、电路板装配图（见图 6-23）及工艺要求检查整机安装情况，着重检查电源线、变压器连线及印制板上相邻导线或焊点有无短路及缺陷，一切正常时用万用表欧姆挡测得整流桥输出点对地电阻大于 500 Ω，即可通电检测。

图 6-23　直流稳压电源与充电器电路板

（1）调试前准备。

① 打开直流稳压电源（输出电压可调，电流容量大于 1 A），将电压调在 10.5～12 V 范围内，关闭电源。将输入直流插头 J_5 引线正负极分别接于直流稳压电源正负极，打开电源，通电指示灯 LED_2 亮。

② 空载电压：空载时，测量输出插座 J_4 输出直流电压，其值应略高于额定电压值。

③ 带负载能力：当负载电流在额定值 150 mA 时，输出电压的误差应小于 ±10％。

④ 过载保护：当负载电流增大到一定值时，LED_1 逐渐变亮，LED_2 逐渐变暗，同时输出电压下降。当电流增大到 500 mA 左右时，保护电路起作用，LED_1 亮，LED_2 灭，如负载电流减小，则电路恢复正常。

（2）充电电流：当充电通道内不装电池，置万用表于直流电流挡，当正、负表笔分别短时触及所测通道的正、负极时，被测通道充电指示灯亮，所显示的电流值即为充电电流值。

（3）稳定工作考察：额定负载下，稳压器、充电器连续工作数小时，若没有声响、严重发烫或焦臭味，则认为考察通过。

（4）调整。

① 如稳压电源的负载在 150 mA 时，输出电压误差大于规定值的 ±10％ 时，6 V 挡可更换 R_4 调整，若阻值增大，电压升高；若阻值减小，电压降低。

② 可更换 $R_7（R_9）$ 改变充电电流值，阻值增大，充电电流减小；阻值减小，充电电流增大。

③ 给电路通电测试，验证电路的功能。

> 思考题：78××、79×× 系列固定输出集成稳压电路，若需提高带载电流并稳定工作，可采取哪些措施？

 知识梳理与总结

1. 稳压电源由交流电压输入电路、整流电路、滤波电路、反馈电路、稳压调整电路、保护电路等组成。

2. 整流电路的作用是将交流电压变成单向脉动的直流电压。常用的整流元件是二极管，整流电路的形式有半波整流、全波整流、桥式整流、倍压整流等。

3. 稳压电源的滤波电路形式有电容滤波、电感滤波、混合 LC 滤波等。

4. 直流稳压电源保护电路可分为限流型和截止型保护电路。

5. 线性串联型稳压电源由输出电压取样电路、基准电压源、比较放大电路、控制调整电路等组成。

6. 三端集成稳压器按输出类型可分为固定输出式和可调输出式。三端固定输出式集成稳压器输出电压不能进行调整。其产品可分为输出为正电压的 78×× 系列和输出为负电压的 79×× 系列。三端可调输出式集成稳压器有输出为正电压的 W117、W217、W317 系列和输出为负电压的 W137、W237、W337 系列等。

习 题

一、填空题

1. 三端集成稳压器 7805 输出电压为 _____ V，7915 输出电压为 _____ V。

2. 三端集成稳压器 78×× 系列输出电压有 _____ 个型号。

3. 三端可调集成稳压电源有 _____ 及 _____ 系列。

4. 整流电路形式有 _____、_____、_____、_____ 等。

5. 滤波电路形式有 _____、_____、_____、_____ 等。

二、计算题

1. 一个输出电压为 +6 V、输出电流为 0.12 A 的稳压电源电路如图 6-12 所示。如果已选定变压器次级电压有效值为 10 V，试指出整流二极管正向平均电流和反向峰值电压为多大？滤波电容器容量大致在什么范围内选择？其耐压值至少不应低于多少，稳压管的稳压值应选多大？

2. 有一额定电压为 220 V，阻值为 110 Ω 直流负载，采用单相桥式供电，试计算：

(1) 变压器二次绕组电压和电流有效值。

(2) 每个二极管流过的电流平均值和承受的最大反向电压。

三、问答题

1. 在三端集成稳压器中，按输出类型可分为哪些类型？

2. 请叙述线性串联型稳压电源工作原理。

学习情境 7

数控开关电源安装与检测

教学导航

本学习情境分析了正弦波和非正弦波振荡器电路原理,介绍了开关电源常用集成电路芯片性能及应用,分析了开关电源组成及工作原理,通过工作任务分析、安装与检测等过程,使学生完成对开关电源相关内容的学习目标。

学习目标

(1) 了解正弦波和非正弦波振荡器电路原理。

(2) 了解开关电源常用集成电路芯片性能及应用。

(3) 了解开关电源的组成及工作原理。

(4) 掌握开关电源电路的安装及检测。

相关知识

7.1 正弦波发生电路

◆ 7.1.1 概述

放大器输入端没有外接输入信号时,在输出端却产生某种频率和幅度的 正弦波发生电路 振荡信号,这种现象称为放大器的自激振荡。对于正常放大器而言,自激振荡 是有害的,应设法避免和消除,但对于波形发生电路而言,却正是利用了电路的自激振荡现象,从而产生需要的振荡波形。

1. 正弦波振荡器的振荡条件

如图 7-1 所示,反馈放大电路中输入端 $\dot{U}_i$,反馈信号 $\dot{U}_f$ 取自输出电压 $\dot{U}_o$,经反馈通道 F 送至输入端,与 $\dot{U}_i$ 相加构成 $\dot{U}_{id}$,当满足下列幅度平衡条件及相位平衡条件时,即使输入信号为 0,仍可维持输出,产生振荡波形。

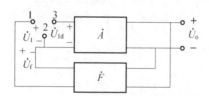

图 7-1　反馈放大电路原理框图

幅度平衡条件:

$$|\dot{A}\dot{F}| = 1$$

式中:A 为放大电路开环增益;F 为闭环时反馈系数。

相位平衡条件:

$$\varphi_a + \varphi_f = 2n\pi(n = 0,1,2,\cdots)$$

式中:φ_a 为放大电路产生的相移;φ_f 为反馈电路产生的相移。

2. 振荡电路的组成

(1)放大电路:具有放大信号作用,并将直流的电源电能转换成振荡交流信号的能量。

(2)反馈网络:形成正反馈,以满足振荡器的相位平衡条件。

(3)选频网络:在正弦波振荡电路中,它的作用是选择某一频率 f_0,使之满足振荡条件,形成单一频率的振荡。

(4)稳幅电路:用于稳定振荡器输出信号的振幅,改善波形。

3. 振荡电路的分析

(1)检查振荡电路是否具有放大电路、反馈网络、选频网络和稳幅电路,特别是要检查前三项是否满足。

（2）检查放大电路的静态工作点是否合适，是否满足放大条件。

（3）判断振荡电路能否振荡。

> 思考题：振荡电路中，反馈类型应该为正反馈还是负反馈？

◆ 7.1.2　RC 正弦波振荡电路

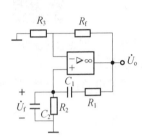

图 7-2　RC 正弦波振荡电路

图 7-2 所示为 RC 正弦波振荡电路，又称为文氏电桥电路，R_1、R_2、C_1、C_2 串并联选频网络连接在输出端与集成运算放大器同相端之间构成正反馈，电阻 R_2 与电容 C_2 并联电路的两端电压 U_f 在振荡频率为 f_0 时达到最大，R_f 连接在输出端与集成运算放大器反相端之间构成负反馈。

设 $R_1=R_2=RC C_1=C_2=C$，Z_1 为 RC 串联电路复阻抗，$Z_1=R+\dfrac{1}{j\omega C}$，$Z_2$ 为 RC 并联电路复阻抗，$Z_2=R//\dfrac{1}{j\omega C}$。

反馈系数：

$$\dot{A}_u = \frac{\dot{U}_f}{\dot{U}_o} = \frac{Z_2}{Z_1+Z_2} = \frac{R//\dfrac{1}{j\omega C}}{\left(R+\dfrac{1}{j\omega C}\right)+\left(R//\dfrac{1}{j\omega C}\right)} = \frac{1}{3+j\left(\omega RC\dfrac{1}{\omega RC}\right)}$$

其带反馈电压放大倍数：

$$\dot{A}_u = \frac{\dot{U}_f}{\dot{U}_o} = 1+\frac{R_f}{R_3}$$

振荡频率：

$$f_o = \frac{1}{2\pi RC}$$

起振条件：

$$A_f = 1+\frac{R_f}{R_3} \geqslant 3$$

即 $R_f>2R_3$ 时，电路就能顺利起振。若 $R_f<2R_3$，则电路不能振荡，若 $A_f\gg3$，则会造成电路的输出波形失真，输出近似于方波的波形。

　如图 7-2 所示 RC 振荡器电路，已知电阻 $R_f=15\ \text{k}\Omega$，$R_1=R_2=R_3=15\ \text{k}\Omega$，$C_1=C_2=C=10\ \mu\text{F}$。试判断电路能否起振并计算振荡频率。

解　电路增益：

$$A_f = 1+\frac{R_f}{R_3} = 1+\frac{15}{5.1} \approx 3.94 \geqslant 3$$

所以满足振荡条件，能够起振。

$$f_o = \frac{1}{2\pi RC} = \frac{1}{2\times3.14\times5.1\ \text{k}\Omega\times10\ \mu\text{F}} = 3\ \text{Hz}$$

7.1.3 LC 正弦波振荡电路

1. 电感三点式振荡电路

电感三点式振荡电路又称为哈德利振荡器，如图 7-3 所示，晶体管 VT 为共发射极放大电路，电感 L_1、L_2 及电容 C 构成正反馈选频网络，谐振回路的三个端点与晶体管 VT 三个极相连，C_B、C_E 对振荡信号可视为短路，反馈信号 $\dot{U}_f$ 取自电感 L_1 两端电压，故又称为电感三点式振荡电路。

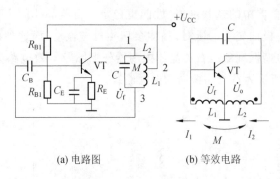

(a) 电路图   (b) 等效电路

图 7-3 电感三点式振荡电路

回路谐振时，输出电压 $\dot{U}_o$ 与输入电压 $\dot{U}_i$ 反相，而 $\dot{U}_f$ 与 $\dot{U}_o$ 反相，所以在谐振频率上构成正反馈，可以满足振荡振幅平衡及相位平衡条件。

其振荡频率：

$$f = \frac{1}{2\pi\sqrt{(L_1 + L_2 + 2M)C}}$$

式中：L_1、L_2 为顺向串联的互感线圈；M 为线圈互感。

2. 电容三点式振荡电路

电容三点式振荡电路又称为考皮兹振荡器，图 7-4(a) 所示为电容三点式振荡电路图，图 7-4(b) 所示为其等效电路，晶体管 VT 为共发射极放大电路，电感 C_1、C_2 及电感 L 构成电容三点式振荡电路，谐振回路的三个端点与晶体管 VT 三个极相连，C_B、C_E 对振荡信号可视为短路，反馈信号 $\dot{U}_f$ 取自电容 C_1 两端电压，故又称为电容三点式振荡电路。

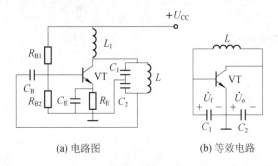

(a) 电路图   (b) 等效电路

图 7-4 电容三点式振荡电路

回路谐振时，反馈电压 $\dot{U}_f$ 与输入电压 $\dot{U}_i$ 同相，所以在谐振频率上构成正反馈，可以满足振荡振幅平衡及相位平衡条件。

其振荡频率：

$$f_o = \cfrac{1}{2\pi\sqrt{L\,\cfrac{C_1 C_2}{C_1 + C_2}}}$$

◆ 7.1.4 石英晶体振荡器

由于受环境温度等因素影响,上述振荡电路产生的振荡频率不太稳定,目前主要使用石英晶体振荡器作为振荡器中的选频网络,性能更稳定。石英晶体的主要特性是其具有压电效应,即当晶体的两电极加交流电压时,晶体会产生机械振动,而这种机械振动又会产生交变电场,从而形成压电谐振现象。石英晶体振荡器外形图及等效电路分别如图 7-5(a)和图 7-5(b)所示。图 7-6 所示为石英晶振谐的谐振曲线。

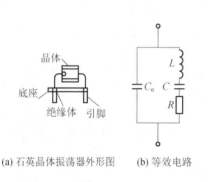

(a) 石英晶体振荡器外形图　(b) 等效电路

图 7-5　石英晶体振荡器外形图及等效电路

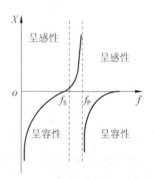

图 7-6　石英晶振的谐振曲线

图 7-7 所示为并联型石英晶体振荡电路,石英晶体支路呈感性,电路属电容三点式振荡电路,其振荡频率由 C_1、C_2 以及晶振的等效电感 L 决定。图 7-8 所示为串联型石英晶体振荡电路,用瞬时极性法可判断电路属正反馈,电路振荡频率即为石英晶体串联谐振频率。

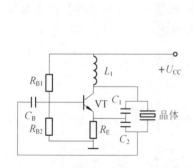

图 7-7　并联型石英晶体振荡电路

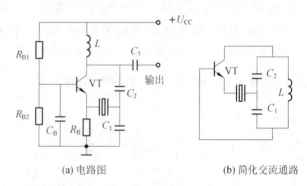

(a) 电路图　　　　　　　(b) 简化交流通路

图 7-8　串联型石英晶体振荡电路

思考题:LC 振荡电路相比 RC 振荡电路,优点在哪里?

7.2 非正弦波发生电路

7.2.1 方波信号发生器

非正弦波发生电路

当输出电压为 $+U_Z$ 时,同相端电压 $U_{P1} = \dfrac{R_2}{R_1 + R_2} \times U_Z$,同时经电阻 R 给电容 C 充电,当电容 C 电压 u_C 大于同相端电压 $+U_{P1}$ 时,输出电压翻转为 $-U_Z$,此时同相端电压 $U_{P2} = -\dfrac{R_2}{R_1 + R_2} \times U_Z$,$u_C$ 放电,当小于 U_{P2} 时,输出翻转为 $+U_Z$,图 7-9 所示为方波信号发生器电路及波形。

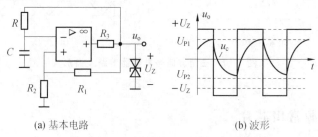

(a) 基本电路　　　　　　　　　(b) 波形

图 7-9　方波信号发生器电路及波形

输出电压波形工作周期 T 为:

$$T = 2RC\ln\left(1 + \frac{R_2}{R_1}\right)$$

 如图 7-9 所示方波信号发生器电路,已知电压 $U_Z = 6$ V,$R_1 = R_2 = 5.1$ kΩ,$C = 10$ μF。试计算集成运放同相端电压及输出电压波形工作周期 T。

 集成运放同相端电压:

$$U_P = \pm \frac{R_2}{R_1 + R_2} \times U_Z = \pm \frac{1}{2} \times 6 \text{ V} = \pm 3 \text{ V}$$

输出电压波形工作周期 T 为:

$$T = 2RC\ln\left(1 + \frac{R_2}{R_1}\right) = (2 \times 5.1 \times 10^3 \times 10 \times 10^{-6} \ln 2) \text{ s} \approx 71 \text{ ms}$$

> **思考题**:方波信号发生器中,集成运放作为比较器还是放大器使用?

7.2.2 三角波信号发生器

与前述方波信号发生器电路分析相同,如图 7-10(a)所示为三角波信号发生器电路,第一级集成运放 u_{o1} 输出一方波信号,幅值 $u_{o1} = \pm U_Z$。第二级集成运放为一个积分电路,u_o 输出为三角波信号,幅值 $U_o = \pm \dfrac{R_1}{R_2} U_Z$。当 u_{o1} 输出为 $+U_Z$ 时,经电阻 R_4 给电容 C 充电,输出电压 u_o 经电阻 R_1 反馈至第一级集成运放同相端,使第一级集成运放输出电压翻转为 $-U_Z$,

此时电容电压 u_C 反向充电,输出电压 u_o 反馈至第一级集成运放,使其输出翻转为 $+U_Z$,如此循环,最终 u_o 输出三角波信号。

波形工作周期 T 为:

$$T = 4\frac{R_2}{R_1}R_3C$$

波形如图 7-10(b)所示。

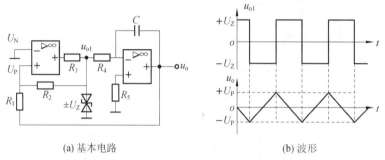

(a) 基本电路　　　　　　　　(b) 波形

图 7-10　三角波信号发生器电路及波形

7.3　开关电源常用芯片

常用脉宽调制芯片

◆ 7.3.1　TL494 芯片

TL494 是一种固定频率脉宽调制电路,它主要为开关电源电路而设计。如图 7-11 所示,TL494 主要封装形式有贴片封装 SO-16 及双列直插封装 PDIP-16。

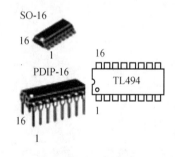

图 7-11　TL494 封装图

1. TL494 内部电路

如图 7-12 所示为 TL494 内部电路图,集成了全部的脉宽调制电路,内置有锯齿波振荡器、误差放大器、PWM 比较器、5 V 基准电压源、死区时间比较器、触发器电路、输出电路及欠压保护电路等。基准电压源可提供高达 10 mA 的负载电流,在典型的 $0 \sim 70$ ℃温度条件下,该基准电源能提供 $\pm5\%$ 的精确度。输出功率晶体管可提供最大 500 mA 的驱动能力。

2. TL494 芯片脉冲宽度调制过程

TL494 芯片内置线性锯齿波振荡器,振荡频率可通过外部电阻 R_T(6 脚)和电容 C_T(5 脚)来进行设定,其振荡频率为:

$$f_{osc} = \frac{1.1}{R_T \cdot C_T}$$

如图 7-13 所示,输出脉冲的宽度通过电容 C_T 上的正极性锯齿波电压与 PWM 比较器、死区电压比较器输出信号进行比较来实现。功率输出管 VT_1 和 VT_2 受触发器控制,仅当双稳触发器的时钟信号为低电平时才工作,亦即锯齿波电压大于控制信号期间工作,当控制信

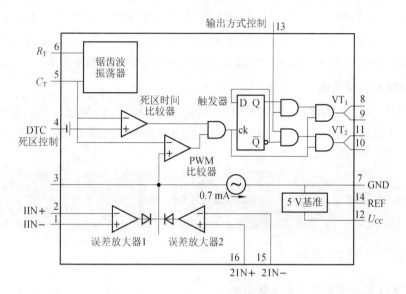

图 7-12　TL494 内部电路图

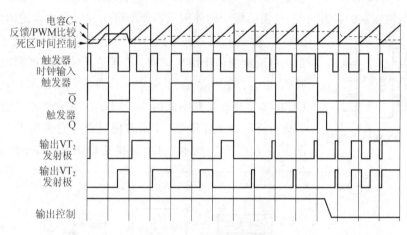

图 7-13　TL494 脉冲调制波形

号增大时,输出的脉冲宽度将减小。

　　控制信号由集成电路外部输入,一路送至死区电压比较器,一路送往误差放大器输入端。死区电压比较器具有 120 mV 输入补偿电压,它限制了最小输出死区时间约等于锯齿波周期的 4%。当输出方式控制端(第 13 脚)接地时,最大输出占空比为 96%,而当其接参考电压 U_{REF} 时,占空比为 48%。当把死区时间控制输入端接上固定电压(范围在 0~3.3 V 之间)时,即能在输出脉冲上产生附加的死区时间。

　　脉冲宽度比较器为误差放大器调节输出宽度提供了一种手段,当反馈电压从 0.5 V 变化到 3.5 V 时,输出脉冲宽度从被死区确定的最大导通百分比下降到 0。两个误差放大器有相同的电压输入范围,从 −0.3 V 到 +U_{CC}−2,可用于检测电源输出电压和电流,误差放大器的输出端常处于高电平,它与脉冲宽度调制器的反相输入端进行或运算。

　　当电容 C_T 放电,一个正脉冲出现在死区比较器的输出端,受脉冲约束的双稳触发器进行计时,同时使输出管 VT_1 和 VT_2 停止工作。若输出控制端连接到参考电压源 U_{REF},那么脉冲交替输出至两个输出管,输出频率等于脉冲振荡器的频率的一半。如果工作在单端状态,且最大占空比为 50% 时,驱动信号分别从输出管 VT_1 和 VT_2 取得。当需要更高的驱动电流输出时,亦可将 VT_1 和 VT_2 并联使用,此时工作在单端工作模式,需要将输出方式控制脚(第 13 脚)接地,以关闭双稳触发器,此状态输出频率等于振荡器的频率。

3. TL494 输出极限值

电源电压 U_{CC}:最大 42 V;集电极输出电压 U_C:最大 42 V;集电极输出电流 I_C:最大 500 mA;放大器输入电压 U_{IR}:$-0.3 \sim 42$ V;电源耗散功率 P_D:最大 1000 mW;引脚焊接温度 T_J:最大 125 ℃;储存温度 T_A:$-55 \sim +85$ ℃。

思考题:TL494 脉宽调制芯片中,内部误差放大器有何作用?

7.3.2 UC3842 芯片

1. UC3842 芯片引脚及内部电路组成

(1) UC3842 芯片基于电流控制稳压技术,为典型的电流型控制芯片,它提供了 DC-DC 固定频率电流控制的必需功能,仅需要极少的外围元器件即可实现。其包含的内部电路有:

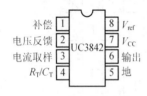

图 7-14 UC3842 引脚图

欠压锁定电路、精密参考源、PWM 误差放大器、电流感应比较器及大电流推挽输出级电路等,尤其是其输出级可源出或吸收高峰值电流,特别适合于驱动 N 沟道 MOSFET 场效应管。UC3842 芯片开关频率高达 500 kHz,工作占空比接近 100%,可以进行逐脉冲电流限制,控制方便可靠。它采用 DIP8 封装,如图 7-14 及图 7-15 所示为 UC3842 引脚图及内部电路图。

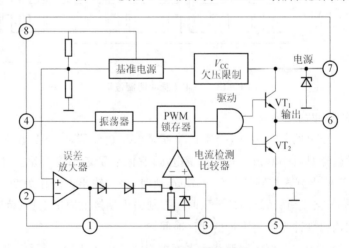

图 7-15 UC3842 内部电路图

(2) 开关电源控制器 UC3842 工作参数如表 7-1 所示。

表 7-1 UC3842 工作参数

参 数	符 号	取 值	单 位
电源电压(最大值)	U_{CC}	30	V
输出电流	I_o	±1	A

续表

参　　数	符　　号	取　　值	单　　位
模拟输入(2、3 脚)	U_{in}(模拟)	$-0.3 \sim 6.3$	V
误差放大器输出电流	I_{SINK}(E. A)	10	mA
耗散功率($T_A = 25$ ℃)	P_D	1	W

2. UC3842 电路工作原理

1) 误差放大器

如图 7-16 所示,误差放大器同相端接内部基准源$+2.5$ V,误差放大器的反相端 2 脚为反馈端,反馈电压满足下列方程:

$$U_{FB} = \frac{Z_i}{Z_i + Z_f} u_o + \frac{Z_i}{Z_i + Z_f} u_i$$

误差放大器输出可源出或吸收 0.5 mA 电流。

2) 欠压锁定(UV$_{LO}$)电路

误差放大器欠压锁定(UV$_{LO}$)电路如图 7-17 所示,欠压锁定(UV$_{LO}$)门限为输入电源电压大于U_{on}($+16$ V)时电路启动,输入电源电压下降至U_{off}($+10$ V)以下时电路锁定,停止工作。

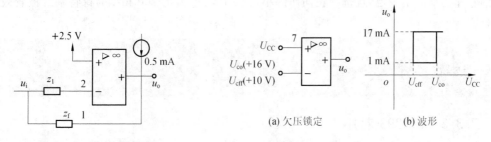

图 7-16　误差放大器电路图　　　　　图 7-17　欠压锁定(UV$_{LO}$)电路图

3) 电流感应电路

电流感应电路如图 7-18 所示,由电流取样电阻 R_S 感应的电压与原边电流 I_S 的关系为:

$$U_{RS} = I_S R_S$$

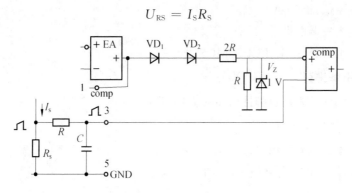

图 7-18　电流感应电路示意图

该电压经 RC 滤波,去除尖冲干扰后,送至电流感应比较器,一旦电流达到峰值电流设定点,就能逐脉冲复位内部输出级触发器,可以精确地控制输出参数的变化。

通过电流取样电阻 R_S 的峰值电流取决于下式:

$$I_{Smax} \approx \frac{1}{R_S}$$

通过电流取样电阻 R_S 的峰值电压由 E/A(误差放大器)控制取决于下式:

$$I_p = \frac{U_C - 1.4V}{3R_S}$$

4)振荡器元件确定步骤

(1)根据死区时间和振荡电容关系曲线,先确定所需的死区时间,由此确定振荡电容最接近标准的值。

(2)用振荡电容和振荡频率参数间接求出 R_T 的近似值。

$$f_{osc}(kHz) = \frac{1.72}{R_T C_T}$$

5)驱动电路

UC3842 芯片输出级可以 1A 峰值电流驱动 MOSFET 场效应管,或以平均电流 200 mA 左右驱动双极型功率晶体管,驱动接口可采用直接 MOSFET 驱动或采用隔离变压器的驱动电路,一般在 PWM 输出级到地之间加一肖特基二极管,以防止因输出电压低于地电压而引起的芯片内部的不稳定,且选择正向压降小于 0.3 V、电流为 200 mA 的肖特基二极管效果较好。

思考题:UC3842 属于电流型控制方式,这个结论对吗?

◆ 7.3.3 LM393 芯片

LM393 内部含有两路独立的高精度电压比较器,可实现单电源或双电源工作。它的失调电压低,电源消耗的功率小,输入的共模信号范围窄。

1. LM393 芯片特点

(1)电压范围宽:单电源＋2～＋36 V;双电源±1～±18 V。

(2)失调电流低:±5 nA。

(3)最大输入失调电平:±3 mV。

(4)输出电平兼容 TTL、ECL、CMOS 电平。

2. LM393 引脚排列

LM393 有 8 只引脚,其引脚排列如图 7-19 所示。

3. LM393 芯片具体应用

(1)作为基本比较器使用,如图 7-20 所示。

(2)作为驱动 CMOS 电路使用,如图 7-21 所示。

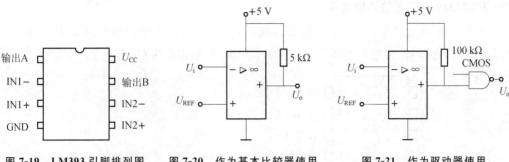

图 7-19　LM393 引脚排列图　　图 7-20　作为基本比较器使用　　图 7-21　作为驱动器使用

7.3.4　LM324 芯片

LM324 芯片内部含有完全相同的四路差分放大器,可在低到 3 V 或者高至 32 V 的电源下工作。它有 14 个引出脚,LM324 各种常见的封装形式如图 7-22 所示,有 SO-14贴片封装和 PDIP14 双列直插封装。

图 7-22　LM324 各种常见的封装形式

LM324 各种常见的引脚排列如图 7-23 所示。LM324 的应用电路如图 7-24 所示。该电路为典型的同相运放比例运算电路:

$$u_{\mathrm{o}} = \frac{R_{\mathrm{f}}}{R_{\mathrm{i}}}u_{\mathrm{i}}$$

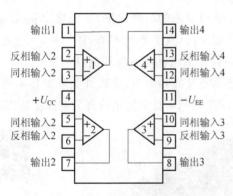

图 7-23　LM324 各种常见的引脚排列

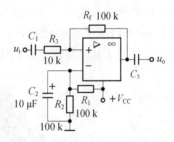

图 7-24　LM324 的应用电路

7.3.5　LM339 芯片

1. LM339 芯片介绍

LM339 芯片内部具有四个独立的电压比较器,采用 SO-14 表面贴装或 DIP-14 双列直插封装,如图 7-25 所示,可实现单电源或双电源工作。

2. LM339 电压比较器的特点

(1) 失调电压小,典型值为 2 mV;

(2) 电源电压范围宽,单电源为 2～36 V,双电源电压为 ±1～±18 V;

(3) 共模范围很大,为 0～$(V_{\mathrm{cc}} - 1.5\ \mathrm{V})U_{\mathrm{o}}$;

(4) 差动输入电压范围较大,可等于电源电压。

3. LM339 电压比较器的应用

如图 7-26 所示,LM339 电压比较器在使用时,输出与电源之间需外接电阻。当 $U_i >$ U_{REF} 时,输出电压 U_o 为电源电压 5 V。当 $U_i < U_{REF}$ 时,输出电压 U_o 为 0 V。

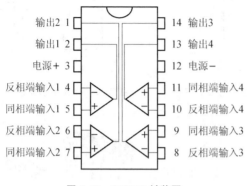

图 7-25　LM339 封装图

图 7-26　LM339 作为基本比较器使用

7.4　PWM 开关电源

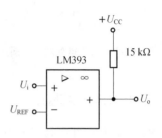

◆ 7.4.1　开关电源工作原理

开关电源是通过控制高频开关功率管开通和关断的时间比率,从而稳定 **PWM 开关电源** 输出电压的一种电源。开关电源和线性电源相比,具有工作频率高,体积小, **工作原理** 重量轻,变换效率高等优点。开关电源变换电路一般由脉冲宽度调制(PWM) 控制 IC 和 MOSFET 构成。随着电力电子技术的发展和创新,使得开关电源技术也在不断地创新发展,得到了越来越广泛的应用。图 7-27 所示为日常使用的开关电源实物图。

WM 开关电源的
工作原理分析

图 7-27　开关电源实物图

1. 典型开关电源的组成

如图 7-28 所示,典型开关电源由交流电压(脉动直流电压)输入电路、整流滤波电路、高频变换电路、输出电路、取样反馈电路、脉宽调制电路、保护电路等组成。

2. 开关电源与线性电源区别

线性电源中,功率晶体管工作在线性放大状态,而开关电源中功率晶体管工作在开关状态,其导通或关断时,加在功率晶体管上的伏-安乘积很小(导通时,电压低,电流大;关断时,

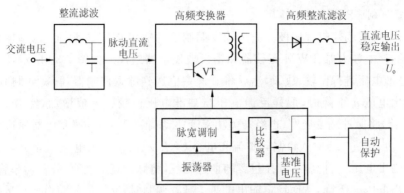

图 7-28　典型开关电源的组成

电压高,电流小),功率器件上的伏安乘积就是功率晶体管器件上所产生的损耗。

与线性电源相比,开关电源先通过"斩波",即把直流电压信号斩波成幅值等于输入电压幅值的高频脉冲信号,通过改变高频变压器的绕组匝数来升高或降低输出电压幅值,再经过高频整流滤波后就得到直流输出电压,开关电源工作最高频率可达到 MHz 级。

开关电源工作过程与线性电源的控制器类似,它们的不同之处在于,误差放大器的输出在驱动功率晶体管之前,要经过一个电压/脉冲宽度转换单元,通过脉宽调制器调节脉冲的占空比,使输出电压保持稳定。

3. 开关电源脉宽调制工作方式

脉冲宽度调制(PWM)方式是将振荡周期 T 固定,通过改变脉冲宽度 t_{on} 来调节输出电压,而脉冲频率调制方式(PFM)是将脉冲宽度 t_{on} 固定,通过调节工作频率,即调节振荡周期 T 来调节输出电压,如当输出电压 u_o 升高时,控制器输出信号的脉冲宽度 t_{on} 不变,而工作周期 T 变长,使占空比减小,使输出电压降低,从而保持输出电压稳定。目前开关电源大多采用脉宽调制(PWM)方式,部分采用脉冲频率调制(PFM)方式。PWM 及 PFM 调制方式开关电源变换波形如图 7-29 所示。

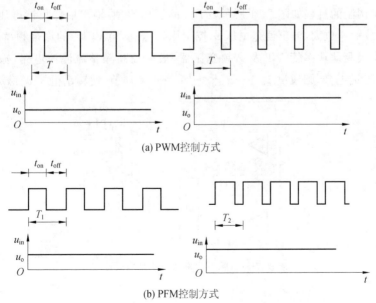

(a) PWM控制方式

(b) PFM控制方式

图 7-29　PWM 及 PFM 调制方式开关电源变换波形

1）脉宽调制（PWM）

开关管基极或场效应管栅极一般由脉宽调制器的输出脉冲驱动,而脉宽调制器一般由基准电压源、误差放大器、PWM 比较器和锯齿波发生器组成。如图 7-30 所示,输出取样反馈电压与基准电压进行比较、放大,然后将其误差值送到脉宽调制器,脉宽调制时频率固定不变,当输出电压 u_o 下降时,取样反馈电压与基准电压比较的差值增加,经放大后输入到 PWM 比较器,将脉冲宽度展宽,再经开关功率管驱动高频变压器,使变压器原边电压升高,并耦合到次边,经过二极管 VD 高频整流和电容 C_2 滤波后,使输出电压 u_o 上升,从而稳定输出电压;当输出电压 u_o 升高时,稳压过程与前述相反,将脉冲宽度变窄,开关功率管工作时间缩短,使输出电压 u_o 下降,从而稳定输出电压。脉宽调制时,反馈信号前沿要尽量陡峭,后沿要短促,并需要斜坡补偿校正。

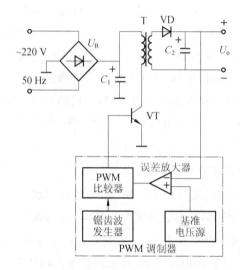

图 7-30 脉宽调制的原理图

2）脉冲频率调制（PFM）

脉冲频率调制的过程如图 7-31 所示,PFM 的工作原理:输出取样反馈电压与基准电压比较,经误差放大器放大,输出误差电压 u_r 控制压控振荡器（VCO）的振荡频率 f,再经过控制逻辑和输出级驱动功率管 VT 及高频变压器,最后经高频整流滤波电路,输出稳定电压 u_o,如某原因使 u_o 上升,则通过 $u_o\uparrow \rightarrow u_r\uparrow \rightarrow f\downarrow \rightarrow u_o\downarrow$ 环节,使输出电压 u_o 稳定。

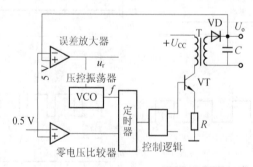

图 7-31 脉冲频率调制的基本原理

4. 开关电源电路分类

（1）按主要变换方式可分为：正激式、反激式、推挽式、半桥式、全桥式等开关电源。

（2）按输入输出电压对比变化可分为：升压式和降压式开关电源。

（3）按变换电路是否隔离可分为：隔离型或非隔离型开关电源。

（4）按输入输出电源形式可分为：AC/DC 变换、DC/DC 变换开关电源。

其中 DC/DC 变换器是将固定的直流电压变换成可变的直流电压，也称为直流斩波器。DC/DC 变换器有以下几种常用的变换电路。

① Buck 电路——降压斩波器，其输出平均电压 $U_{o(AV)}$ 小于输入电压 U_i，极性相同。

② Boost 电路——升压斩波器，其输出平均电压 $U_{o(AV)}$ 大于输入电压 U_o，极性相同。

③ Buck-Boost 电路——降压或升压斩波器，其输出平均电压 $U_{o(AV)}$ 大于或小于输入电压 U_i，电压极性可反转。

④ Cuk 电路——降压或升压斩波器，其输出平均电压 $U_{o(AV)}$ 大于或小于输入电压 U_i，电压极性可反转。

5. 开关电源电路

1）正激式变换电路

如图 7-32 所示，正激式变换电路中，变压器起隔离作用，它的原边绕组为 N_{1a} 和 N_{1b}，中心抽头接输入电压 U_i，次边绕组接高频整流二极管 VD_1、电感 L 及负载。

正激式变换电路利用电感 L 储能及传送电能，变压器的原次边绕组同名端相同，当功率管 VT 导通时，次边高频开关二极管 VD_1 导通，经滤波后输出电压；当功率管 VT 截止时，次边高频开关二极管 VD_1 截止，电感储能经续流二极管 VD_2 向负载供电。

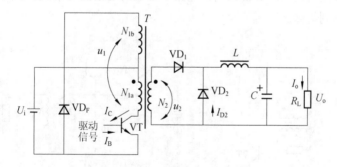

图 7-32　正激式变换电路

2）反激式变换电路

反激式是指变压器的原次边绕组极性相反，如图 7-33 所示，同名端标记中，连接功率管 VT 集电极绕组端与二极管 VD 阳极端标记相同，剩余的另一端标记相同。

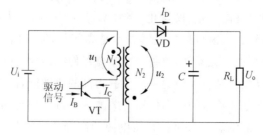

图 7-33　反激式变换电路

反激式变换电路工作原理:电源电压 U_i 通过变压器原边绕组 N_1 向晶体管 VT 供电,此时变压器绕组 N_1 储能,二极管 VD 截止,而当晶体管 VT 截止时,二极管 VD 导通,经整流及电容滤波后向负载 R_L 供电,当变压器原边储能释放到一定程度后,电感中电流极性反转,进入下一周期循环,变换电路的输出电压为:

$$U_o = \frac{N_2}{N_1} \times U_i \times D$$

式中:D 为脉冲驱动信号占空比。

与正激式变换电路相比,反激式变换电路电源转换效率较高。

 如图 7-33 所示反激式变换电路,已知电阻 $N_2 = 30$,$N_1 = 12$,$U_i = 12$ V,占空比 $D = 0.8$。试计算变换电路的输出电压。

解 变换电路的输出电压为:

$$U_o = \frac{N_2}{N_1} \times U_i \times D = \frac{30}{12} \times 12 \times 0.8 \text{ V} = 24 \text{ V}$$

3)桥式变换电路

桥式变换电路可分为半桥式变换电路和全桥式变换电路,半桥式变换电路只有两只晶体管,如图 7-34(a)所示,而全桥式变换电路由 4 只开关晶体管组成,如图 7-34(b)所示,由 $VT_1 \sim VT_4$ 组成一个全桥式变换电路。4 只晶体管中每一条对角线上的两只管子为一组。当原边输入电压波形处于正半周时,VT_1、VT_4 导通工作,而当原边输入电压波形处于负半周时,VT_2、VT_3 导通工作,变压器原边中电流极性反转,次边绕组感应电压经高频整流滤波后提供给负载,如此周期循环。桥式变换电路中不会出现偏磁现象,且功率器件应力大为减少,工作可靠性得到提高。

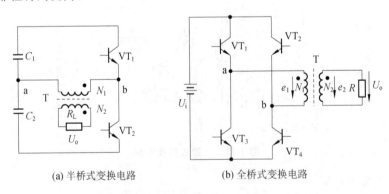

(a) 半桥式变换电路　　　　(b) 全桥式变换电路

图 7-34　桥式变换电路

6. 开关电源的发展趋势

开关电源的发展趋势是高频化、模块化、高效率、高可靠性、低损耗、低噪声和强抗干扰性。由于实现开关电源轻、小、薄目标的关键技术是高频化,因此国内外各大开关电源制造商都致力于同步开发新型电子元器件,改善二次整流器件的损耗,并在功率铁氧体材料上加大科技创新,以提高在高频率和较大磁通密度下获得高的磁性能,而电容器的小型化也是一项关键技术。SMT 表面贴装技术的应用使得开关电源取得了长足的进展,在电路板两面布置元器件,以确保开关电源的轻、小、薄。开关电源的高频化就必然对传统的 PWM 开关技术进行创新,目前实现零电压开关(ZVS)、零电流开关(ZCS)的软开关技术已成为开关电源变换的主流技术,并大幅提高了开关电源的工作效率。另外开关电源生产商通过降低运行电流,降低结温等措施以减少器件的应力,使得产品的可靠性大大提高。

模块化是开关电源发展的总体趋势,可采用模块化电源组成分布式电源系统,或设计成 N+1 冗余电源系统,并实现并联方式的容量扩展。

伴随着开关电源变换频率提高,其噪声也必将随着增大,目前采用部分谐振转换电路技术,在理论上可实现高频化又可降低噪声。当今软开关技术使得 DC/DC 变换器发生了质的飞跃,美国 VICOR 公司设计制造的多种 ECI 软开关 DC/DC 变换器,其最大输出功率有 300 W、600 W、800 W 等,相应的功率密度为 6.2 W/cm³、10 W/cm³、17 W/cm³,效率为 80%~90%。日本 NemicLambda 公司推出的采用软开关技术的高频开关电源模块 RM 系列,其开关频率为 200~300 kHz,功率密度已达到 27 W/cm³,它采用同步整流器(MOSFET 代替肖特基二极管),使整个电路效率提高到 90%。

思考题:PWM 调制与 PFM 调制的区别在哪里?

◆ 7.4.2 开关电源应用实例

一款数控系统开关电源指标如下:输入的交流电 220VAC 经过输入整流滤波电路后,送入半桥式变换电路进行高频开关变换,再经过高频整流滤波电路后,输出各路电压提供给负载使用。该开关电源共有四种输出电压,其技术指标要求分别是:+5 V,25 A,误差±1%,供主电路 CPU 板等使用;+15 V,4 A 误差±2%;-15 V,4 A 误差±2%,供控制电路使用;+24 V,2 A 误差±10%,供继电器电路等使用。

1. 开关电源工作原理框图

如图 7-35 所示,该开关电源的稳压原理是通过对输出+5 V 电压主回路取样,并反馈至脉宽集成芯片 TL494 内的误差放大器实现,驱动改变交替导通的大功率管 VT_1、VT_2 导通时间实现稳压的目的。电流取样变压器 T_2 原边串接在主变换回路中,对工作电流取样,如发生过流或短路,则通过过流保护电路,让整个变换电路停止工作。

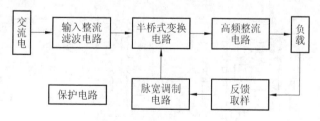

图 7-35 某数控机床系统开关电源原理框图

2. 驱动电路原理分析

采用 TL494 芯片作为脉宽驱动集成电路,可通过 TL494 芯片 5 脚、6 脚的电容、电阻方便地进行振荡频率设置。其内部的两个误差放大器分别作为电压反馈和电流反馈处理,内部驱动三极管可交替导通或同时导通以提高驱动电流。

锯齿波的频率可由如下公式计算:

$$f_{osc} = \frac{1.1}{R_T C_T}$$

式中:R_T 和 C_T 取值参考范围:R_T 取值 5～100 kΩ,C_T 取值 0.001～0.1 μF,根据后级功率场效应管推荐的开关频率 15 kHz,本电路中 R_T 取 7.5 kΩ,C_T 取 0.01 μF,由 TL494 产生 PWM 信号的电路如图 7-36 所示。

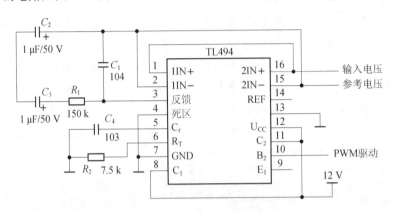

图 7-36 PWM 信号产生的电路

图 7-37 和图 7-38 中 T_1 为主变压器,T_2 为电流感应变压器,T_3 为驱动变压器。外接三极管 VT_3、VT_4 以加大驱动电流交替驱动主变换回路大功率三极管 VT_1、VT_2。当 T_3 次边上绕组感应电压为上正下负时,驱动电压经二极管 VD_4、VD_5 驱动三极管 VT_1,并给电容 C_3 充电。VD_6、R_7 为 VT_1 导通加速回路,并限制流过 VT_1 的电流以保护 VT_1。

当 VT_1 截止时,已充电的 C_3 电容电压经过三极管 VT_1:PN 结、三极管 VT_5 发射极、VT_5 集电极回路反向放电,迅速减少 VT_1:PN 结存储电荷而使 VT_1 截止,从而减小 VT_1 恢复时间,避免在死区时间不够的情况下,VT_1、VT_2 出现共态导通,烧毁电路的现象发生。驱动电路的下半周期,VT_2 导通,VT_1 截止,原理与前述相同。图 7-37 中驱动变压器 T_3 选 EI28 型高频铁氧体磁芯绕制。

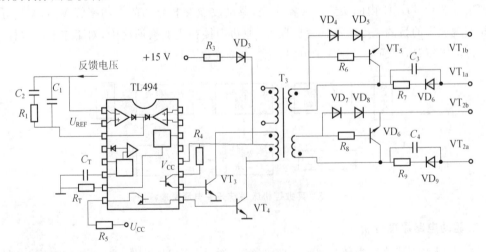

图 7-37 开关电源驱动电路图

3. 主变换电路原理分析

主变换器电路原理图如图 7-38 所示,输入的交流电 220 V 经输入整流滤波后,产生 300 V 左右的直流电压。经 R_1、R_2、C_3、C_4 分压,提供 VT_1、VT_2 交替半周期导通使用。由变压器 T_3 次边对称绕组,经 R_6、R_8、VT_5、VT_6 分别驱动 VT_1、VT_2。当 VT_1 导通时,其通电回路为: $C_{3+} \rightarrow VT_1$ 集电极 $\rightarrow VT_1$ 发射极 $\rightarrow T_1$ 原边 $\rightarrow T_3$ 原边 $\rightarrow T_2$ 原边 $\rightarrow C_{3-}$。当 VT_2 导通时,其通电回路为: $C_{4+} \rightarrow T_2$ 原边 $\rightarrow T_3$ 原边 $\rightarrow T_1$ 原边 $\rightarrow VT_2$ 集电极 $\rightarrow VT_2$ 发射极 $\rightarrow C_{4-}$。主变压器 T_1 次边有 ~5 V、~15 V、~24 V 共三组绕组,分别经过全波整流后输出 +5 V、+15 V、−15 V、+24 V 四组电压。其中 +5 V 为主稳压回路,稳压电路由 +5 V 输出取样并反馈至 TL494 芯片误差放大器,改变其输出驱动脉冲宽度,最终实现稳压。其余三组绕组电压输出随 +5 V 电压调整而变化,±15 V 在整流后采用集成稳压器件 W7815、W7915 稳压,按照集成稳压块工作要求,输入输出压差大于 3 V 以上稳定可靠,因此在交流输入电压 187~242 V 范围内,±15 V 次边绕组感应电压整流后必须大于 18 V。+24 V 电压误差要求在 ±10% 范围内,可适当选取圈数满足要求。

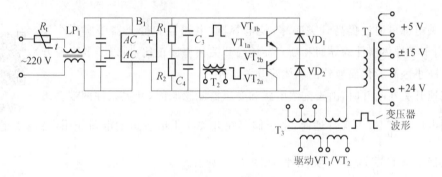

图 7-38　开关电源主变换电路图

主变换电路中大功率三极管 VT_1、VT_2 选取 MJ13070,该管参数:最大功率 P_D 为 125 W,集电极电流 I_C 为 5 A,击穿电压 BV_{ceo} 为 400 V,击穿电压 BV_{ebo} 为 6 V,电流放大倍数 β 最小为 8 倍。上升时间 t_r 最大仅为 0.4 μs,可减小开关损耗。

4. 主变压器计算及磁芯选择

大功率管 VT_1、VT_2 作为开关器件在电路中交替导通,组成了半桥式开关变换器。主变换变压器 TR_1 采用高频铁氧体磁芯材料 EE42 绕制。相关计算公式如下:

$$A_{P1} = \frac{P_T}{2\eta f \delta} \times \frac{10^6}{B_m K_m K_c}$$

式中:η 为变压器效率,δ 为电流密度,B_m 为磁感应强度,Q 为磁芯窗口面积,S 为磁芯截面积,f 为开关电源工作频率,K_m 为窗口铜填充系数,K_c 为窗口铁填充系数,P_T 为变压器输出功率。对本电路半桥变换方式而言,原次边绕组匝比选取约为 13。初级主绕组取 40 圈,次级 +5 V 绕组取 3 圈。为减小集肤效应,变压器在绕制工艺上采用 Φ1.4 漆包线双线并绕或用厚 0.1 mm 软黄铜皮绕制而成,并尽量使绕组参数对称保持一致。

5. 开关电源整流滤波电路、保护电路

+5 V 回路高频整流电路器件选择快恢复二极管 S30SC4M,该器件最大输出电流 30 A,反向最大击穿电压约 40 V。选取 BYV32 进行 ±15 V、+24 V 输出电压整流,该器件

最大输出电流 4 A,反向击穿电压达 200 V。滤波电路采用电感电容组成的 π 型 LC 滤波电路,可有效滤除高频整流后的交流成分。开关电源设置有过压保护电路、过流保护电路等保护电路。

过压保护电路工作原理:当电源输出取样电路检测＋5 V 输出电压大于 5.5 V 时,迅速触发可控硅导通,切断变换驱动电源＋15 V,使驱动信号停止工作,从而保护开关电源。

过流保护电路工作原理:当串接于主变换回路原边的电流传感变压器 T_2 检测到电路过流时,经整流变换后送入由 TL494 内部误差放大器组成的过流保护电路,经芯片内部驱动逻辑控制电路,封锁驱动输出脉冲,使变换器停止工作从而保护整个电源。

> 思考题:如果使 TL494 工作在推挽状态,其输出控制方式(13 脚)应接 U_{CC} 还是 GND?

7.5 谐振软开关电源工作原理

开关电源可通过提高开关频率,使电容器、电感器和变压器等实现小型化,但由于半导体器件的导通和断开损耗与开关频率成正比,所以需要高速开关器件减小因高频化而导致的晶体管开关损耗。

谐振软开关
电源工作原理

高速开关在断开时,由于配线电感和变压器漏感原因,开关元件两端会出现浪涌电压 $L\dfrac{di}{dt}$,在开关导通时,由于储存在开关寄生电容里的电荷作用,会出现浪涌电流 $C\dfrac{du}{dt}$,流向开关元件,如图 7-39 所示。

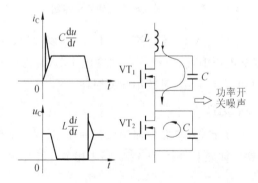

图 7-39　功率开关噪声

开关元件两端加 R-C 缓冲器对消除浪涌电压很有效,但其阻抗所致损耗会导致变换效率下降。通常采用开关缓冲器,其损耗低,具有比 R-C 缓冲器更强的浪涌抑制能力。

7.5.1 谐振变换器原理

PWM 变换器的开关频率一般为 200 kHz,最高可达 500 kHz,要把开关频率提高到 1 MHz 以上,需采用开关和谐振电路耦合的低损耗开关方式,即谐振开关。

图 7-40(a)所示为电流谐振式波形,电流谐振式开关导通时,电流波形呈正弦波状,导通时间快结束时,电流减为零,可使启-闭时的开关损耗降为零,因而可减少浪涌电流,这种方

式称为零电流开关方式。图 7-41(a)所示为电压谐振式波形,电压谐振式开关断开时,电压
波形呈正弦波状,断开时间快结束时,电压减为零,可使启-闭时的开关损耗降为零,因而可
减少浪涌电压,这种方式称为零电压开关方式。

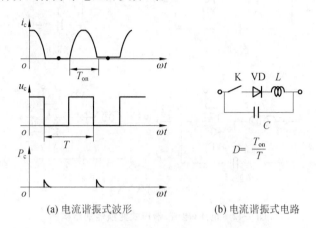

(a) 电流谐振式波形　　　　(b) 电流谐振式电路

图 7-40　谐振式变换器的结构图

◆ 7.5.2 谐振式变换器结构

如图 7-41 所示,导通时,电流呈正弦波,导通快结束时,电流降为 0,占空比 $D=\dfrac{T_{on}}{T}$。图
7-41(b)所示为电压谐振式变换器电路,断开时,电压呈正弦波,下一次断开前,电压降为 0,
占空比 $D=\dfrac{T_{off}}{T}$。

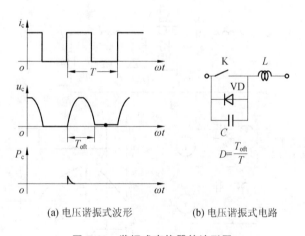

(a) 电压谐振式波形　　　　(b) 电压谐振式电路

图 7-41　谐振式变换器的波形图

图 7-42 所示为电压(电流)谐振式变换器的结构图,图 7-42(a)所示为全波形及半波形
电压谐振式变换器,图 7-42(b)所示为全波形及半波形电流谐振式变换器。因为二极管阻碍
作用而使开关导通时,电流无法流过而形成半波形。

图 7-43(a)所示为电压全波谐振式变换器电路,图 7-43(b)、(c)所示分别为对应等效电
路和波形分析图,开关两端电压 u_C 为谐振波形:

$$u_C(t) = u_i + Z_n I_o \sin\omega_o(t - T_1)$$

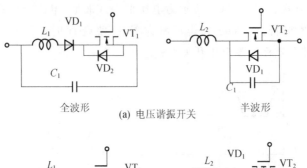

(a) 电压谐振开关

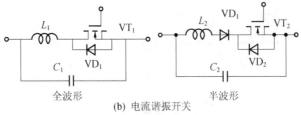

(b) 电流谐振开关

图 7-42　电压(电流)谐振式变换器的结构图

式中：$\omega_o=2\pi f_o=\dfrac{1}{\sqrt{L_r C_r}}$为谐振角频率；$Z_o=\sqrt{\dfrac{L_r}{C_r}}$为谐振电路的特性阻抗。

一个开关周期 T_S 分为图 7-43(b)所示四个不同状态：$0\sim T_1$，$T_1\sim T_2$，$T_2\sim T_3$，$T_3\sim T_S$。

（1）$0\sim T_1$ 期间，管子关断，谐振电容被充电至 u_i，$i_L=i_o$。

（2）$T_1\sim T_2$ 期间，谐振电容继续充电至 $I_o Z_o$ 后开始下降，i_L 开始下降并反转。

（3）$T_2\sim T_3$ 期间，谐振电容两端电压下降为 0，管子开始导通，i_L 开始上升为 i_o。

（4）$T_3\sim T_S$ 期间，谐振电感流过的电流 $i_L=i_o$。

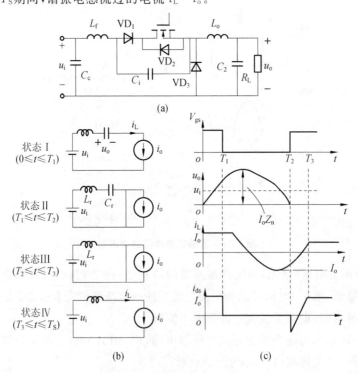

图 7-43　电压全波谐振式变换器波形状态分析图

项目实施

1. 工作任务与分析

如图 7-44 所示,安装制作 TL494 芯片脉冲驱动电路,调节模拟误差放大器输出电压,用示波器测量 TL494 芯片 9 脚、10 脚驱动脉冲宽度,用示波器测量输出 VT_1、VT_2 驱动脉冲波形。

2. 安装制作与检测

1)焊接和安装

如表 7-2 所示清点元器件,按图 7-44 所示安装驱动电路印制板,自制变压器 T_3 绕制时选用磁罐 $\Phi22$,原边绕制 60 T,$\Phi0.41$ mm 漆包线,副边两绕组各绕 $\Phi35$ T,$\Phi0.2$ mm 漆包线。

表 7-2　元器件清单

序　号	名　　称	代　号	规　　格
1	电阻	R_6、R_8	10 Ω
		R_T、R_7、R_9	4.7 kΩ
		R_3、R_4	1 kΩ
2	电容	$C_1 \sim C_2$	0.01 μF/10 V
		C_T	0.022 μF
		$C_3 \sim C_4$	10 μF/16 V
	二极管	$VD_4 \sim VD_9$	2CN06J
3	三极管	$VT_3 \sim VT_4$	3DK14E
		$VT_5 \sim VT_6$	2N2907
4	集成电路	N_1	TL494
5	变压器	T_3	自制

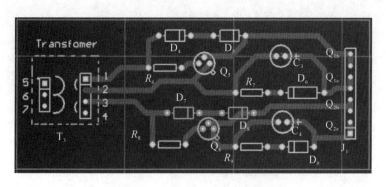

图 7-44　开关电源驱动电路板

2)调试和检测

装配焊接完成后,按原理图、印制板装配图检查整机安装情况,着重检查焊点有无短路及缺陷,一切正常时,即可通电检测。

（1）按图 7-36 所示连接 TL494 驱动电路,TL494 振荡电阻 R_T 设定为 4.7 kΩ,电容 C_T 设定为 223 F,用示波器测量振荡频率信号。

（2）连接一路电源（0～5 V 可调）至 TL494 芯片 3 脚（模拟误差放大器输出电压）,用示波器测量 TL494 芯片第 9 脚、10 脚信号,对驱动脉宽进行调节。

（3）打开直流稳压电源,用万用表测量调节至输出电压＋12 V。

（4）按图 7-37 所示连接电路器件及变压器 T_3,加电对 TL494 芯片脉冲宽度进行调整。

（5）用示波器测量 TL494 各点波形以及输出 VT_{1b}、VT_{1e}、VT_{2a}、VT_{2e} 驱动脉冲波形,记录驱动脉冲宽度及功率管 VT_1、VT_2 工作波形。

 知识梳理与总结

1. 振荡电路由放大电路、反馈网络、选频网络、稳幅电路等组成。

2. LC 正弦波振荡电路有电感三点式振荡电路、电容三点式振荡电路等形式。

3. 典型开关电源由交流输入电路、整流滤波电路、高频变换电路、输出电路、取样反馈电路、脉宽调制电路、保护电路等组成。

4. 谐振式变换器结构有电流谐振式变换器、电压谐振式变换器,而每种谐振式变换器又可分为全波形和半波形谐振电路。

习 题

一、填空题

1. 正弦波振荡电路是由 _____、选频网络、_____ 等组成。

2. 正弦波振荡电路产生振荡时,幅度平衡条件为 _____,相位平衡条件为 _____。

3. 开关电源调制工作方式有 _____、_____ 等。

4. 为了稳定电路输出信号,电路应采用 _____ 反馈。为产生正弦波信号,电路应采用 _____ 反馈。

5. 电压谐振式变换器的结构可分为 _____、_____ 谐振式变换器。

二、选择题

1. 电流谐振式变换器,导通时,电流呈正弦波,导通快结束时,电流降为(   )。

A. 最大值　　　　　B. 最小值　　　　　C. 0　　　　　D. ∞

2. 电压谐振式变换器,断开时,电压呈正弦波,下一次断开前,电压降为(   )。

A. 最大值　　　　　B. 最小值　　　　　C. 0　　　　　D. ∞

3. 开关电源按输入输出连接方式分类,有(   )等类型开关电源。

A. 正激式　　　　　B. 升压式　　　　　C. 隔离型　　　　　D. DC/DC 变换

4. 开关电源按输入输出电压大小变化分类,有(   )等类型开关电源。

A. 降压式　　　　　B. AC/DC 变换　　　　　C. 半桥式　　　　　D. 全桥式

5. 利用谐振电路实现正弦波振荡,当振荡脉冲过零时,电子开关导通,称之为(   )。

A. 零电流导通　　　　　B. 零电压导通　　　　　C. 零电流关断　　　　　D. 零电压关断

三、问答题

1. 脉宽调制方式(PWM 调制)如何进行稳压调整?

2. 频率调制方式(PFM 调制)如何进行稳压调整?

3. 如图 7-45 所示,试分析全波形电压谐振式变换器的谐振工作原理。

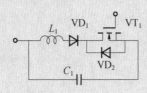

图 7-45　问答题 3

学习情境 8

LED照明驱动电源安装与检测

教学导航

本学习情境介绍了 555 时基电路及应用、LED 驱动及调光照明设计理论等。针对具体 LED 恒流驱动电源电路安装与检测项目,通过工作任务分析、安装检测等过程,使学生完成对 LED 驱动电源的学习目标。

学习目标

(1) 会分析 555 时基电路及典型应用。

(2) 会分析 LED 恒流驱动开关电源。

(3) 会安装与检测 LED 恒流驱动电源电路。

相关知识

8.1.1 555 电路简介

电路时基电路
及应用

555 时基电路是美国 Signetics 公司研制推出的一种集成电路,最初的设计意图是用其代替体积大、定时精度差的机械式延时器,产品投放市场后,其应用远远超出了原先的应用范围,现已发展到电子技术应用的许多方面,成为最受欢迎的集成电路产品之一。时至 21 世纪,555 时基电路和集成运放一样,仍然在发挥着积极的作用,世界上几乎所有的半导体生产厂家都有此类产品。

1. 555 时基电路

555 时基电路内部包含两只电压比较器、一个 R-S 触发器、一个放电用晶体管和 4 只电阻。由于电压比较器 3 个分压电阻都是 5 kΩ,故称为 555 时基电路,图 8-1 所示为 NE555 时基电路的封装引脚图和内部电路结构图。

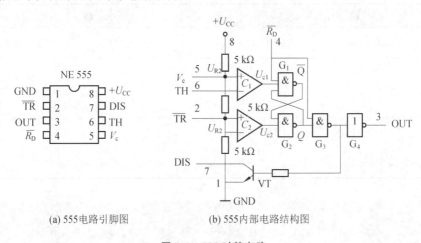

(a) 555电路引脚图   (b) 555内部电路结构图

图 8-1 555 时基电路

555 引脚排列如下。

(1)1 脚、8 脚分别接电源地和 $+U_{CC}$。

(2)3 脚为电路输出端。

(3)7 脚为放电端,相当于一个接地的开关。

(4)4 脚为电路的复位端,其接地时,555 电路的输出固定为低电平且保持不变,一般将 4 脚接在电源的 $+U_{CC}$ 上,使电路能正常工作。

(5)5 脚为比较电压控制端,一般将其通过一个 $0.01~\mu F$ 的小电容接地。

(6)2 脚、6 脚为两个电压比较器的输入端,一个为反相输入,一个为同相输入,它们和 7 脚在电路中的接法决定了 555 电路的工作状态。

2.555 时基电路特点

(1) 555 时基电路有双极型和 CMOS 型两种产品,双极型的电源范围为 $3 \sim 5.5$ V,CMOS 型的电源范围为 $3 \sim 18$ V。555 电路的最高工作频率可达 300 kHz。双极型 555 电路的输出电流可达 300 mA,足以驱动一般的负载及继电器动作,CMOS 型 555 电路的输入电阻可高达 10^{10} Ω,而且功耗极低。

(2) 在要求电压高、驱动电流大的场合,可选用双极型 555 电路,而在要求定时长、低耗电的场合,则选择 CMOS 型 555 电路为宜。

(3) 在电路制作时,有时需要用到两个甚至多个 555 时基电路,可采用 556 集成电路(内含 2 个 555 时基电路)或 558 集成电路(内含 4 个 555 时基电路)。

3. 工作状态分析

555 时基电路正常工作时,复位端 $\overline{R_{\mathrm{D}}}=1$,一般接于电源端,其工作原理见表 8-1。

(1) 当输入电压 U_{TR} 小于 $\frac{1}{3}U_{\mathrm{CC}}$,$U_{\mathrm{TH}}$ 小于 $\frac{2}{3}U_{\mathrm{CC}}$ 时,$Q=1$,放电管截止。

(2) 当输入电压 U_{TR} 大于 $\frac{1}{3}U_{\mathrm{CC}}$,$U_{\mathrm{TH}}$ 小于 $\frac{2}{3}U_{\mathrm{CC}}$ 时,输出状态保持不变。

(3) 当输入电压 U_{TR} 大于 $\frac{1}{3}U_{\mathrm{CC}}$,$U_{\mathrm{TH}}$ 大于 $\frac{2}{3}U_{\mathrm{CC}}$ 时,$Q=0$,放电管导通。

表 8-1　555 时基电路工作状态表

	输 入 信 号		输 出	
$\overline{R_{\mathrm{D}}}$	$U_{\mathrm{TH}}(u_{\mathrm{n}})$	$U_{\mathrm{TR}}(u_{\mathrm{D}})$	$Q(u_{\mathrm{o}})$	VT 的状态
0	$>\frac{2}{3}U_{\mathrm{CC}}$	$>\frac{1}{3}U_{\mathrm{CC}}$	0	导通
1	$>\frac{2}{3}U_{\mathrm{CC}}$	$>\frac{1}{3}U_{\mathrm{CC}}$	0	导通
1	$<\frac{2}{3}U_{\mathrm{CC}}$	$<\frac{1}{3}U_{\mathrm{CC}}$	1	截止
1	$<\frac{2}{3}U_{\mathrm{CC}}$	$<\frac{1}{3}U_{\mathrm{CC}}$	保持	保持

思考题: 555 电路 2 脚 TR 端与 6 脚 TH 端分别与哪些固定分压值比较?

◆　**8.1.2　555 时基电路的应用**

采用 555 时基电路可简便地构成无稳态振荡电路、单稳态电路和双稳态电路。它们常用在信号发生器、波形变换电路、延时控制、恒温控制和报警电路等方面。

1.555 电路构成矩形波振荡器

如图 8-2 所示,电路的工作原理:接通电源后,如 555 电路的 3 脚初始输出高电平,其值接近于电源电压,7 脚内的晶体管截止,电源 $+U_{\mathrm{CC}}$ 通过电阻 R_{A} 和 R_{B} 给电容 C 充电,电容上的电压逐渐上升,当到达比较器上限 $\frac{2}{3}U_{\mathrm{CC}}$ 时,使 555 电路的 3 脚输出变为低电平,其值接近于电源负极,7 脚内的晶体管变为饱和,电容 C 放电,其电压开始逐渐下降,当 2、6 脚的电压

下降到比较器下限 $\frac{1}{3}U_{CC}$ 时,使 555 电路的 3 脚重新输出高电平,与此同时,7 脚内的晶体管截止,电容重新开始由电源＋U_{CC} 经电阻 R_A 和 R_B 充电,这样周期循环,在 555 电路的 3 脚上输出矩形振荡波形。

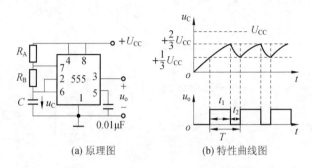

(a) 原理图   (b) 特性曲线图

图 8-2　555 电路构成的矩形波振荡器

振荡周期 T 和频率 f 的计算公式如下:

$$f = \frac{1}{T} = \frac{1}{(R_A + 2R_B)C \times \ln2}$$

改变电路的充放电时间常数,就可以调节振荡的频率和占空比。

例 8-1　如图 8-2 所示,555 电路构成了矩形波振荡器,已知电阻 $R_A = R_B = 5.1\ \text{k}\Omega$,$U_{CC} = 12\ \text{V}$,电容 $C = 4.7\ \mu\text{F}$。试计算电路振荡频率 f。

解　振荡周期 T 和频率 f 的计算公式如下:

$$f = \frac{1}{T} = \frac{1}{(R_A + 2R_B)C \times \ln2} = \frac{1}{15.3 \times 10^3 \times 4.7 \times 10^{-6} \times 0.69}\ \text{Hz} = 20\ \text{Hz}$$

思考题:555 电路构成矩形波振荡器时,充电通路与放电通路分别是怎样的?

2.555 电路构成单稳态触发器

单稳态触发器有一个稳态和一个暂稳态,在无脉冲信号 u_i 时,电路处于稳定状态,如图 8-3所示,接通电源,U_{CC} 通过 R 给电容 C 充电,当充电到 $\frac{2}{3}U_{CC}$ 时,此时 RS 触发器置 0,使输出 u_o 为 0,同时 555 定时器内部放电管导通,使电容 C 放电,此后无外加触发信号时,输出保持为 0。当引脚 2 触发端加一低电平触发脉冲时,则 $U_{TH} < \frac{2}{3}U_{CC}$,$U_{TR} < \frac{1}{3}U_{CC}$,此时输出 u_o 变为 1,555 定时器内部放电管截止,电源经电阻 R 又向电容 C 充电,当电容电压大于 $\frac{2}{3}U_{CC}$ 时,电路又恢复到 0 稳定状态,如此循环,重复上述过程。单稳态触发器主要用于脉冲波形的整形、延时以及定时功能等。

暂稳态持续时间为:

$$t_w \approx 1.1RC$$

除 555 电路构成单稳态触发器外,还有分立元件单稳态触发器和集成单稳态触发器。

1) 分立元件单稳态触发器

电路组成如图 8-4 所示。

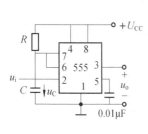
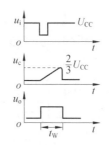
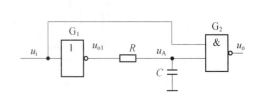

图 8-3　555 电路构成的单稳态触发器 　　　　　图 8-4　分立元件单稳态触发器

(1) 工作原理。

稳态时,$u_i = 0$,u_{01}、u_A 与 u_o 都是高电平,当输入正脉冲后,G_1 导通,同时电容 C 经电阻 R、G_1 的输出端到地放电,G_2 导通使输出 u_o 为低电平,电容 C 放电使 u_A 下降,当下降至 $u_A = u_{TH}$ 时,G_2 截止,u_o 又回到高电平状态,输入信号回到低电平状态以后,G_1 又截止,电容 C 开始充电,进入下一个周期。

(2) 电压波形。

电路中各点的电压波形如图 8-5 所示。

(3) 输出波形脉宽。

输出脉宽:

$$t_w \approx 0.7RC$$

2) 集成单稳态触发器

74LS121 是一种常用的 TTL 集成单稳态触发器,使用于各种数字电路中,以提高抗干扰能力,其引脚排列如图 8-6 所示,A_1、A_2、B 为输入门控制信号。

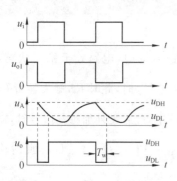
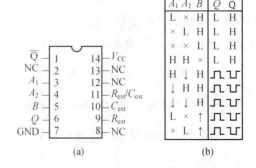

图 8-5　单稳态触发器波形图　　　　图 8-6　集成单稳态触发器 74LS121 引脚图及功能表

74LS121 单稳态触发器电路功能表如图 8-6(b) 所示。

其脉冲宽度:

$$T_w \approx 0.7R_{ext}C_{ext}$$

8.2 LED 恒流驱动电源

◆ 8.2.1 LED 照明

LED 恒流驱动电路

1. LED 灯发光特性

LED(发光二极管)是将电信号转换为光信号的半导体发光器件。它
具有 PN 结正向导通特性,其发光波长 λ 与半导体材料的禁带宽度 E_v 有关。

$$\lambda = 1245/E_v$$

式中:λ 的单位是 nm;E_v 是半导体材料禁带宽度,单位是 eV(电子伏特)。

当施加在 PN 结两端电压超过导通阈值时,其工作电流急剧上升,其亮度
L_g 与正向工作电流 I_F 成正比:

$$L_g = mI_F^n$$

LED 驱动电源
电路结构

式中:m 为比例系数,n 为 I_F 工作电流指数。

当 $I_F > 10$ mA 时,$m=1$,上式简化为 $L_g = mI_F$,即 LED 的发光亮度与正
向工作电流成正比,LED 的使用寿命还与电流密度 J、工作温度等有关。

磷砷化镓 LED 材料发光颜色属于单色光,从蓝色光至红色光,它的波长变化范围为:
$440 \sim 655$ nm,白光 LED 产品是利用三基色红、绿、蓝混合成白光的。

2. LED 照明灯主要特点

LED 照明灯的主要特点如下。

(1) 发光效率高,高达 200 lm/W。

(2) 发光响应速度快,易启动。

(3) 调光方便,可采用模拟调光、脉宽调光。

(4) 具有较好的方向性,不产生闪烁散射等现象。

(5) 绿色环保。

(6) 使用方便,调光较为简单。

(7) 使用寿命长,可达 50000 h。

3. LED 照明灯主要技术参数

(1) 寿命:LED 光通量衰减到初始值 $\frac{\sqrt{2}}{2}$ 时的工作时间。

(2) 正向电压 U_F:LED 器件正向导通所产生的压降。

(3) 最大正向电流 I_{FM}:LED 器件允许通过的最大电流。

(4) 反向电压 U_R:LED 器件反向截止所产生的压降。

(5) 额定功率 P_D:LED 器件最大允许电压和流过的最大电流之积。

(6) 结温 T_j:LED 器件的温度,它是影响 LED 寿命的主要参数。

◆ 8.2.2 LED 照明调光电路

1. LED 模拟调光电路

根据实际用途及不同的使用环境,LED 照明灯采用不同调光驱动方式,如模拟调光、数

字调光、脉宽调光、晶闸管调光和无线调光等。当 LED 照明灯作为汽车内部液晶显示器背光源时，因汽车内的光照环境变化较大，故 LED 照度的调节范围很大，调光比可达到 1000，此时采用 PWM 调光方式。而家用照明灯的光照环境变化则较小，采用双向晶闸管调光方式较合适。

LED 模拟调光电路属连续触发调光方式，LED 发光源无闪烁，亮度稳定，但调光范围小。当触发信号变化时，易发生偏色，影响 LED 发光质量，且因为模拟信号连续驱动 LED，使其一直处于调光状态，触发电源损耗增加，电源效率下降。

2. LED 照明灯脉宽调光电路

用 PWM 脉冲信号驱动开关管进行脉宽调光，通过调节 LED 的工作电流调整其发光亮度，此时 LED 照明灯处于恒流工作状态，无论调光比的大小都不影响工作电流。

目前 PWM 调光频率为 200 Hz 左右，最高可达 20 kHz。LED 照明灯驱动器的转换效率较高，但电路复杂、成本高。PWM 脉宽调光法可采用软开关技术，使功率开关管工作在零电压(ZVS)或零电流(ZCS)状态。

3. LED 双向晶闸管调光电路

双向晶闸管(TRIAC)是理想的交流开关器件，双向晶闸管调光电路内部含有双向晶闸管和双向触发二极管，由触发电路触发它的工作状态。

思考题：家用 LED 照明灯采用何种调光方式比较合适？

8.2.3　LED 调光照明恒流驱动电源

开关电源工作模式有连续模式(CUM)和不连续模式(DUM)两种模式，其主要区别在于振荡周期中电感是否有电流存在。不连续状态是一种变压器的储能释放完的状态，在振荡周期中电感电流即降为 0，而连续状态则是变压器储能没有完全释放，此时在振荡周期中仍存在电感电流，接着又进行储能的一种方式。如图 8-7 所示为带光电耦合反馈的开关电源应用电路，当输出电压 u_o 发生变化时，通过光电耦合器反馈至控制集成电路，对工作脉宽进行调整，从而稳定输出电压 u_o。

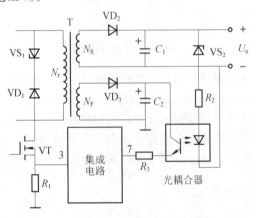

图 8-7　带光电耦合反馈的开关电源应用电路

恒功率 LED 驱动电源有电流控制和电压控制等两种电路形式,要求控制电路稳定,进而使输出功率稳定,不受输入电压、输出电流和外界温度、湿度等影响。

TOP204Y 恒功率 LED 驱动电源采用一片三端电源模块,如图 8-8 所示,变压器 NP 绕组为 PC817A 光电耦合器提供电源,取样信号经过光电耦合器隔离反馈,稳定输出恒功率驱动。

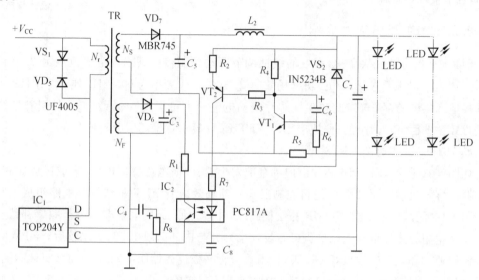

图 8-8 LED 驱动调光电源

1. 电流控制电路

电流控制电路由晶体管 VT_1、VT_2、IC_2、$R_2 \sim R_6$、C_6 等元件构成。当输出电流发生异常时,电阻 R_6 对输出电流进行检测。VT_1、VT_2 由两只不同型号的晶体管进行恒流控制。R_2、R_4 是 VT_1、VT_2 集电极偏置电阻,R_1 起控制电流增益的作用,R_5 对 VT_1 的发射极电流进行限制。

当输出电流 I_o 增大时,电流在 R_6 上的压降上升,VT_1 导通,接着 VT_2 导通,发射极电流 I_{e2} 上升,光耦合器中的发光二极管电流增大,致使控制脉冲占空比 D 变小,迫使输出电流 I_o 下降,控制电路电流呈现开路态势,VS_2 在此期间无电流,电路自动转入恒流工作模式。

2. 电压控制电路

VS_2 的稳定电压为 6.2 V,工作电流为 10 mA,输出电流较低时,电路工作在恒压模式。在恒压模式时,VT_1、VT_2 截止,电流工作电路因晶体管截止不起作用,这时输出电压使 VS_2 有电流通过,而输出电压高低便由 VS_2 的稳压值和发光二极管的压降决定。

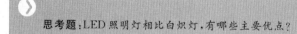

思考题:LED 照明灯相比白炽灯,有哪些主要优点?

8.3 TFT-LCD 背光灯驱动电源

目前 LED 光源材料有砷化镓、磷化镓、磷化铝等,其发光色彩由最初仅能发出红光到发出黄、绿、蓝光及白光等各色光线,同时 LED 发光亮度也经历了由不可见、低亮度到高亮度甚至超亮度的质的飞跃。

LED 具备发光效率高、耗电少、绿色环保和寿命长等优点,在手机显示屏、液晶显示背光灯等很多方面有着广泛的应用,作为新型光源,在照明领域有逐步取代白炽灯的发展趋势。TFT-LCD 背光灯驱动电源工作可靠,转换效率高,且节能绿色环保。

新型开关电源
设计与应用

◆ 8.3.1　EL7516 芯片介绍

EL7516 芯片是一款高频、高效的线性调节驱动控制器。其输入电压范围为 $2.5V_{DC} \sim 5.5\ V$,内含一只 $1.6\ A$、$200\ m\Omega$ 功率场效应管,开关工作频率为 $600\ kHz$ 或 $1.2\ MHz$,可由外部接地或接电源 V_{DD} 选定此频率。芯片驱动电流最大可至 $600\ mA$。芯片外引补偿脚易于进行频率补偿,该芯片可方便地应用于 TFT-LCD 显示背景灯照明等场合。

EL7516 芯片引脚图如图 8-9 所示。

如图 8-10 所示,EL7516 芯片由内部基准发生器、反馈电流感应电路、集成运放比较器、振荡器、关闭/启动电路、PWM 逻辑控制器及外部场效应管 FET 驱动器等电路组成。其引脚如图 8-9 所示,其中 1 脚(COMP 补偿控制端)外接一低 ESR 电容即可进行频率补偿。输出电压经电阻分压器取样送入 2 脚(FB 反馈端),并与内部门限 $1.294V$ 比较后,经 PWM 逻辑控制器驱动场效应管栅极,5 脚(L_X)为场效应管漏极连接储能电感端。3 脚($\overline{SHUN}$端)为关闭/启动电路控制端。4 脚(GND 端)接地,6 脚 U_{CC} 端输入电源($2.5V_{DC} \sim 5.5\ V$),7 脚为 $\overline{F}_{SEL}$ 频率设置端,当其接地时,设置频率为 $620\ kHz$,当其接 U_{CC} 时,设置频率为 $1.2\ MHz$,EL7516 提供标准的 8-PinMSOP 封装。

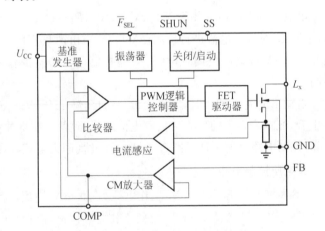

图 8-9　EL7516 芯片引脚图　　　　图 8-10　EL7516 芯片内部电路框图

◆ 8.3.2　背光灯驱动电源工作原理

1. Boost 变换器电路原理

如图 8-11 所示为典型的 Boost 变换器电路图,晶体管开关 K 导通时,电感线圈中电流呈线性变化,并储存磁能;当晶体管开关 K 断开时,线圈 L 磁能产生的电压 U_L 与电源 U_S 叠加向电容 C、负载 R_L 供电,因输出电压 U_o 高于电源 U_S,故称为升压变换器,此时输入电流 I_s 是连续的,由于电容 C 充放电,负载电流 I_o 也是连续的。

图 8-12 所示为 EL7516 芯片的典型应用电路,电阻 R_1、R_2 组成分压器,对输出电压取样反馈,通过升压使直流输入 2.7~5.5 V 变换成直流 12 V 的恒定电压输出。

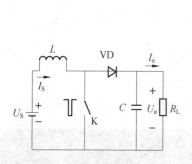 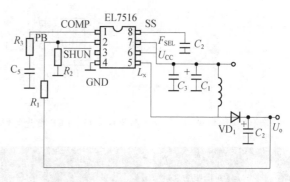

图 8-11　Boost 变换器电路图　　　图 8-12　EL7516 芯片的典型应用电路

如图 8-12 所示 EL7516 的典型应用电路中,电阻 R_1、R_2 组成分压器,已知电阻 $R_1=2.7\ \text{k}\Omega$,$R_2=5.1\ \text{k}\Omega$,试求出反馈电压与输出电压的关系式。

解　根据反馈分压公式,可求出:

$$U_{FB} = \frac{R_2}{R_1+R_2}U_o = \frac{5.1}{2.7+5.1}U_o = 0.65U_o$$

2. TFT-LCD 背光灯驱动电源

如图 8-13 所示,TFT-LCD 背光灯驱动电源由电源输入电路、电流采样电路、基准比较器(电压产生)电路、输出反馈控制电路、电感器、输出整流滤波电路等组成。

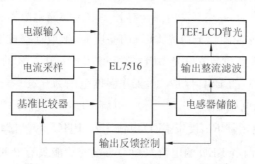

图 8-13　TFT-LCD 背景灯驱动电源原理框图

图 8-14 所示为驱动 TFT-LCD 背光灯恒流电源电路图,EL7516 芯片 1 脚(COMP 端)外接 R_1、C_4 进行频率补偿,3 脚($\overline{SHUN}$端)接电源关闭。6 脚接 U_{CC},设置频率为 1.2 MHz。7 脚输入电压为 2.5~5.5V_{DC},输出电压经 R_3、R_4 电阻分压,取样送入 2 脚(FB 反馈端),并与内部门限 1.294 V 比较后,经 PWM 逻辑控制器驱动场效应管栅极,5 脚(L_X)端连接储能电感 L_1,当内部场效应管导通时,输入电能被存储在电感 L_1 中;当场效应管关断时,电源与电感储能叠加驱动 LED 灯串,改变电阻 R_2 即可调节通过 TFT-LCD 背光灯 LED 的电流。

思考题:背光灯驱动电源中,EL7516 芯片内部电流感应是如何实现的?

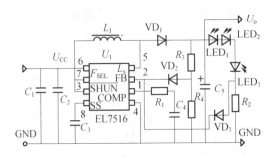

图 8-14　TFT-LCD 背光灯恒流电源原理图

 项目实施

1. 任务分析

安装检测一款 LED 恒流驱动电源,其控制电流稳定输出,输出电压+7.2 V,恒定电流 2 A。当环境光亮度变化时,可自动调节 LED 亮度,通过安装制作过程,使学生了解 LED 照明驱动电路安装过程,掌握其主要性能参数测试方法。

2. 电路原理分析

NCP5009 芯片是安森美公司推出的一种由升压式 DC/DC 变换器电路和电流调节电路构成的,可自动调节白光 LED 亮度的驱动器,它可用作彩色液晶显示器(LCD)的白光 LED 背光源驱动器。

NCP5009 的主要特点如下:① 输入电压范围为 2.7~6.0 V;② 输出电压可升高到 15 V;③ 静态电流的典型值为 3 μA;④ 内部含有开关电流检测电阻器;⑤ 白光 LED 电流可由外设电阻器设定;⑥ 可方便地调节白光 LED 的亮度(本地或远程控制);⑦ 外设一光电三极管,可根据环境光的亮暗自动调节白光 LED 的亮度;⑧ 高于 75% 的转换效率;⑨ 输出噪声低,所有引脚都有耐 2 kV 的 ESD 保护;⑩ 工作温度范围为-25~+85 ℃。

LED 恒流驱动电源电路如图 8-15 所示。引脚 CLK 端、引脚 CS 端可与外接微控制器 μC 相连。引脚 1 外接电阻器 R_2,设定 LED 电流 I_{ref}。PHOTO(引脚 2)外接光敏电阻 R_1,用来检测环境光的亮暗及调节 LED 的电流,$\overline{LOCAL}$端的功能具有 2 种控制亮度工作模式,当 $\overline{LOCAL}$端接高电平或悬空时,由外接微控制器 μC 控制亮度;当 $\overline{LOCAL}$端接低电平时,LED 的亮度调节由 PWM 信号来控制。

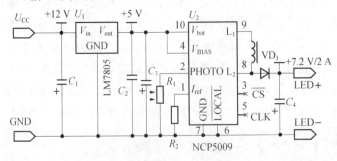

图 8-15　LED 恒流驱动电源电路

3. 安装制作与检测

1）焊接与安装

按表 8-2 所示清点元器件，PCB 板如图 8-16 所示，焊接过程中需手工插件、焊接。

表 8-2 LED 照明驱动电路元器件列表

序 号	名 称	代 号	规 格
1	电阻	R_1	10 kΩ
		R_2	39 kΩ
		R_3	330 kΩ
2	电容	C_1，C_3，C_4	220 μF
		C_2	103 pF
3	二极管	VD_1	SS24
4	电感	L_1	6.6 μH
5	模拟负载	LED	1W×2
6	集成电路	U_1	LM7805
7	集成电路	U_2	NCP5009

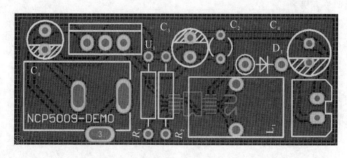

图 8-16 LED 恒流驱动电源线路 PCB 板

2）电路安装与检测

电路安装完成后，需要对电路进行检测。

（1）通电前，先检查电源连线和电路板焊接情况，正常无误后，使用万用表测试输入电源，将电压设定为＋12 V。

（2）使用万用表测试输出电压＋7.2 V 是否正常，如不正常，需使用万用表检查电路，从输入到输出测量 NCP5009 各引脚电压，同时用示波器测量输入电路各点电压是否正常，直至完成整个电路的输出调试，并记录测量数据。

（3）将 $\overline{\text{CS}}$ 端接地，$\overline{\text{LOCAL}}$ 端接地，连接两只 LED 灯负载，由输出信号中的 R_2 设定电流，R_1 光敏电阻感应光照，用万用表检测输出电压 $U_\circ$，同时观察 LED 灯的亮度变化。

3）演示与总结评估

（1）电路通电测试，验证电路的功能。

（2）工作效果评估。

知识梳理与总结

1.开关电源按激励方式可分为自激式和它激式,自激式可由单管式和推挽式电路实现,它激式主要采用脉冲调频式、脉冲调宽式等形式,开关电源控制方式多采用脉冲宽度调制方式,部分采用脉冲频率调制方式。

2.开关电源电路变换形式可分为正激式、反激式、半桥式、全桥式、推挽式等。

3.LED照明灯根据不同的使用目的,可选择不同的调光驱动方式,其调光方式有模拟调光、数字调光、脉宽调光、晶闸管调光和无线调光等。

习题

一、填空题

1.NE555 芯片内部有_____、_____、_____、_____等电路。

2.NE555 内部电压比较器触发端电压 U_{TR} 与_____U_{CC} 比较,门限端电压 U_{TH} 与_____U_{CC} 比较。

3.按激励方式,可以将开关电源分为_____、_____。

4.LED 调光照明方式有_____、_____、_____等。

5.开关电源工作模式有_____、_____等。

6.EL7516 芯片由_____、_____、_____、_____等电路组成。

二、选择题

1.脉冲频率调制是将( )固定,通过调节工作频率来调节输出电压。

A.脉冲频率   B.脉冲宽度   C.输入电流   D.输入电压

2.LED 是将电信号转换为( )信号的半导体发光器件。

A.声音   B.力   C.光   D.位移

3.模拟调光电路要求触发信号是( )。

A.连续的   B.不连续的   C.无所谓

三、问答题

1.NE555 时基电路有哪些组成部分?各引脚的信号是什么?

2.LED 照明灯有哪些主要特点?

3.开关电源常用反激式电路进行变换,它的工作特点是什么?

4.请叙述 Boost 变换器电路原理。

教学导航

　　本学习情境介绍了半导体测距机工作原理及相关激光测距公式,分析了半导体测距机用电源及视频放大器的工作原理,提出了一种基于微控制芯片MC34063 的半导体测距机用电源,并通过对其任务分析、安装检测等过程,使学生完成半导体测距机用电源与视频放大器学习目标。

学习目标

　　(1) 了解半导体测距机工作原理及相关激光测距公式。

　　(2) 会分析半导体测距机用电源电路。

　　(3) 会分析半导体测距机用视频放大器电路。

　　(4) 掌握半导体测距机用电源安装与检测。

相关知识

9.1 半导体激光测距机工作原理

由图 9-1 可知,半导体激光测距机主要由激光发射系统、激光接收系统、信号处理系统以及半导体激光电源等组成,其中激光发射系统需要提供足够功率的激光测距脉冲,并要求激光束准直性好,发散角小。激光接收系统要求接收器灵敏度高,分辨能力强。信号处理系统负责对接收的微弱激光信号进行放大并进行计数等处理,从而得到测距目标的距离等

半导体激光测距机
工作原理

信息,半导体激光电源向半导体激光测距机各部分供电,要求其输出功率大,输出稳定,电源纹波小,工作可靠性高等。

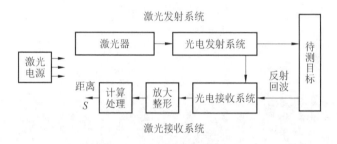

图 9-1　激光测距原理框图

9.1.1　激光测距的基本公式

激光测距的过程:激光测距机光电发射系统瞄准待测目标并发射激光,光束经目标反射由光电接收系统接收后,再经放大整形、计算处理后得到距离等信息。光束在空间传播的往返时间为 t,光的速度为 $C = 3 \times 10^8$ m/s,则有距离公式:

$$S = \frac{1}{2}ct$$

由于光速很快,对于 5 km 距离来说,测距往返时间 t 只有 33.3 μs,由此可知,激光测距的关键在于能否精确测量出时间 t 值。由于测量时间 t 的方法不同,产生了两种测距方法,即脉冲式测距和相位式测距,脉冲式测距远,精度高,对光源相干性要求不高,而相位式测距精度高,但需要配合目标,成本较大。

 　如图 9-1 所示,半导体激光测距系统中,若从激光发射至检测到回波脉冲,时间为 $t = 9.5$ μs,试求测距距离为多少?

解　根据测距方程,t 为测距脉冲往返时间,则有:

$$S = \frac{1}{2}ct = \frac{1}{2} \times 3 \times 10^8 \times 9.5 \times 10^{-6} \text{ m} = 1425 \text{ m}$$

9.1.2 激光测距方程

（1）从测距仪发射的激光到达目标上的激光功率 P'_t：

$$P'_t = \frac{P_t K_t A_t T_a}{A_s}$$

式中：P_t 为激光发射功率（W），T_a 为大气单程透过率，K_t 为发射光学系统透过率，A_t 为目标面积（m^2），A_s 为光在目标处照射的面积（m^2）。

（2）若激光在目标处产生漫反射，则可得最大探测距离 R_{max} 为：

$$R_{max}^2 e^{2\alpha} = \frac{\rho P_t K_t K_r A_r A_t}{\pi A_s P_{min}}$$

式中：P_t 为激光发射功率（W），T_a 为大气单程透过率，K_t 为发射光学系统透过率，K_r 为接收光学系统透过率，A_t 为目标面积（m^2），A_s 为光束在目标处照射的面积（m^2），P_{min} 为光电探测器所能探得的最小光功率，ρ 为漫反射系数，α 为大气衰减系数，A_r 为入瞳面积。

由上式可知，要使测量距离 R_{max} 远，可加大激光发射能量，压缩激光发散角，同时提高光学系统透过率，增大接收孔径角以及采用高灵敏度探测器等措施。

（3）影响测距精度的因素。

影响测距精度主要有瞄准误差、光电计数误差等因素。

> **思考题**：半导体激光测距机最大探测距离与激光发射功率的关系是什么？

9.2 半导体测距机用电源技术

半导体测距机
用电源技术

9.2.1 概述

通常高频开关电源采用自激式振荡和它激式振荡两种形式驱动，自激式振荡由于电路器件参数的差异，带来了电路调试工作量较大、产品一致性较差等问题。而他激式脉冲驱动振荡输出信号稳定，内部集成有稳定的电压基准源，而使控制方便可靠。微控制芯片 MC34063 是一款体积小、功能强大的集成脉冲控制芯片。内部集成了电流限制电路，带温度补偿的基准电压源电路以及脉冲驱动控制逻辑电路等，外围只需很少的器件就能实现 DC-DC 电源变换等功能。

9.2.2 MC34063 芯片

MC34063 内部框图如图 9-2 所示。MC34063 芯片工作原理：内部比较器对输出取样电压及阈值电压进行比较，输出通过与门控制 S-R 触发器置位端 S，进而驱动开关管 VT_2（VT_1）。7 脚电流感应检测端，通过电流取样电阻 R_{sc} 监控电路工作电流。若工作电流过大，则内部振荡器停振，并输出低电平至 S-R 触发器复位端 R，同时通过与门封锁 S-R 触发器置位端 S，使 S-R 触发器停止驱动 VT_2（VT_1）。

内部振荡器仅需一个外接定时电容，就可方便地进行振荡频率的设置。内部基准电压

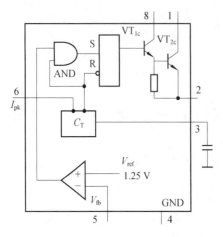

图 9-2 MC34063 内部框图

源精度很高,变化范围仅为 $1.18 \sim 1.32$ V,典型值为 1.25 V。

内部驱动管 VT_2、开关管 VT_1 可接成达林顿管形式,进行大电流驱动变换,无须外接大功率管即可实现最大达 1.5 A 容量的电源输出,减少了外围器件数量。VT_1 基极、射极间电阻 R 固定为 100 Ω,VT_1 输出级直流增益达 120 倍左右。

◆ ### 9.2.3 MC34063 芯片应用案例

MC34063 芯片通常外围仅需少量元件,即可实现 DC-DC 变换,多用于降压变换输出场合。如图 9-3 所示,该应用为典型的串联型降压变换(buck 型),输入电压 U_i 由 6 脚输入,经电流取样电阻 R_{sc} 给芯片内部达林顿管 $VT_2(VT_1)$ 供电,$VT_2(VT_1)$ 导通时,电源通过 1 脚~2 脚经电感 L 给电容 C_3 充电。$VT_2(VT_1)$ 截止时,电感 L_1 两端感应电压极性变为左负右正,通过续流二极管 VD_1 给电容 C_3 补充电,从而保持输出电压稳定。输出电压再经反馈电阻 R_1、R_2 取样反馈至芯片第 5 脚(V_{fb}),经芯片内部电压比较器控制内部达林顿管 $VT_2(VT_1)$ 的导通时间,达到稳定输出电压的目的。

$$U_o = 1.25(1 + \frac{R_2}{R_1})$$

输出电压:$U_o = \frac{t_{on}}{T} \times U_{in}$($t_{on}$ 为导通时间,T 为周期)。

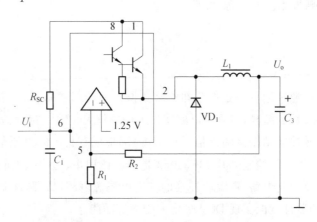

图 9-3 应用 MC34063 的降压电路图

 例 9-2

如图 9-3 所示,MC34063 应用于降压电路图中,若已知电阻 $R_1 = 10$ kΩ,$R_2 = 150$ kΩ,试求输出电压为多少?

解 根据电路分析,输出电压公式为:

$$U_o = 1.25(1 + \frac{R_2}{R_1}) = 1.25 \times (1 + \frac{150}{10}) \text{ V} = 20 \text{ V}$$

思考题：应用 MC34063 芯片的电源，输出电压与哪些参数有关？

9.3　半导体测距机用视频放大器技术

◆　9.3.1　光电探测器件

半导体测距机用
视频放大器技术

光电检测器利用光电效应原理，将接收的激光信号转换成微弱的电信号，经放大处理，送后级计算机电路进行解算，从而得出距离信息。常用的光电检测器件有：APD（雪崩光电二极管）、PIN 光电二极管、PD 光电二极管及光电倍增管等。

光电二极管是将光信号转换成电信号的半导体器件，为了接收入射光线照射，它的外壳上有一个透明窗口，工艺上要求 PN 结面积应尽量大，电极面积尽量小。光电二极管工作于反向电压状态下。

1. APD（雪崩光电二极管）

雪崩光电二极管因具有倍速作用，响应速度快，可用于检测微弱光信号。雪崩光电二极管具有低功耗、小型化、信噪比高等优点，缺点是要求偏置电压高，适合于远距离测距。以美国 RCA 公司 C30950E 为例，封装形式为 TO-8，其外形如图 9-4 所示。

其主要技术参数如下。

（1）灵敏度（25 ℃）：5.6×10^5 V/W（900 nm，50 MHz）；1.9×10^5 V/W（830 nm，100 MHz）。

（2）系统等效噪声功率（NEP，25 ℃）：2.7×10^{-14} W/Hz$^{1/2}$（900 nm，50 MHz）。

（3）频谱响应范围（10% 点）：400～1000 nm。

（4）系统带宽（3dB）：DC～50 MHz。

（5）宽范围的放大器工作电压。

2. PIN 光电二极管

PIN 光电二极管又称 PIN 结二极管，具有结电容量小、渡越时间短、灵敏度高、可获得快速响应等优点，缺点是暗电流大，其结构分为平面结构和台面结构，图 9-5 所示为 PIN 光电二极管外形图。

图 9-4　C30950E 雪崩管外形图　　　图 9-5　PIN 光电二极管外形图

1) 主要技术参数

(1) 开关时间：由于电荷的存储效应，PIN 管通断过渡的时间。

(2) 灵敏度：输出电流(电压)与输入光功率之比，单位为 V/W。

(3) 暗电流：无光照时，光电二极管反向工作电流。

(4) 等效噪声功率：指能产生光电流所需的最小光功率，即最小可探测输入功率。

2) PIN 光电二极管典型应用

PIN 光电二极管可应用于高速光检测、光通信、射频信号衰减器和调制器及射频信号转换开关等。

3. PD 光电二极管

PD 光电二极管是把光信号转换成电信号的光电传感器件，PD 光电二极管优点是暗电流小，但响应速度较低。PD 光电二极管外形图如图 9-6 所示。

1) 主要技术参数

(1) 灵敏度：输出电流(电压)与输入光功率之比，单位为 V/W。

(2) 暗电流：无光照时，光电二极管反向工作电流，一般小于 0.1 μA。

(3) 响应度：指光生电流与产生该事件光功率之比，工作于光导模式时的典型表达为 A/W。

(4) 结电容：PN 结电容。

(5) 等效噪声功率：指能产生光电流所需的最小光功率，即最小可探测输入功率。

图 9-6 PD 光电二极管外形图

2) PD 光电二极管典型应用

PD 光电二极管主要应用于照度计、线性图像传感器、分光光度计等。

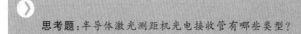

思考题：半导体激光测距机光电接收管有哪些类型？

◆ **9.3.2 放大电路分析**

半导体测距机用视频放大器一般采用雪崩光电二极管或 PIN 光电二极管，雪崩光电二极管的输出信号为极微弱的电流信号，需将其转换成一个数量级较大的电压信号，这样的放大器称为前置放大器。放大器的设计通常要考虑带宽、放大倍数和输入阻抗这三个重要参数。

1. 带宽的确定

放大器完成对接收的微弱电信号的放大，其放大器的工作带宽与探测器的输出噪声功率是相互制约的。有必要寻求一个最佳带宽，使脉冲信号峰值功率与噪声功率比最大，即系统取得最大信噪比，其中 APD(雪崩光电二极管)因高灵敏度和高带宽使其得到了广泛应用。

2. 电压放大倍数

电压放大倍数根据接收到信号回波脉冲的能量决定，可通过测距方程，计算出雪崩光电二极管的最小可探测功率,进而由灵敏度指标求出最小输出值。

APD(雪崩光电二极管)接收到的信号功率由下式给出:

$$P^R = \frac{4KP_r T_r A_R T_R e^{-\lambda R}}{\pi R^2 \theta_T^2}$$

式中:P_r 为激光器辐射峰值功率,T_r 为发射系统光学效率,A_R 为接收系统接收面积(m^2),K 为激光器利用系数,T_R 为接收透镜、滤光镜光学效率,λ 为大气衰减系数(km^{-1}),R 为测量距离,θ_T 为发射光束宽度。

 某激光测距系统采用 APD(雪崩光电二极管)C30950E,激光器辐射峰值功率为 10 W,发射系统光学效率为 70%,接收系统接收面积为 0.0018 m^2,发射光束宽度为 2 mard,接收透镜、滤光镜光学效率为 53%,激光器利用系数为 0.75,大气衰减系数取 0.18,测量距离取 10 km。求 APD(雪崩光电二极管)最小可探测功率。能否满足探测要求? 求出 APD(雪崩光电二极管)最小输出电压。

 (1) 将上述参数代入公式

$$P^R = \frac{4KP_r T_r A_R T_R e^{-\lambda R}}{\pi R^2 \theta_T^2}$$

因 APD(雪崩光电二极管)的最小可探测功率为 2.3×10^{-7} W,故满足探测要求。

(2) APD(雪崩光电二极管)带有预放大功能,APD(雪崩光电二极管)C30950E 的灵敏度指标为(25℃):5.6×10^5 V/W(900 nm,50 MHz)。

所以 $u_o = 5.6 \times 10^5 \times 2.3 \times 10^{-7}$ V $= 0.13$ V 由 APD(雪崩光电二极管)输出信号幅值,根据电路总体要求确定放大倍数。

3. 输入阻抗

放大器的输入阻抗越大越好。输入阻抗越大,驱动这一级放大器所需电流就越小,系统功耗也越低。

目前电流-电压放大电路中,多采用集成运算放大电路,但考虑系统要求、光电探测器选择及带宽等参数情况,也可用分立元件设计放大电路。

> 思考题:半导体测距机影响测距精度的因素主要有哪些? 如何解决?

◆ 9.3.3　放大电路设计

1. 前置放大器

如图 9-7 所示,前置放大器采用集成运算放大电路,整个电路的灵敏度取决于半导体光电二极管灵敏度以及反馈电路电阻 R_2 的阻值。输出电压公式:

$$U_{out} = R_2 I_D$$

式中:$I_D = I_S + I_{DARK}$。I_S 是光生电流,I_{DARK} 是暗电流。

当 $R_2 = 100$ kΩ,$I_D = 100$ μA 时,输出电压 $U_o = 10$ V。

前置放大器带宽:

$$B_W = 1/(2\pi R_1 C_1)$$

通过合理选择电阻 R_1 及电容 C_1 的值,可以得到一个适当的带宽,可有效地抑制噪声,满足前置放大器的设计要求。测距时,由于测距距离的不同,导致 APD 前置(雪崩光电二极管)输出信号幅值变化很大,可在前置放大器中,选取具有自动增益控制(AGC)功能的放大器,如 AD623 等。

2. 主放大电路

前置放大器输出的电压信号,其幅度、信噪比还不足以满足测量的要求,所以还需要进一步放大和整形,由于级联放大器各级带宽对整个放大电路带宽都有影响,为了保证放大电路的整体带宽达到最好的信噪比,进而抑制噪声,主放大器带宽应不小于前置跨阻放大器的带宽。如图 9-8 所示,主放大电路采用集成比例运算放大电路进行固定增益的放大。

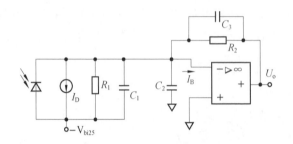
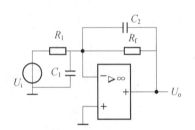

图 9-7　前置放大器电路图　　　　　　图 9-8　主放大器电路图

> **思考题**:半导体激光测距机主放大器带宽与前置放大器带宽的关系是什么?

9.4 半导体测距机电路测量技术

9.4.1 多周期脉冲激光测距

半导体测距机
电路测量技术

1. 脉冲激光测距公式

脉冲激光测距系统是通过测量激光发射脉冲和回波脉冲(光脉冲返回接收系统)的时间间隔来计算目标距离。其测量公式为:

$$S = \frac{C \times t}{2} = \frac{C \times n}{2 \times f}$$

式中:C 是光速,t 是时间间隔,n 是脉冲计数器计数值,f 是时钟频率。

对于一个测距脉冲而言,其对应的测距误差与 f 成反比,f 越大,则其测距误差越小。但 f 增加有一定限制,主要受高频脉冲信号产生电路的性能、成本及稳定性等各种因素影响。

2. N 次测距平均法提高激光测距精度

通过测距仪对目标 N 次往返测距,计算往返总周期时间,求平均数从而提高测距精度。若测距仪与目标相距为 S,N 次测距后总路程和为 L,则

$$L = 2 \times H \times S = C \times \frac{M}{f}$$

式中:M 为 N 次往返对应的周期时间内所计总脉冲个数。

由上式可知,多次往返测距情况下,多脉冲测量比单脉冲测距精度提高了 N 倍。

◆ 9.4.2 视频放大器测量

1. 扫频仪的组成

扫频仪是在示波器 X-Y 基础上,增加了扫描信号源、检波探头等部件。其内部由扫描信号源、宽带放大器、锯齿波发生器、频标信号源、X 及 Y 轴放大、显示设备、面板键盘及电源等组成。常用的国产扫频仪有 BT-3、BT-3C、BT-300 等型号。图 9-9 所示为扫频仪频标电路构成图。

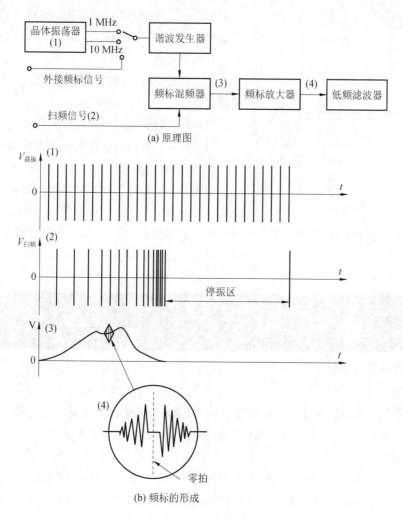

图 9-9 扫频仪频标电路构成图

扫频仪的工作原理是将扫频信号加在被测电路上,检波探头对被测电路进行检测,将检测后的信号送示波器的 Y 通道,此信号的幅度变化反映了所测电路的幅频特性。

BT-3 扫频仪的主要技术指标如下。

(1)中心频率:在 1～300 MHz 连续可调。

(2)有效扫频宽度:±0.5～±7.5 MHz。

（3）寄生调幅系数：大于等于±7.5%。

（4）扫频线性度：在频偏±7.5 MHz时，应大于20%。

（5）输出扫描信号电压：大于0.1 V（应接75 Ω匹配负载，输出衰减置于0 dB）。

（6）输出电压调节方式：步进衰减（粗）：0/10/20/30/40/50/60 dB。步进衰减（细）：0/2/3/4/6/8/10 dB。

（7）检波探测器的输入电容：大于等于5 pF（最大允许直流电压为300 V）。

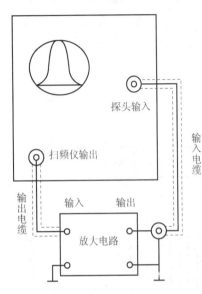

图9-10 扫频仪测试电路连接图

2.扫频仪测量

1）测量前准备

（1）检查仪器内外频标：将频标选择开关分别扳向1 MHz、10 MHz、50 MHz时，此时扫频线上应分别呈现1 MHz、10 MHz、50 MHz频标信号，并可均匀调节频标幅度。

（2）频偏的检查：调节扫频宽度旋钮，荧光屏上呈现的频标数应符合要求。

（3）输出扫描信号频率的范围检查。

（4）检查扫频信号输出电压的寄生调幅系数。

2）用扫频仪测量放大电路的特性

如图9-10所示，将扫频仪的输出端接入待测放大电路输入端，用检波探头检测放大电路的输出，利用输出电平衰减器以及显示屏上波形的幅度调节旋钮，测试放大电路幅频特性曲线，并可粗略计算出放大电路的增益。

 项目实施

1.工作任务与分析

1）工作任务

通过小体积高电压驱动电源模块的安装，加深理解开关电源电路的理论教学内容，提高元器件焊装和调试能力，并了解产品生产的工艺过程，参与编制工艺文件。

2）原理分析

半导体测距机用小体积高电压驱动电源模块，可对光电发射管、光电接收管同时供电，并能够调节发射驱动脉冲宽度及光电发射管工作电流。其中，脉宽控制器MC34063A主要参数：电源工作电压范围5～40 V，开关输出电流为1.5 A，驱动管集电极电压为40VDC，电源耗散功率（TA＝25 ℃）约1 W；振荡器电压V_{OSC}为0.5V_{P-P}，最高工作温度（T_j）为125 ℃；限流检测端典型电压值为300 mV，比较器阈值电压为1.25 V。单稳态触发器74LS221构成施密特触发器，抗干扰性较强。场效应管IRF840为N沟道MOSFET功率场效应管，主要参数：输出功率125 W，漏极电流8 A，漏源击穿电压达500 V，它是一种电压控制型高速开关MOS管器件。

2. 安装制作与检测

（1）按图 9-11 所示原理图连接电子元器件。

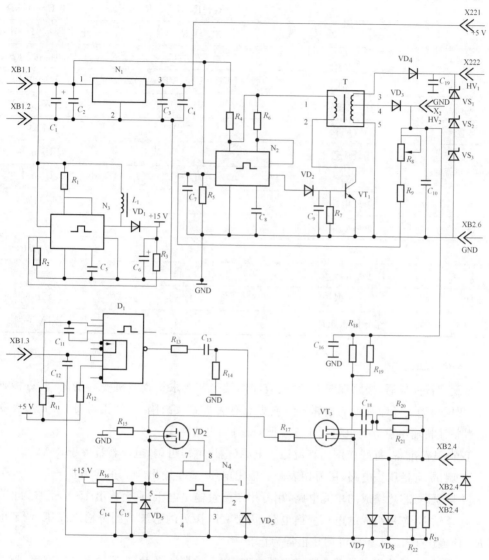

图 9-11　测距机高压驱动模块电路原理图

（2）按图 9-12、图 9-13 所示印制电路板进行装配，电子元器件清单如表 9-1 所示。

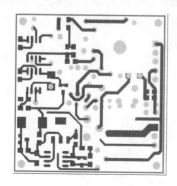

图 9-12　电路板元件面印制图

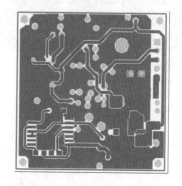

图 9-13　电路板焊接面印制图

表 9-1　电子元器件清单

序　号	名　称	代　号	规　格
1	电阻	$R_1 \sim R_{10}, R_{12} \sim R_{23}$	390 Ω～10 kΩ
		R_{11}	电位器 3265　10kΩ
2	电容	$C_1 \sim C_{18}$	0.01～47 μF
3	二极管	VD_1、VD_2、VD_3、VD_4	IN4001
4	稳压二极管	$VS_1 \sim VS_3$	0.5 W,200 V
5	场效应管	VT_1、VT_3	IRF840
6	场效应管	VT_2	IRF3610
7	二极管	$VD_5 \sim VD_8$	2CN06J
8	集成电路	N_1	MC34063
9	集成电路	U_1	74LS221
10	电感	L_1	47 μH
11	变压器	Tr	自制
12	连接器	$J_1 \sim J_2$	SIP-6
13	半导体激光管	G	PGA 系列

（3）安装和检测。

装配焊接完成后,按原理图、印制板装配图及工艺要求检查整机安装情况,着重检查电源线、变压器连线及印制板上相邻导线或焊点有无短路及缺陷,一切正常时,用万用表欧姆挡测得整流桥输出点对地电阻大于 500 欧,即可通电检测。

① 调试前准备,打开使用的直流稳压电源(输出电压可调,电流容量大于 2 A)。

② 调试 N_1 稳压块电路,用万用表测量输出电压,直至输出 5 V 正常为止。

③ 调试 N_3 芯片组成的单元电路,用万用表测量输出电压,直至输出 15 V 正常为止。

④ 调试 N_2 芯片组成的电压变换电路,用带衰减探头的示波器测量输出高压,调节电位器 R_8,使输出 150～350 V 可调并正常为止。

⑤ 调试 U_1 芯片组成的单稳态触发器电路,用示波器测量 D_1 芯片输出脉冲宽度,调节电位器 R_{11},使输出脉冲宽度可调并正常为止。

⑥ 调试 N_4 芯片组成的驱动电路,用示波器测量场效应管 VT_3 驱动电压脉冲,用大功率二极管模拟代替半导体激光管负载,调节谐振电容 C_{17}、C_{18} 及电阻 R_{20}、R_{21},使半导体激光管输出脉冲宽度可变,以达到系统指标需求并正常为止。

⑦ 电路通电测试,验证电路功能。

知识梳理与总结

1.半导体测距机工作原理:利用激光发射脉冲,通过接收目标激光回波信号,并经处理后得到待测距离。激光测距的基本公式为:$S = \dfrac{1}{2}ct$。

2.从测距仪发射的激光到达目标上的激光功率 P_t',测距公式:$P_t' = P_t K_t A_t T_a / A_s$。

3.测距仪光接收系统能接收到的激光功率 P_r,$P_r = P_e \cdot \Omega_r \cdot K_r$。$\Omega_r$——目标对光接收系统入瞳的张角所对应的立体角;$K_r$——接收光学系统透过率;$A_r$——入瞳面积。

4.以光电探测器所能探得的最小光功率 P_{min} 代替探测功率 P_r,则可得最大探测距离 R_{max} 为:$R_{max}^2 = \left(P_t \cdot K_t \cdot K_r \cdot A_r \cdot A_t \cdot e^{-2a} \cdot \dfrac{A_t}{A_s} \cdot \rho \cdot \dfrac{1}{\pi P_{min}} \right)$。

5.微控芯片 MC34063 是一款体积小、功能强大的集成脉冲控制芯片。内部集成了电流限制电路、带温度补偿的基准电压源电路以及脉冲驱动控制逻辑电路等。

6.半导体测距机用视频放大器含有前置放大器和主放大器。一般采用雪崩二极管或光电接收管。放大器的设计通常要考虑带宽、放大倍数和输入阻抗这三个重要参数。

7.为了保证放大电路的整体带宽达到最好的信噪比,进而抑制噪声,主放大器的带宽应不小于前置跨阻放大器的带宽。

8.前置放大器信噪比直接关系到系统测量精度和稳定度,因此其带宽要设置合理。

习 题

一、填空题

1.半导体激光测距基本公式中距离 S 与 _____、_____ 参数有关。

2.半导体测距机用视频放大器一般采用 _____、_____ 接收管。

3.从测距仪发射的激光到达目标上的激光功率 P'_t 与 _____、_____、_____ 等参数有关。

4.最大探测距离 R_{max} 与 _____、_____、_____、_____、_____、_____ 等参数有关。

5.半导体测距机放大器设计通常要考虑 _____、_____、_____ 等参数。

6.半导体测距机用视频放大器含有 _____ 和 _____ 等电路。

二、选择题

1.半导体激光测距距离与光速的关系为( )。

A.成正比   B.成反比   C.不成比例   D.其他

2.半导体激光测距距离与测量回波脉冲的时间 t 关系为( )。

A.成正比   B.成反比   C.不成比例   D.其他

3.半导体测距机放大器设计通常要考虑( )。

A.带宽、放大倍数和输入阻抗   B.带宽、放大倍数和输出阻抗

C.放大倍数和电路阻抗   D.都不考虑

4.主放大器的带宽与前置跨阻放大器的带宽关系为( )。

A.不大于   B.不小于   C.相同   D.小于

三、计算题

1.已知测距频率 $f_T = 150$ MHz,光速为 3×10^8 m/s 时,测距仪最小脉冲正量 δ 为多少?

2.以光电探测器所能探得的最小光功率 P_{min} 代替探测功率 P_r,由公式计算最大探测距离 R_{max}:

$$R_{max}^2 = \left(P_t \cdot K_t \cdot K_r \cdot A_r \cdot A_t \cdot e^{-2a} \cdot \frac{A_t}{A_s} \cdot \rho \cdot \frac{1}{\pi P_{min}} \right)$$

本题中,标称功率 P_t 为 120 W,系数 $K_t = 0.2$,$K_r = 0.4$,$A_r = 1.2$,$\alpha = 0.31$,$\rho = 0.75$,$P_{min} = 100$ W,$A_s = 0.00218$ m^2。

四、问答题

1.从测距仪发射的激光到达目标上的激光功率 P'_t 与哪些主要参数有关?

2.请叙述最大探测距离 R_{max} 与哪些主要参数有关?

3.APD(雪崩光电二极管)有哪些性能特点?

4.半导体测距机放大器设计通常要考虑哪些主要参数?

5.请叙述 N 次测距平均法提高激光测距精度的工作原理。

学习情境 **10**

模拟/数字（A/D）
电子产品安装与检测

教学导航

本学习情境主要介绍基本逻辑函数以及化简方法，同时分析了 CMOS 及 TTL 门电路的特点，对常用组合逻辑电路及时序逻辑电路进行了分析与设计；同时介绍了 D/A 及 A/D 转换器的工作原理以及 RAM、ROM 的应用等，为学生后续学习课程打下基础。

学习目标

（1）了解常用的数制和码制及相互转换。

（2）掌握逻辑函数的代数化简法及卡诺图化简法。

（3）掌握常用组合逻辑电路分析和设计方法。

（4）掌握常用时序逻辑电路分析和设计方法。

（5）会应用 A/D 转换器及 D/A 转换器。

相关知识

10.1 数字电路概述

数字电路概述

工程上把电信号分为模拟信号与数字信号两大类。模拟信号是指在时间上和数值上都是连续变化的信号。如图像信号、声音信号等,传输、处理模拟信号的电路称为模拟电路。而数字信号是指在时间上和数值上都是断续变化的离散信号。如计数信号等,传输、处理数字信号的电路称为数字电路。

1. 数字电路的特点

(1) 工作信号是二进制的数字信号,在时间上和数值上是离散的(不连续的),反映在电路上就是低电平和高电平两种状态(即 0 和 1 两个逻辑值)。

(2) 在数字电路中,研究的主要问题是电路的逻辑功能,即输入信号的状态(0 和 1)和输出信号的状态(0 和 1)之间的关系。

(3) 数字逻辑函数的分析主要运用逻辑代数和卡诺图法等进行分析。

2. 数字电路的分类

(1) 数字电路按集成度分类,可分为小规模(SSI)、中规模(MSI)、大规模(LSI)和超大规模(VLSI,每片器件数目大于 1 万)数字集成电路。

(2) 数字电路按所用器件制作工艺的不同,可分为双极型(TTL 型)和单极型(MOS 型)两类。

(3) 数字电路按照电路结构和工作原理的不同,可分为组合逻辑电路和时序逻辑电路两类。组合逻辑电路没有记忆功能,其输出信号只与当时的输入信号有关,而与电路以前的状态无关。时序逻辑电路具有记忆功能,其输出信号不仅和当时的输入信号有关,而且与电路以前的状态有关。

◆ 10.1.1 数制和码制

1. 数制

所谓数制就是计数的方法,在生产实践中,人们经常采用位置计数法,即将位置用表示数字的数码按一定的规律排列表示出来。

1) 进位制

在表示数时,仅用一位数码往往不够用,必须用进位计数的方法组成多位数码。多位数码从低位到高位的进位规则称为进位计数制,简称进位制。进位制中的基数,就是在该进制中可能用到的数码个数。而位权则表示这一位的权数,权数是一个幂,第 i 位权数等于该进制基数的 i 次方。常见的有十进制、二进制、十六进制。

(1) 十进制。

十进制数有 0,1,2,3,4,5,6,7,8,9 等十个符号,计数的基数为 10。十进制数的运算加法时遵循"逢十进一",减法时遵循"借一当十"。十进制数可表示为:

$$(N)_{10} = a_{n-1}a_{n-2}\cdots a_2 a_1 \cdot a_0 a_{-1}\cdots a_{-m} = \sum_{i=-m}^{n-1} a_i 10^i$$

式中：a 为 0～9 中的任一数码，10 为进制的基数，第 i 位的位权为 10^i，m、n 为正整数，n 为整数部分的位数，m 为小数部分的位数。如：

$$(209.04)_{10} = 2\times 10^2 + 0\times 10^1 + 9\times 10^0 + 0\times 10^{-1} + 4\times 10^{-2}$$

（2）二进制。

二进制的数码为 0、1，进制的基数为 2，第 i 位的位权为 2^i，进/借位的规则：逢 2 进 1，借 1 当 2。

对于一个二进制数可表示为：

$$(N)_2 = a_{n-1}a_{n-2}\cdots a_2 a_1 \cdot a_0 a_{-1}\cdots a_{-m} = \sum_{i=-m}^{n-1} a_i 2^i$$

式中：m、n 为正整数，n 为整数部分的位数，m 为小数部分的位数。

如：

$$(101.01)_2 = 1\times 2^2 + 0\times 2^1 + 1\times 2^0 + 0\times 2^{-1} + 1\times 2^{-2}$$

（3）十六进制。

当二进制数位数较多时，很难记忆，而且书写容易出错，通常将二进制数用十六进制表示。十六进制有 0、1、2、3、4、5、6、7、8、9、A、B、C、D、E、F 共十六个数码，16 为进制的基数，第 i 位的位权为 16^i，进/借位的规则：逢 16 进 1，借 1 当 16。

对于一个十六进制数可表示为：

$$(N)_{16} = a_{n-1}a_{n-2}\cdots a_2 a_1 \cdot a_0 a_{-1}\cdots a_{-m} = \sum_{i=-m}^{n-1} a_i 16^i$$

式中：m、n 为正整数，n 为整数部分的位数，m 为小数部分的位数。

如：

$$(D8.A)_{16} = D\times 16^1 + 8\times 16^0 + A\times 16^{-1} = (216.625)_{10}$$

2）数制之间转换

（1）将十进制转换为二进制时，一般将十进制数的整数和小数分别进行转换。

① 十进制整数部分转换采用除基取余法。即除以基数 2。先得的余数是所得二进制数的最低位，直至商为 0，所得余数为二进制最高位，并按最高位至最低位排列。

如将 $(17)_{10}$ 转换为二进制数：

② 十进制小数部分转换为二进制时，采用乘基取整法。即乘以基数 2，先得的乘积整数部分作为最高位。每次乘以 2 后取出积的整数部分，直至乘积的小数部分为 0 或达到精度要求为止。按最高位至最低位排列，即为转换的小数部分二进制数。

如将 $(0.3125)_{10}$ 转换为二进制数：

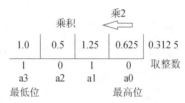

所以 $(0.3125)_{10} = (0.0101)_2$。

》　**思考题**：十进制小数部分转换成二进制时,先取出的整数是最高位还是最低位?

（2）二进制与十六进制之间转换。

二进制数转换成十六进制数,每 4 位二进制数为一组转换为对应的十六进制数,整数部分以小数点为分界,由低位向高位,不足 4 位时高位补 0 转换;小数部分则从小数点向右,每 4 位一组,不足 4 位时低位补 0 转换。

如：

$$(1010001.100011)_2 = 01010001.10001100_2 = (51.8C)_{16}$$

（3）十六进制数转换为二进制数时,一位十六进制数转换为对应的 4 位二进制数,整数部分以小数点为分界,由低位向高位转换;小数部分则从小数点向右,按位转换。

如：

$$(7A5.1)_{16} = 011110100101.0001_2$$

2. 码制

1）BCD 有权码

BCD（binary coded decimal）是用二进制数表示十进制数的编码。十进制数有 1～9 共 10 个数字,对应需用 4 位二进制码表示,每位二进制码都有相应的位权。同时因十进制只有 0～9 十个数字,其二进制编码 1010～1111 这六个代码无意义,称为"伪码",BCD 码与十进制数的对应关系见表 10-1 和表 10-2。

（1）8421BCD 码与十进制数的对应。

8421BCD 码是有权码,从最高位计算,4 位二进制码相应的位权分别为 8、4、2、1。

（2）5421BCD 码与十进制数的对应。

5421BCD 码是有权码,从最高位计算,4 位二进制码相应的位权分别为 5、4、2、1。

（3）2421BCD 码。

2421BCD 码是有权码,从最高位计算,4 位二进制码相应的位权分别为 2、4、2、1。

表 10-1　BCD 码与十进制数的对应关系 1

十进制数	0	1	2	3	4	5	6	7	8	9
8421 BCD 码	0000	0001	0010	0011	0100	0101	0110	0111	1000	1001
5421 BCD 码	0000	0001	0010	0011	0100	1000	1001	1010	1011	1100
2421 BCD 码	0000	0001	0010	0011	0100	0101	0110	0111	1110	1111

如将 $(123)_{10}$ 表示成 8421BCD 码为 (000100100011)8421BCD。

2）BCD 无权码

余 3 码与格雷码都是无权码，余 3 码比相应的 8421BCD 码多 3（十进制数）。

如：$(1000)_{8421BCD}$的余 3 码为$(1011)_{余3码}$。而格雷码的特点是任意两组二进制相邻代码之间只有一位不同，所以格雷码又称"循环"码。

表 10-2　BCD 码与十进制数的对应关系 2

十进制数	0	1	2	3	4	5	6	7	8	9
BCD 码	0000	0001	0010	0011	0100	0101	0110	0111	1000	1001
余 3 码	0011	0100	0101	0010	0110	0111	0101	0100	1100	1101
十进制数	10	11	12	13	14	15				
格雷码	1101	1110	1010	1011	1001	1000				
余 3 码	/	/	/	/	/	/				

思考题：为什么说使用十六进制比使用二进制更方便？

10.1.2　三种基本逻辑运算

逻辑是指事物的因果关系，或者说事件产生条件和结果的关系，通常研究事件原因（条件）和结果之间因果关系规律的命题称为逻辑命题。人们往往称决定事件发生的原因（条件）为逻辑自变量，产生的事物结果（逻辑结果）称为逻辑因变量，而被概括的以某种形式表达的逻辑自变量和逻辑因变量之间的函数关系称为逻辑函数，逻辑变量通常用 0 和 1 来表示。逻辑代数依照一定的逻辑关系进行运算，它是分析和设计数字电路的数学工具。在逻辑代数中，只有 0 和 1 两种逻辑值，与、或、非是三种基本逻辑运算，另外还有与或、与非、与或非、异或等复合逻辑运算。

1. 与逻辑

若决定事件 Y 发生的所有条件 $A,B,C,\cdots$都满足时，事件 Y 才能发生，这种因果关系叫作逻辑与。表达式为：$Y=ABC\cdots$。两输入与门图形符号见图 10-1(a)。

2. 或逻辑

若决定事件发生的各种条件$(A,B,C,)$中，只要有一个或多个条件具备，事件 Y 就发生，这种因果关系叫作逻辑或，也称逻辑加。表达式为：$Y=A+B+\cdots$。两输入或门图形符号见图 10-1(b)。

3. 非逻辑

若某一条件具备了，事件便发生，而此条件不具备时，事件一定不发生，这样的因果关系叫作逻辑非，也称逻辑求反。表达式为：$Y=\overline{A}$。非门图形符号见图 10-1(c)。

(a) 与门图形符号　　　(b) 或门图形符号　　　(c) 非门图形符号

图 10-1　与、或、非门图形符号

◆ 10.1.3　复合逻辑运算

人们在研究实际问题时发现,事物的各个因素之间的逻辑关系往往要比单一的与、或、非复杂得多,但它们都可以用与、或、非的组合来实现。复合逻辑函数即含有两种或两种以上逻辑运算的逻辑函数。最常见的复合函数有与非、或非、与或非、异或、同或,若加上与、或、非三种基本逻辑关系,则共有八种基本逻辑运算。

1. 常见复合函数

1) 与非逻辑

与非逻辑是由与逻辑与非逻辑的结合,即先做一个与逻辑,再做一个非逻辑,这样就可以得到与非逻辑。表达式为:$Y=\overline{A \cdot B}$;逻辑规律:有 0 出 1,全 1 出 0。

2) 或非逻辑

或非逻辑是或逻辑与非逻辑的结合,即先做一个或逻辑,再做一个非逻辑,这样就可以得到或非逻辑。

表达式为:$Y=\overline{A+B}$;逻辑规律:有 1 出 0,全 0 出 1。

3) 与或非逻辑

它是与逻辑、或逻辑与非逻辑相结合,如下式,AB、CD 实现与逻辑,$AB+CD$ 实现或逻辑,最后实现非逻辑。表达式为:$Y=\overline{AB+CD}$;逻辑规律:各组均有 0 出 1,某组全 1 出 0。

4) 异或逻辑

表达式为:$Y=\overline{A}B+A\overline{B}$;其逻辑规律为:相同出 0,相反出 1。

5) 同或逻辑

表达式为:$Y=AB+\overline{A}\overline{B}$;逻辑规律:相同出 1,相反出 0。

2. 常见复合函数逻辑符号

如图 10-2 所示,列出了常见的复合函数逻辑符号。

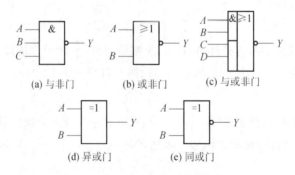

(a) 与非门　　(b) 或非门　　(c) 与或非门

(d) 异或门　　(e) 同或门

图 10-2　常见的复合函数逻辑符号

> **思考题**:复合函数中的异或函数,其逻辑规律是怎样的?

◆ 10.1.4　逻辑函数的表示方法

逻辑函数通常用逻辑函数式、真值表、电路图等方式来进行描述。对于同一个逻辑函数,它的几种表述方式是可以相互转换的,即已知一种表述方式可以转换出其他的表述方式。

1. 逻辑函数描述方法

（1）真值表:将所有输入变量的变化组合及对应该组合的输出值列成一个表格,此表格为真值表。

（2）逻辑表达式:将输出与输入之间的逻辑关系写成"与"、"或"、"非"等运算的组合式,就是逻辑函数表达式。

（3）逻辑电路图:将逻辑表达式中各变量之间的"与"、"或"、"非"等关系用逻辑符号表示出来,就可以画出实现该功能的逻辑电路图。

2. 三种描述方法之间的转换

1）已知真值表求逻辑表达式和逻辑电路图

根据真值表求函数表达式的方法如下。

（1）将真值表中每一组使输出函数值为1的输入变量都写成一个乘积项。

（2）乘积项中取值为1的变量,该因子写成原变量,取值为0的变量,则该因子写成反变量。

（3）将这些乘积项相加,就得到逻辑函数式,就可以画出逻辑电路图。

例 10-1 已知真值表如表 10-3 所示,求逻辑表达式和逻辑电路图。

表 10-3　例 10-1 真值表

A	B	C	Y
0	0	0	0
0	0	1	0
0	1	0	0
0	1	1	1
1	0	0	0
1	0	1	1
1	1	0	1
1	1	1	0

解 逻辑表达式:

$$Y = \overline{A} \cdot \overline{B} \cdot \overline{C} + \overline{A} \cdot \overline{B} \cdot C + \overline{A} \cdot B \cdot \overline{C} + \overline{A} \cdot B \cdot C + A \cdot \overline{B} \cdot C + A \cdot B \cdot \overline{C} + A \cdot B \cdot C$$

$Y = AB + BC + AC$（化简过程略）

逻辑图如图 10-3 所示。

2）已知逻辑函数式求真值表和画逻辑图

如果有了逻辑函数表达式,则可按下列步骤求真值表和画逻辑图。

（1）把输入变量取值的所有组合状态,逐一代入函数式中算出逻辑函数值。

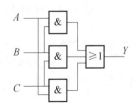

图 10-3　例 10-1 逻辑电路图

（2）将输入变量取值与逻辑函数值对应列成表，得到逻辑函数的真值表。

（3）将逻辑函数式按照"先与后或"的运算顺序，用逻辑符号表示并正确连接起来就可以画出逻辑图。

 例 10-2

已知逻辑函数式 $Y=\overline{AB+BC}$，求真值表和逻辑图。

 解

（1）把输入变量取值的所有组合状态，逐一代入函数式中算出逻辑函数值。

（2）列出真值表，如表 10-4 所示。

表 10-4　$Y=\overline{AB+BC}$

A	B	C	Y
0	0	0	1
0	0	1	1
0	1	0	1
0	1	1	0
1	0	0	1
1	0	1	1
1	1	0	0
1	1	1	0

（3）画逻辑图，如图 10-4 所示。

3）已知逻辑图求逻辑函数式和真值表

如果只给出逻辑图，也能得到对应的逻辑函数式和真值表，只要将逻辑图中每个逻辑符号所表示的逻辑运算，从左到右，从上到下依次写出来，即可得到其逻辑函数式，有逻辑函数式列真值表就不难了。

 例 10-3

已知逻辑图如图 10-5 所示，求逻辑函数式和真值表。

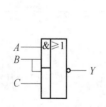

图 10-4　例 10-2 逻辑电路图

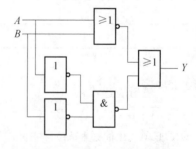

图 10-5　例 10-3 的逻辑图

 解

从左到右，逐级写出函数表达式，得到 $Y=\overline{\overline{A+B}+\overline{A}\cdot\overline{B}}$。按 A、B 取值组合列出其真值表，如表 10-5 所示。

表 10-5　例 10-3 的真值表

A	B	$\overline{A+B}$	$\overline{A} \cdot \overline{B}$	Y
0	0	1	0	1
0	1	0	1	1
1	0	0	1	1
1	1	0	1	1

> 思考题:逻辑函数的描述方式有哪些?

10.1.5　逻辑函数化简

1. 逻辑代数化简

根据三种基本逻辑运算,可推导出一些基本公式和定律,形成了一些运算规则,熟悉掌握并且运用这些规则,十分重要。

(1) 0-1 定律:

$$0 \cdot 0 = 0 \qquad 0 + 0 = 0$$
$$0 \cdot 1 = 0 \qquad 0 + 1 = 1$$
$$\overline{0} = 1$$
$$\overline{1} = 0 \qquad 1 \cdot 1 = 1 \qquad 1 + 1 = 1$$
$$0 \cdot A = 0 \qquad 0 + A = A$$
$$1 \cdot A = A \qquad 1 + A = 1$$

(2) 重叠律(自等律):

$$A \cdot A = A, A + A = A$$

(3) 互补律:

$$A \cdot \overline{A} = 0, A + \overline{A} = 1$$

(4) 还原律:

$$\overline{\overline{A}} = A$$

(5) 交换律:

$$A \cdot B = B \cdot A, A + B = B + A$$

(6) 结合律:

$$(A \cdot B) \cdot C = A \cdot (B \cdot C), A + B + C = A + (B + C)$$

(7) 分配律:

$$A \cdot (B + C) = AB + AC \qquad A + BC = (A+B)(A+C)$$

(8) 反演律(德·摩根定理):

$$\overline{A \cdot B \cdot C} = \overline{A} + \overline{B} + \overline{C} \qquad \overline{A + B + C} = \overline{A} \cdot \overline{B} \cdot \overline{C}$$

(9) 吸收律:

$$A + AB = A$$
$$AB + \overline{A}B = A$$
$$A(A+B) = A$$
$$A + \overline{A}B = A + B$$

$$(A+B)(A+C) = A + BC$$
$$AB + BC + \overline{A}C = AB + \overline{A}C$$
$$AB + \overline{A}C + BCD = AB + \overline{A}C$$

2.卡诺图化简

代数化简法需要熟练地掌握公式,并具有一定的技巧,还需要判断所得到的结果是否是最简式,所以在化简较复杂的逻辑函数时有一定的难度,为解决此问题,人们常用卡诺图化简法化简。

1)逻辑函数的最小项和最小项表达式

(1)最小项:对于 n 个变量函数,如果其与或表达式的每个乘积项都包含 n 个因子,而这 n 个因子分别为 n 个变量的原变量或反变量,每个变量在乘积项中仅出现一次,这样的乘积项称为函数的最小项表达式。通常用符号 m_i 来表示最小项,其中把最小项中的原变量记为 1,反变量记为 0,当变量顺序确定后,可以按顺序排列成一个二进制数,则与这个二进制数相对应的十进制数,就是这个最小项的下标 i。图 10-6 所示为 4 变量卡诺图。

(2)最小项的性质。

① 在所有最小项中,有一个且仅有一个最小项的值为 1。

② 任意两个最小项的乘积为 0。

③ 全体最小项的和为 1。

(3)最小项的几何相邻和逻辑相邻。

① 公因子。

在逻辑函数与或表达式中,如两乘积项仅有一个因子不同,而这一个因子又是同一变量的原变量和反变量,则两项可合并为一项,消除其不同的因子,合并后的项为这两项的公因子。如乘积项 $\overline{A}B$、AB 中出现 A 的原变量和反变量,则可合并后消去 A 变量,合并为 B。

② 逻辑相邻。

最小项组成或项可消去互补因子的性质称为逻辑相邻。如图 10-7 所示,m_4 和 m_5 是相邻的,m_4 即 $\overline{AB}C$,m_5 即 $\overline{A}BC$,这两项中只有变量 C 不同,这两项合并,即 $\overline{AB}C+\overline{A}BC=\overline{AB}$,可见两个逻辑相邻项可以合并成一项,消去那个不同的变量。

③ 几何相邻。

凡是在图中几何相邻的项,就一定具有逻辑相邻性,如将这些相邻项相加,则可消去多余的因子。如图 10-8 所示,m_5、m_7、m_{13}、m_{15} 是几何相邻的项,将这些相邻项相加,可消去 A、C 变量。

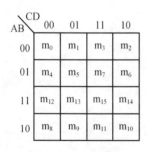

图 10-6　4 变量卡诺图

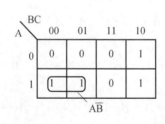

图 10-7　逻辑相邻项卡诺图

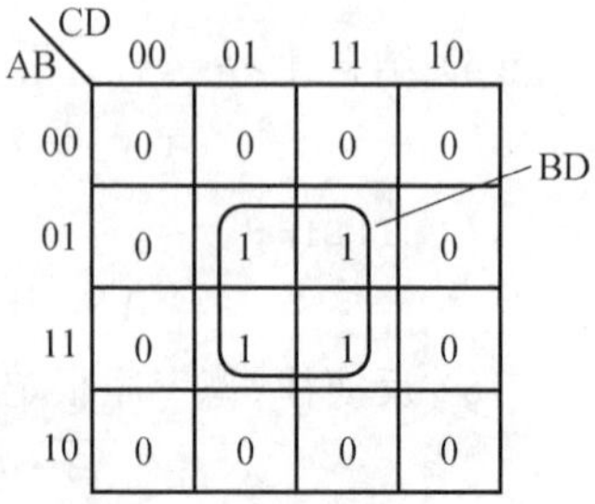

图 10-8　几何相邻项卡诺图

2)卡诺图的化简方法

卡诺图是一种矩阵式真值表,比真值表直观了许多。如图 10-6,卡诺图中变量取值按照格雷码(循环码)的编码顺序 00,01,11,10 进行排列。这种码使得相邻两个方格对应的最小项仅有1个变量不同。

（1）卡诺图有如下特点。

① n 个变量的卡诺图有 2^n 个方格，每个方格对应一个最小项。

② 每个原变量与反变量将卡诺图等分为两部分，并且各占的方格个数相同。

③ 卡诺图上两个相邻的方格所代表的最小项，只有1个变量不同。

（2）卡诺图的填入。

因为构成函数的每个最小项中，都有一组变量的取值使该最小项为1，所以在构成函数的每个最小项相应的方格中填1，而其他方格填0。

3）卡诺图的化简步骤

（1）首先将逻辑函数变换成与或表达式。

（2）画出逻辑函数的卡诺图。

（3）将 2^n 个为1的相邻方格分别画方格群，整理每个方格群的公因子，作为乘积项。

① 圈要尽量大。每个相邻最小项构成的矩形应包含尽可以多的最小项，使得化简后的"与"项包含的变量个数最少

② 圈的数量要尽量少。相邻最小项构成的矩形个数尽可能少，使得化简后的"与"项个数最少。

③ 被圈过的"1"可以重复用。所选择的相邻最小项的矩形应包含所有构成函数的最小项（即卡诺图中为1的方格）并且每个相邻最小项构成的矩形中至少有1个最小项没有被选择过。

④ 要把所有的"1"都圈完。

（4）将整理后的乘积项加起来，就是化简后的与或式。

 如图 10-9 所示，利用卡诺图法化简函数 $Y = \sum m(3,4,5,6,7,10,11,14,15)$。

 （1）填图；（2）画卡诺圈；（3）合并相邻项。

化简结果为：

$$Y = AC + \overline{A}B + CD$$

4）带约束函数的卡诺图化简

因为十进制数码只有0～9，从1010到1111共6个编码没有对应的十进制数，它们属于伪码。所以卡诺图化简填图时，可以填"1"或填"0"。具有约束项的逻辑函数表示方法，如 $\sum d(11,13,15)$。

 化简具有约束条件的逻辑函数：

$$Y(A,B,C,D) = \sum m(2,6,7,9) + \sum d(8,10,11,13,14)$$

 画出函数 Y 的卡诺图，如图 10-10 所示，图中打×的小方格表示约束项"1"。

$$Y = \overline{A}BC + A\overline{B} + C\overline{D}$$

思考题：卡诺图变量取值是如何进行排列的？

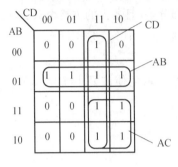

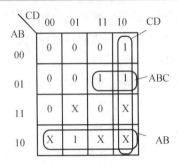

图 10-9　例 10-4 卡诺图　　　　图 10-10　例题 10-5 卡诺图

10.2 组合逻辑电路分析与设计

◆ ### 10.2.1 门电路

1. 分立元件门电路

在数字电路中，"门"电路就是实现一些基本逻辑功能的电路。基本逻辑运算可归纳为"与"、"或"、"非"，其基本逻辑电路即为与门、或门和非门。逻辑门电路由电阻、电容、晶体管等分立元件构成的，称为分立元件门电路，如图 10-11 所示。

组合逻辑电路
分析与设计

1）二极管与门

A、B 输入均为高电平时，即 VD_1 和 VD_2 都截止，则输出 Y 为高电平；而 A，B 输入中只要有一个为低电平，输出 Y 均为低电平。

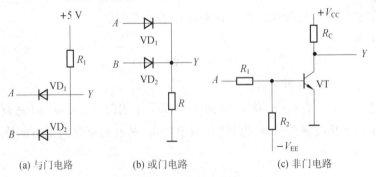

图 10-11　分立元件门电路

2）二极管或门

A、B 输入只要有一个高电平时，VD_1、VD_2 有一只导通，输出 Y 为高电平，仅当 A、B 两端都为低电平时，两个都截止，故输出 Y 为低电平。

3）非门

A 输入为高电平时，三极管 VT 导通，则输出 Y 为低电平；A 输入为低电平时，三极管

VT 截止,故输出 Y 为高电平。

2. CMOS 门电路

目前使用较多的集成逻辑门电路有两大类:CMOS 和 TTL 器件组成的逻辑门电路。CMOS 集成门电路具有制造工艺简单、输入阻抗高、功耗小、电源电压范围宽(3~18 V)等优点,使用较为广泛。CMOS 集成门电路系列较多,有 4000、HC、HCT、AC、ACT 等系列,型号构成如 CC54/74HC04 器件,代表 54/74 系列,HC 表示高速 CMOS 电路,04 表示型号。CMOS 三态门、传输门和漏极开路门介绍分别如下。

1) CMOS 三态门

如图 10-12(a)所示是 CMOS 三态门的逻辑符号图。信号输入端为 A,输出端为 Y,$\overline{EN}$ 是控制信号端,也称为使能端。EN 处小圆圈(正逻辑时)表示控制信号低电平有效。

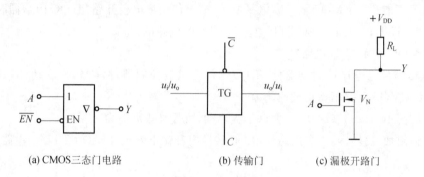

(a) CMOS三态门电路   (b) 传输门   (c) 漏极开路门

图 10-12   CMOS 门电路逻辑符号图

2) CMOS 传输门

图 10-12(b)所示是其逻辑符号图,$\overline{CC}$ 为控制端信号,可以双向传输。当 $C=1\overline{C}=0$,传输门导通,$u_o=u_i$,当 $C=0\overline{C}=1$,传输门截止。

3) 漏极开路门(OD 门)

CMOS 漏极开路门(OD 门)漏极开路,工作时须加上拉电阻 R,电路才能工作。如图 10-12(c)所示,因输出漏极开路,可方便地把几个输出端并接起来,实现线与功能。

思考题:如何理解三态门电路的三种状态?

3. TTL 门电路

TTL(transistor-transistor logic 晶体管-晶体管逻辑门)有 74(标准)系列、74H(高速)系列、74S(肖特基)、74LS(低功耗肖特基)、74AS(改进型)系列、74ALS(改进型)系列等门电路。TTL 集成门电路的工作电压范围为 4.5~5.5 V。

1) 特性和参数

(1) 标准输出高电平 $V_{oH} \geqslant 2.4$ V($V_{oH}=2.4$ V 为输出高电平的下限值)。

(2) 标准输出低电平 $V_{oL} \leqslant 0.4$ V($V_{oL}=0.4$ V 为输出低电平的上限值)。

(3) 阈值电压 $V_{th}=1.2~1.4$ V,电压传输特性转折区中点对应的输入电压值。

(4) 输入端噪声容限:输入低电平噪声容限 $V_{NL}=0.3$ V。

(5) 输入高电平噪声容限 $V_{NH}=-0.3~0.9$ V。

（6）扇出系数 No：不影响输出状态，带同类门的个数，No 一般为 8～10 个。

（7）动态特性：tpd：54/74H 系列一般为 6～10 ns。

2）TTL 门电路使用要求

（1）工作电压范围：4.5～5.5 V。

（2）除 OC 门和三态门外，输出端不允许并联使用。

（3）不能在通电情况下带电插拔集成电路。

（4）不使用的与非门输入端接高电平或电源、或非门输入端接地，以降低功耗。

4. CMOS 和 TTL 门电路驱动

1）TTL 驱动 CMOS 门电路

TTL 工作电压范围为 4.5～5.5 V，CMOS 电路工作电压为 3～18 V，所以 TTL 电路输出的高电平不能达到 CMOS 输入高电平要求，需要使用集电极开路门（OC 门），同时需加上拉电阻保护 TTL 门电路，完成 TTL 电路与 CMOS 电路的接口。

2）CMOS 驱动 TTL 门电路

CMOS 器件为电压控制型器件，TTL 器件是电流控制器件，CMOS 驱动 TTL 门电路时，需扩大 CMOS 电路驱动负载的能力。

（1）如图 10-13（a）、（b）所示，并联加大驱动，可提高驱动能力。

（2）输出加三极管或加专用芯片（如 40107）提升输出电流，以驱动 TTL 门电路。

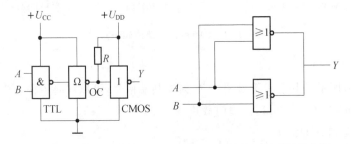

(a) TTL驱动CMOS电路的接口　　　(b) CMOS驱动TTL电路的并联接口

图 10-13　TTL 和 CMOS 驱动电路

> 思考题：为什么集电极开路门（OC 门），输出与电源之间需外接电阻？

10.2.2　组合逻辑电路分析与设计

1. 组合逻辑电路的分析

组合逻辑电路的特点是输出与输入的关系具有即时性，即电路在任意时刻的输出状态只取决于该时刻的输入状态，而与该时刻以前的电路状态无关，这种数字电路称为组合逻辑电路。

组合逻辑电路可以有一个或多个输入端，也可以有一个或多个输出端。在组合电路中，数字信号是单向传递的，即只有从输入到输出的传递，没有从输出到输入的反向传递，所以各输出只与各输入的即时状态有关，没有存储记忆功能。

1）研究组合电路的任务

（1）对已给定的组合电路分析其逻辑功能。

（2）根据逻辑命题的需要，设计组合电路。

（3）掌握常用组合逻辑电路功能，并应用到工程实际中。

2）组合逻辑电路的分析步骤

（1）写出给定逻辑电路的函数表达式，方法是从输入到输出（或从输出到输入）逐级写出逻辑函数表达式。

（2）如果写出逻辑函数式不是最简形式，要进行逻辑化简，得到最简函数表达式。

（3）根据最简式列出函数真值表。

（4）依据真值表或最简函数式确定电路的功能。

 分析图 10-14 所示电路的逻辑功能。

（1）逐级写出函数表达式，最后得到输出逻辑函数的表达式：

$$Y_1 = \overline{A} \quad Y_2 = \overline{B} \quad Y_3 = \overline{\overline{A}B}, \quad Y_4 = \overline{A\overline{B}}$$
$$Y = \overline{\overline{\overline{A}B} \cdot \overline{A\overline{B}}}$$

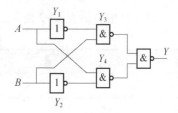

图 10-14　例 10-6 图

（2）对输出函数的表达式进行整理化简：

$$Y = \overline{\overline{\overline{A}B} \cdot \overline{A\overline{B}}} = \overline{\overline{\overline{A}B}} + \overline{\overline{A\overline{B}}} = \overline{A}B + A\overline{B} = A \oplus B$$

（3）列出函数真值表，如表 10-6 所示。

表 10-6　例 10-6 真值表

A	B	Y
0	0	0
0	1	1
1	0	1
1	1	0

（4）确定电路的功能：该电路是由五个与非门构成的异或门。

2. 组合逻辑电路的设计

组合逻辑电路的设计工作，即按照给定的具体逻辑问题（逻辑命题）设计出最简单的逻辑电路，并将其实现的装置。

1）组合逻辑电路的设计步骤

（1）进行逻辑抽象。

① 分析事件的因果关系，确定输入变量与输出变量。通常把引起事件发生的原因定为输入变量，把事件产生的结果作为输出变量。

② 定义逻辑状态的含义（逻辑赋值），以二值逻辑的 0、1 两种状态分别表示输入变量和输出变量的两种不同逻辑状态。

③ 给定事件的因果关系列出真值表。

（2）写出逻辑函数式。

从已得到的逻辑真值表很容易写出逻辑函数式。

（3）根据化简或变换后的函数式，画出逻辑电路的连接图。

2）组合逻辑电路设计举例

 试设计一个监视交通灯工作状态的逻辑电路，每一组信号灯由红、黄、绿三盏灯组成，正常工作情况下，任何时期必有一盏灯亮，而且只允许有一盏灯亮，而当出现其他情况时，电路发生故障，这时要求发出故障信号。

解

（1）进行逻辑抽象。

输入变量为红（R）、黄（Y）、绿（G）三盏灯的状态，规定灯亮为 1；输出变量为故障信号（Z），规定正常状态为 0，出现故障时为 1。

（2）真值表如表 10-7 所示。

表 10-7 例 10-7 真值表

R	Y	G	Z
0	0	0	1
0	0	1	0
0	1	0	0
0	1	1	1
1	0	0	0
1	0	1	1
1	1	0	1
1	1	1	1

（3）写逻辑表达式：

$$Z = \overline{RYG} + \overline{R}YG + R\overline{Y}G + RY\overline{G} + RYG$$

化简得：$Z = \overline{RYG} + YG + RY + RG$

（4）利用不同的逻辑门电路画电路图，如图 10-15 所示。

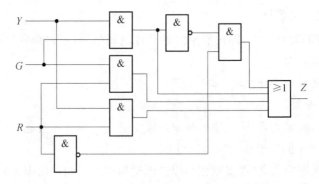

图 10-15 例 10-7 电路图

思考题：组合逻辑电路存在记忆性吗？

10.2.3　常用组合逻辑电路应用

组合逻辑电路在各类数字系统中被大量采用，目前应用比较多的是编码器、译码器、加法器、数据选择器、数据比较器、数据分配器等。

1. 编码器

一般地说，用文字、符号或者数码表示特定信息的过程称为编码，能够实现编码功能的电路称为编码器。n 位二进制代码有 2^n 个状态，可以表示 2^n 个信息，对 n 个信号进行编码时，应按公式 $2^n \geqslant N$ 来确定需要使用的二进制代码的位数 n。

二-十进制编码器，也称为 8421BCD 编码器，它的功能是将十进制数码转换成 8421BCD 码，称为 10 线-4 线编码器，其真值表见表 10-8。

表 10-8　10 线-4 线编码器真值表

输　　入										输　　出			
I_0	I_1	I_2	I_3	I_4	I_5	I_6	I_7	I_8	I_9	Y_3	Y_2	Y_1	Y_0
1	0	0	0	0	0	0	0	0	0	0	0	0	0
0	1	0	0	0	0	0	0	0	0	0	0	0	1
0	0	1	0	0	0	0	0	0	0	0	0	1	0
0	0	0	1	0	0	0	0	0	0	0	0	1	1
0	0	0	0	1	0	0	0	0	0	0	1	0	0
0	0	0	0	0	1	0	0	0	0	0	1	0	1
0	0	0	0	0	0	1	0	0	0	0	1	1	0
0	0	0	0	0	0	0	1	0	0	0	1	1	1
0	0	0	0	0	0	0	0	1	0	1	0	0	0
0	0	0	0	0	0	0	0	0	1	1	0	0	1

当编码器多输入端同时有信号输入时，只对其中优先级别最高的信号进行响应编码，即为优先编码器。常用的优先编码器产品有 8 线-3 线集成优先编码器，常见型号为 54/74LS148 等，10 线-4 线集成优先编码器常见型号为 54/74LS147 等。

2. 译码器

译码器是典型的组合数字电路，它是将输入的二进制码转换为一定规律控制信号的器件。常用的译码器有二进制码译码器和显示译码器等。

（1）二进制译码器，也称最小项译码器，即 n 中取 1 译码器，最小项译码器一般是将二进制码译为十进制码；n 为二进制码的位数，就是输入变量的位数，$N = 2^n$，所以 N 是全部最小项的数目。因为最小项的性质为对于一种二进制码输入，只有一个最小项为"1"，其余 $N-1$ 个最小项均为"0"，所以二进制码译码器也称为 n 线/N 线译码器。

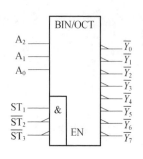

图 10-16　74LS138 逻辑符号图

（2）3-8 译码器。三位二进制码译码器，可称为 3 线/8 线译码器。如 74LS138 逻辑符号见图 10-16，方框上方的 BIN/OCT 表示从二进制码（binary）到八进制码（octal）的转换，EN 是使能端，& 表示使能端的三个输入量是与逻辑关系，当 $[ST_1\ \overline{ST_2}\ \overline{ST_3}]=100$ 时为有效的使能电平。八个输出端 $\overline{Y_0}\sim\overline{Y_7}$，低电平输出有效，$A_0$、$A_1$、$A_2$ 为三位输入的二进制码，其译码可得输出 $\overline{Y_0}\sim\overline{Y_7}$ 的下标值。

（3）显示译码器。它是将一种编码译成十进制码或特定的编码，并通过显示器件将译码器的状态显示出来，如七段字符显示器外形图见图 10-17（a），它由七段发光的线段拼合而成，分为共阴极和共阳极两类，共阴极（外形见图 10-17（b））各发光二极管的阴极共接低电平，高电平时点亮。而共阳极（外形见图 10-17（c））各发光二极管阳极共接高电平，输入端低电平时点亮。

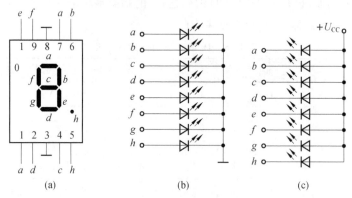

(a)　　　(b)　　　(c)

图 10-17　LED 数码显示器

3. 加法器

通常加法器有不带进位的半加器和带进位的全加器，可实现一位或多位二进制加法。能对两个 1 位二进制数进行相加而求得和及进位的逻辑电路称为半加器。半加器的真值表见表 10-9 所示。半加器逻辑符号见图 10-18（a）。

表 10-9　半加器的真值表

输　　入		输　　出	
A_i	B_i	S_i	C_i
0	0	0	0
0	1	1	0
1	0	1	0
1	1	0	1

能对两个 1 位二进制数进行相加并考虑低位来的进位，即相当于 3 个 1 位二进制数相加，求得和及进位的逻辑电路称为全加器。其逻辑符号见图 10-18（b），全加器表达式为：

$$S_i = m_1 + m_2 + m_4 + m_7 = A_i \oplus B_i \oplus C_{i-1}$$

多位加法器可实现两个 n 位二进制数相加，因此需要 n 位的加法器，当 n 位二进制数相

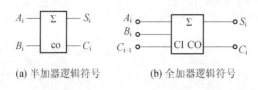

(a) 半加器逻辑符号 　　　　(b) 全加器逻辑符号

图 10-18　半加器逻辑符号

加时，每一位都是带进位的加法运算，所以必须用全加器，它有串行进位和超前进位两种构成形式。

4. 数值比较器

数值比较器是将两个位数相同的二进制数 A、B 进行比较，并转换为一定规律控制信号的器件。比较器结果有 $A>B$、$A<B$ 和 $A=B$ 三种可能性。

1）一位数值比较器

两个一位二进制数 A 和 B 是输入变量，对应三种相比较的结果，即 $A>B$、$A<B$ 和 $A=B$，输出变量分别设定为 $Y_{A>B}$、$Y_{A<B}$、$Y_{A=B}$，其真值表如表 10-10 所示。

表 10-10　一位数值比较器的真值表

输　　　入		输　　　出		
A	B	$Y_{A>B}$	$Y_{A<B}$	$Y_{A=B}$
0	0	0	0	1
0	1	0	1	0
1	0	1	0	0
1	1	0	0	1

2）多位数值比较器

以两个四位二进制数为例，设 A、B 是两个四位二进制数，表示为 $A_3A_2A_1A_0$ 和 $B_3B_2B_1B_0$。比较步骤如下。

（1）比较高位 A_3、B_3；若 $A_3>B_3$，则 $A>B$；若 $A_3<B_3$，则 $A<B$；若 $A_3=B_3$，则比较次高位中的 A_2、B_2，由次高位来决定两个数的大小。

（2）若 $A_3=B_3$，$A_2=B_2$，再比较下一位，依次类推，直至比较至最低位为止，如果最低位还相等，即 $A_0=B_0$，则 $A=B$。常用多位数值比较器有 74LS85，它能进行两个 4 位二进制数的比较，并可利用扩展端作片间级联时使用。

5. 数据选择器

在多路数据传送过程中，能够根据需要将其中任意一路挑选出来的电路，叫作数据选择器，也称为多路选择器，其作用相当于多路开关。常见的数据选择器有四选一、八选一、十六选一电路。以四选一数据选择器为例，如图 10-19 所示，其工作原理是由 A_1、A_0 选择决定，输出 Y 与 D_0、D_1、D_2、D_3 哪一端连接输出。

$$Y(A_1,A_0) = N(m_0D_0 + m_1D_1 + m_2D_2 + m_3D_3)$$

6. 数据分配器

数据分配器是将一路输入数据，通过地址编码分配给任意一个输出的组合逻辑电路。数据分配器可分为四路、八路、十六路分配器等，如图 10-20 所示，为四路数据分配器的示意图,其中 D 为数据输入端,A_1、A_0 为地址输入端,Y_3、Y_2、Y_1、Y_0 为数据输出端。

图 10-19　四选一数据选择器　　　图 10-20　四路数据分配器的示意图

10.3 时序逻辑电路分析与设计

◆ 10.3.1 触发器

1. R-S 触发器

时序逻辑电路

触发器是组成时序逻辑电路的基本单元。常见的触发器有 R-S 触发器、

分析与设计

D 触发器、J-K 触发器、T 触发器和 T' 触发器等,它的显著特点是具有记忆功能,一个触发器能记住 1 位二进制值(0 或 1),n 个触发器组成在一起,就能记忆 n 位二进制值信号。

触发器具有两个稳定状态,分别称之为 0 状态和 1 状态。且在外部信号作用下,触发器能从原来所处的一个稳态翻转到另一个稳态,当外部信号消失后,它仍能维持这一状态,即记忆住这一状态。

1) 基本 R−S 触发器

基本 R-S 触发器是构成其他功能触发器必不可少的组成部分。它具有置位(置 1)、复位(置 0)、保持(记忆)三种功能,可用作数码寄存器、消抖动开关、单次脉冲发生器等,基本 RS 触发器属于无时钟触发器。

由与非门组成的基本 R−S 触发器电路结构,如图 10-21(a)所示,它由与非门 G_1、G_2 组成,两个输入端为复位端和置位端,决定了其输出状态,图 10-21(b)为同步 RS 触发器电路图,图 10-21(c)为图形符号图,CP 为时钟输入端,两个输出端分别为 Q 及 $\overline{Q}$ 端。

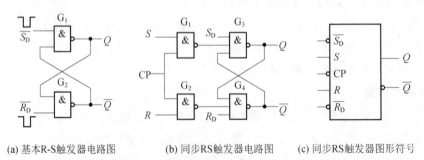

(a) 基本R-S触发器电路图　　(b) 同步RS触发器电路图　　(c) 同步RS触发器图形符号

图 10-21　与非门组成的基本 RS 触发器

(1) 逻辑功能分析。

$\overline{R_D}=1$,$\overline{S_D}=0$ 时,则 $\overline{Q}=0$,$Q=1$,触发器置 1。

$\overline{R_D}=0$,$\overline{S_D}=1$ 时,则 $\overline{Q}=1$,$Q=0$,触发器置 0。

$\overline{R_D}=\overline{S_D}=1$ 时,触发器状态保持不变。

$\overline{R_{\rm D}}=\overline{S_{\rm D}}=0$ 时，触发器状态不确定。

（2）根据逻辑功能，基本 RS 触发器的真值表如表 10-11 所示。

表 10-11 基本 RS 触发器的真值表

$\overline{R_{\rm D}}$	$\overline{S_{\rm D}}$	Q^n	Q^{n+1}
0	1	0	0
0	1	1	0
1	0	0	1
1	0	1	1
1	1	0	0
1	1	1	1
0	0	0	不确定
0	0	1	

（3）特征方程：

$$Q^{n+1} = S_{\rm D} + \overline{R}_{\rm D} Q^n$$
$$\overline{S_{\rm D}} + \overline{R}_{\rm D} = 1(约束条件)$$

> **思考题**：基本 RS 触发器为什么要有约束条件？

2）与非门构成的同步 RS 触发器

如图 10-21(b)，$\overline{R}_{\rm D}$、$\overline{S}_{\rm D}$ 分别为直接复位端和直接置位端，使触发器直接置 0 和置 1，它们不受 CP 时钟脉冲控制。

同步 RS 触发器工作原理为：在时钟电平 CP＝1 期间，触发器工作；CP＝0 时触发器保持。在 CP＝1 期间，若 R＝0，S＝1 则 G_1 输出变为 0，将向 G_3 输出一个置 1 的负脉冲，不管触发器原状态如何，触发器 Q^{n+1}＝1（置 1）；若 R＝1，S＝0，同理得知，则 G_2 输出变为 0，将向 G_4 输出一个置 1 的负脉冲，不管触发器原状态如何，触发器 Q^{n+1}＝0（置 0）；在 CP＝1 期间，若 R＝S＝0，则触发器状态 Q^{n+1}＝Q^n；若 R＝S＝1，则因 G_1 和 G_2 均送出一个负脉冲，触发器输出端会出现 Q 和 $\overline{Q}$ 均为 1 的逻辑不正常状态。

其特性方程为：

$$Q^{n+1} = S + \overline{R}Q^n RS = 0(CP = 1 \text{ 期间有效})$$

如图 10-21(c)所示为同步 RS 触发器图形符号图。

2. J-K 触发器

1）主从 J-K 触发器

主从 J-K 触发器由主触发器和从触发器构成，它属于脉冲触发方式，触发翻转只在时钟脉冲负跳变沿发生。主从 J-K 触发器具有置位、复位、保持（记忆）和计数功能，它不存在约束条件，在 CP＝1 期间，J、K 输入信号存入主触发器，从触发器状态不变；当 CP 下降到低电平时，主触发器信息传送到从触发器，控制从触发器翻转，此时主触发器保持状态不变，不受 J、K 端输入信号改变的影响，CP 对主、从触发器进行隔离，因此主从触发器翻转可靠，可防止多次翻转的空翻现象。

如图 10-22 所示，主触发器中：

$$R = KQ^n \quad S = J\,\overline{Q^n}$$

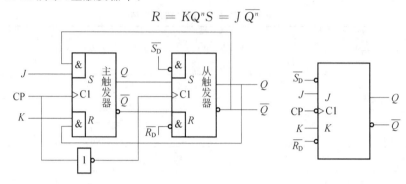

(a) 主从触发器电路图　　　　　　(b) 主从触发器图形符号

图 10-22　主从 JK 触发器

根据同步 RS 触发器特性方程：

$$Q^{n+1} = S + \overline{R}Q^n$$

得到 J-K 触发器特性方程：

$$Q^{n+1} = J\,\overline{Q^n} + \overline{K}Q^n$$

表 10-12 所示为主从 JK 触发器的真值表。

表 10-12　主从 JK 触发器的真值表

J	K	Q^{n+1}	说　明
0	0	Q^n	保持
0	1	0	置 0
1	0	1	置 1
1	1	$\overline{Q^n}$	翻转

2）边沿 JK 触发器

边沿 JK 触发器的逻辑功能与主从 JK 触发器的逻辑功能是一致的，当 CP 的上升沿或下降沿来临时，触发器状态会根据输入信号发生变化，而 CP 其他持续期间，触发器状态不变。图 10-23 所示边沿 JK 触发器由两个与非门和两个与或非门组成，CP 为时钟脉冲。

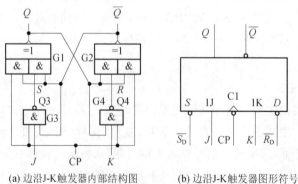

(a) 边沿 J-K 触发器内部结构图　　　(b) 边沿 J-K 触发器图形符号

图 10-23　边沿 JK 触发器

（1）CP＝0 时，触发器处于一个稳态。

（2）CP 由 0 变 1 时，触发器不翻转，为接收输入信号作准备。

（3）CP 由 1 变 0 时触发器翻转。

JK 触发器特性方程：

$$Q^{n+1} = J\,\overline{Q^n} + \overline{K}Q^n$$

总之，该触发器在 CP 下降沿前接受信息，在下降沿触发翻转，在下降沿后触发器被封锁。

 在边沿 JK 触发器电路中，若 CP 下降沿时刻有效、J、K 的波形已知，试画出 Q、$\overline{Q}$ 的波形，假设 $S_D = R_D = 0$，初始状态为 $Q^n = 0$。

解 由 JK 触发器的逻辑功能表达式有：

$$Q^{n+1} = J\,\overline{Q^n} + \overline{K}Q^n$$

由 J-K 触发器翻转规律，从 $Q = 0$ 初始态开始，逐周期画出 Q、$\overline{Q}$ 波形，如图 10-24 所示。

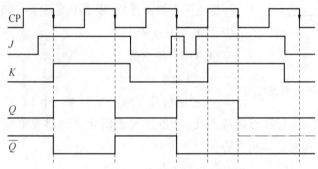

图 10-24　例 10-8 波形图

3. D 触发器

凡是在时钟信号作用下，输出状态始终保持与输入状态相同的触发器称为 D 触发器。

1）边沿 D 触发器

其电路结构如图 10-25（a）所示，信号输入端为 D，CP 为时钟脉冲信号，逻辑符号图 10-25（b）中 CP 端"∧"号表示 CP 边沿有效，小圆圈表示 CP 下降沿有效。

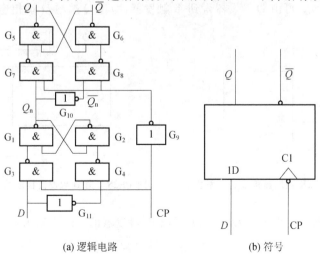

(a) 逻辑电路　　　　　(b) 符号

图 10-25　边沿 D 触发器

工作原理为：CP=0 时。与非门 G_3、G_4 被封锁，输入信号 D 被阻断。G_7、G_8 打开，从触发器的状态决定于主触发器，即 $Q^{n+1}=Q^n$，$\overline{Q^{n+1}}=\overline{Q^n}$；CP=1 时。与非门 G_3、G_4 打开，G_7、G_8 被封锁，从触发器保持原状态不变，D 信号进入主触发器，$Q^{n+1}=D$；CP 下降边沿时。与非门 G_3、G_4 被封锁，G_7、G_8 打开，主触发器锁存，CP 下降沿瞬间的 $Q^{n+1}=D$，随后将该值送入从触发器，使 $Q^{n+1}=D$，$\overline{Q^{n+1}}=\overline{D}$。

可得边沿 D 触发器的特性方程：

$$Q^{n+1}=D（CP 边沿时刻有效）$$

2）维持-阻塞 D 触发器

维持-阻塞 D 触发器，只有 CP(↑)上升沿边沿瞬间接收 D 输入端的信号，在 CP 其他持续时间，触发器因维持-阻塞功能，使状态不变，它可克服空翻现象，如图 10-26 所示为维持-阻塞 D 触发器逻辑符号图，$\overline{R_D}$、$\overline{S_D}$ 为直接置 0 端及置 1 端，低电平有效。维持-阻塞 D 触发器的特性方程为 $Q^{n+1}=D$（CP 上升沿有效）

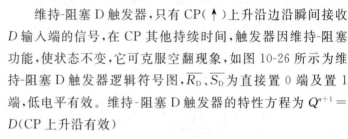

图 10-26　维持-阻塞 D 触发器

4. T(T′)触发器

1）T 触发器

当控制信号 $T=1$ 时，每来一个 CP 信号，它的状态就翻转一次，而当 $T=0$ 时，其状态保持不变，具备这种逻辑功能的触发器叫作 T 触发器。如图 10-27所示，为 J-K 触发器构成的 T 触发器。

若令 $J=K=T$，则得出 T 触发器特性方程：

$$Q^{n+1}=J\overline{Q^n}+\overline{K}Q^n=T\overline{Q^n}+\overline{T}Q^n=T\oplus Q^n$$

2）T′触发器

当 T 触发器控制端接至固定的高电平"1"时，可由 T 触发器得到 T′触发器，即每次 CP 信号作用后，触发器状态必然翻转为与初态相反的状态，我们称这种触发器为 T′触发器。

T′触发器特性方程为：

$$Q^{n+1}=\overline{Q^n}（CP 下降边沿有效）$$

如图 10-28 所示，可由 D 触发器得到 T′触发器，即将 $\overline{Q}$ 端与 D 端相连构成即可。

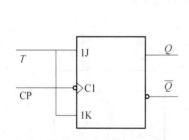
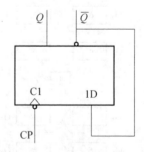

图 10-27　JK 触发器构成的 T 触发器　　图 10-28　由 D 触发器构成的 T′触发器

根据 D 触发器的特性方程 $Q^{n+1}=D$，得出 T′触发器的特性方程为：

$$Q^{n+1}=D=\overline{Q^n}$$

5. 触发器相互转换

1）JK 触发器转换至 D 触发器

JK 触发器的特性方程为：

$$Q^{n+1} = J\overline{Q^n} + \overline{K}Q^n$$

D 触发器的特性方程为：

$$Q^{n+1} = D$$

即：

$$Q^{n+1} = D = J\overline{Q^n} + \overline{K}Q^n$$

令：

$$J = D, K = \overline{D}$$

$$\therefore Q^{n+1} = D\overline{Q^n} + DQ^n = D$$

画出逻辑电路图，如图 10-29 所示。

2）JK 触发器转换至 T 触发器

T 触发器的特性方程为：

$$Q^{n+1} = T\overline{Q^n} + \overline{T}Q^n$$

令：$J = T, K = T$，画出逻辑电路图，如图 10-30 所示。

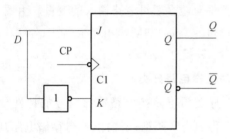

图 10-29　JK→D 触发器转换图

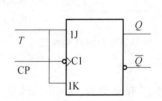

图 10-30　JK→T 触发器转换图

3）JK 触发器转换至 T′触发器

T′触发器的特性方程为：

$$Q^{n+1} = 1 \cdot \overline{Q^n} + \overline{1} \cdot Q^n = \overline{Q^n}$$

即只需令 $J = K = 1$ 即可。

4）JK 触发器转换至 RS 触发器

因为 RS 触发器的特性方程为：

$$Q^{n+1} = S + \overline{R}Q^n, RS = 0$$

变换公式如下：

$$Q^{n+1} = S + \overline{R}Q^n = S(Q^n + \overline{Q^n}) + \overline{R}Q^n = (S + \overline{R})Q^n + S\overline{Q^n}$$

由上式与 J-K 触发器特性方程对比，可令 $J = S, K = \overline{RS}$ 即可。

5）D 触发器到其他触发器的转换

（1）D 触发器转换至 JK 触发器。

令：$D = J\overline{Q^n} + \overline{K}Q^n$ 即可。

（2）D 触发器转换到 T 触发器。

令：$D = T \oplus Q^n$ 即可。

（3）D 触发器转换到 T′触发器。

令：$D = \overline{Q^n}$ 即可。

（4）D 触发器转换到 RS 触发器。

令：$D=S+\overline{R}Q^n$ 即可。

> **思考题**：JK 触发器如何转换成 D 触发器？

◆ 10.3.2 时序逻辑电路分析

时序逻辑电路的特点是：任一时刻的输出不仅取决于该时刻电路的输入变量，而且还与电路原来的状态有关，因此时序逻辑电路必须包含具有记忆功能的存储电路（触发器），并且其输出状态与输入变量一起决定电路的次态。

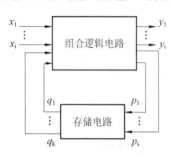

图 10-31 时序逻辑电路结构框图

时序逻辑电路由组合逻辑电路和存储电路相互连接构成，如图 10-31 所示，为时序逻辑电路结构框图。图 10-31 中，$(x_1\cdots x_i)$ 为一组输入变量，$(y_1\cdots y_j)$ 为一组输出变量，$(p_1\cdots p_s)$ 为一组存储电路输入变量，$(q_1\cdots q_k)$ 为一组存储电路输出并反馈至组合逻辑电路输入的变量。由图 10-31 可见 $(x_1\cdots x_i)$ 和 $(q_1\cdots q_k)$ 共同作用产生 $(y_1\cdots y_j)$ 和 $(p_1\cdots p_s)$。而 $(p_1\cdots p_s)$ 又决定了 $(q_1\cdots q_k)$。

1. 时序逻辑电路分类

（1）时序逻辑电路按电路输出信号的特性分为：穆尔型（MOORE）和米莱型（mealy），满足输出方程的为米莱型；若输出只与存储电路现态有关，与现态输入 X_t^n 无关，构成 $Y_t^n=F[Q^n]$ 关系，称为穆尔型，这两种电路的分析和设计过程基本上是一致的。

（2）时序逻辑电路按逻辑功能分为计数器、寄存器、移位寄存器、顺序脉冲发生器，以及实现各种不同操作的时序电路。

（3）时序逻辑电路按其工作方式可分为同步时序电路和异步时序电路。

① 同步时序电路：电路中各存储单元的更新是在同一时钟信号控制下同时完成。

② 异步时序电路：电路中各存储单元无统一的时钟控制，不受同一时钟控制。

2. 时序逻辑电路分析方法

1）时序电路描述方法

描述时序电路的逻辑功能可以采取逻辑方程式、状态转换表、状态转换图、时序图（波形图）等方式。

（1）逻辑方程式。

图 10-30 中，用 $(x_1\cdots x_i)$ 代表输入变量，$(y_1\cdots y_j)$ 代表输出变量，$(p_1\cdots p_s)$ 代表存储电路输入驱动变量，$(q_1\cdots q_k)$ 代表存储电路输出状态，这些信号之间的关系可用以下三个逻辑方程表示。

输出方程：$Y_t^n=F_1[X_t^n,Q^n]$

状态方程：$Q^{n+1}=F_2[P_t^n,Q^n]$

驱动方程：$P_t^{\ n}=F_3[X_t^n,Q^n]$

输出方程说明输出信号 Y_t^n 是输入信号 X_t^n 和存储电路输出 Q^n 的函数（米莱型）。

状态方程说明存储电路的次态 Q^{n+1} 是其存储输入 P_t^n 和现态 Q^n 的函数。

驱动方程说明存储电路输入驱动信号 P_t^n 是输入信号 X_t^n 和现态 Q^n 的函数。

（2）状态转换表。

状态转换表又称状态表，它是时序电路输入状态与对应输出状态和存储电路（触发器）现态、次态关系表。如表 10-13 所示，为 3 位二进制计数状态转换表。

表 10-13　3 位二进制计数状态转换表

计数脉冲数	二进制数	十进制数
	$Q_2 Q_1 Q_0$	
0	000	0
1	001	1
2	010	2
3	011	3
4	100	4
5	101	5
6	110	6
7	111	7
8	000	0

（3）状态转换图。

状态转换图又称状态图，它以图形方式表示时序电路状态转换的规律，图 10-32 是两变量状态转换图，$Q_1 Q_0$ 由现态 $Q_1^n Q_0^n$ 转换为次态 $Q_1^{n+1} Q_0^{n+1}$。

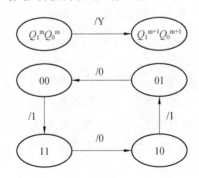

图 10-32　状态转换示意图

（4）时序图。

时序图又称波形图，它表示时序电路输入信号、输出信号和电路状态在时间上的对应关系。图 10-33 为脉冲时序图，输出 Y 与时钟脉冲 CP、现态输出 Q_1^n、Q_0^n 关系。

上述四种分析方法是对时序电路逻辑关系不同描述，适用于任何形式的时序逻辑电路。

2）时序逻辑电路分析步骤

（1）写方程组。

根据给定的逻辑电路图分别写出以下方程组。

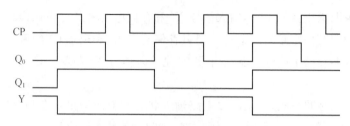

图 10-33　时序示意图

① 时钟方程组：由存储电路中各触发器时钟信号 CP 的逻辑表达式构成。

② 输出方程组：由时序电路中各输出信号的逻辑表达式构成。

③ 驱动方程组：由存储电路中各触发器输入信号的逻辑表达式构成。

（2）求状态方程组。

将驱动方程代入各相应触发器的特性方程，得到各触发器的状态方程，即各触发器次态的输出逻辑表达式。

（3）列状态转换表。

依次假定电路现态 Q^n，代入状态方程组和输出方程组，求出相应的次态 Q^{n+1} 和输出，并列表。

（4）画状态转换图。

画状态转换图，可更为直观地反映电路工作特性。

思考题：时序逻辑电路分析中，如何得出状态方程组？

◆ 10.3.3　计数器

能够实现计数功能的电路称为计数器，它是应用最为广泛的典型时序电路，是现代数字系统中不可缺少的组成部分，它不仅用于对脉冲计数，还可用于定时、分频、数字运算等工作。

按对脉冲计数值增减分为：加法计数器、减法计数器和可逆计数器。按照计数器中各触发器计数脉冲引入时刻分为：同步计数器、异步计数器，若各触发器受同一时钟脉冲控制，其状态更新是在同一时刻完成，则为同步计数；反之，则为异步计数器。按照计数器循环长度可分为：二进制、八进制、十进制、十六进制及 N 进制计数器等。

1. 二进制计数器

双稳态触发器两个状态，对应二进制数码"0"和"1"，故 n 位二进制数需用 n 个触发器。

1）同步二进制计数器

同步二进制计数器一般由 JK 触发器转换成 T 触发器构成，因为 T 触发器只有两个功能，即 T＝1 时，计数；T＝0 时，保持，满足脉冲计数的要求。由于同步计数器的时钟脉冲同时触发计数器中所有触发器，各触发器状态更新是同步的，所以工作速度快，工作频率高。如图 10-34 所示电路，由三位 JK 触发器组成，同一时钟信号 CP，$\overline{R_D}$ 为异步清零端，低电平有效。

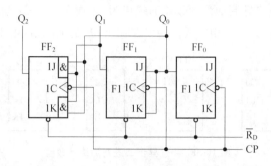

图 10-34　3 位同步二进制加法计数器

（1）根据图 10-34 写出驱动方程：

$$J_0 = K_0 = 1 \quad J_1 = K_1 = Q_0 \quad J_2 = K_2 = Q_1 Q_0;$$

（2）代入特征方程，得出状态方程：

$$Q_0^{n+1} = J_0 \overline{Q_0^n} + \overline{K_0} Q_0^n = \overline{Q_0^n}$$

$$Q_1^{n+1} = J \overline{Q_1^n} + \overline{K} Q_1^n = Q_0^n \overline{Q_1^n} + \overline{Q_0^n} Q_1^n$$

$$Q_2^{n+1} = \overline{Q_2^n} Q_1^n Q_0^n + Q_2^n \overline{Q_1^n Q_0^n}$$

（3）计算得出逻辑状态表，如表 10-14 所示。

表 10-14　3 位二进制加法计数器状态表

计数脉冲数 CP	现态	次态
	$Q_2^n Q_1^n Q_0^n$	$Q_2^{n+1} Q_1^{n+1} Q_0^{n+1}$
0	000	001
1	001	010
2	010	011
3	011	100
4	100	101
5	101	110
6	110	111
7	111	000
8	000	001

结论：该电路为 3 位同步二进制加法计数器电路。

思考题：同步计数器中，各触发器时钟脉冲有什么特点？

2）异步二进制计数器

异步计数器通常有两个或两个以上时钟脉冲 CP，各触发器的状态转换与时钟是异步的。即各触发器不同时翻转，而是从低到高依次翻转，各触发器之间为串行进位，因而异步计数器又称串行进位计数器，其计数速度较慢。

如图 10-35 所示，为 4 位异步二进制加法计数器（下降沿触发），4 只触发器均为 JK 触发器,其 J、K 端都为 1,该二进制加法计数器的规律为:每输入一个 CP 脉冲,触发器 Q_0^n 就翻转一次,高位触发器的 CP 脉冲是相邻低位触发器输出 Q_i^n 的下降沿(由 1 变为 0)。

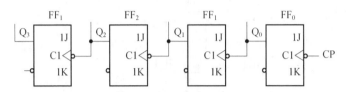

图 10-35　4 位异步二进制加法计数器

2. 十进制计数器

1)同步十进制计数器

通常把二-十进制计数器叫作十进制计数器,二-十进制有多种编码方式,图 10-36 所示是由 JK 触发器组成的 8421 编码同步十进制加法计数器,分析步骤与前述同步二进制计数器分析方法相同(略),按图可写出驱动方程、输出方程,进而求出状态方程,计算出状态转换表,并画出时序图。该计数器在时钟 CP 作用下,可自动进入有效循环,具有自启动能力。

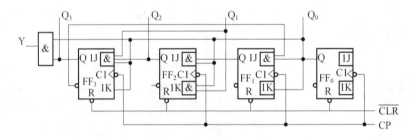

图 10-36　同步十进制加法计数器

2)异步十进制计数器

如图 10-37 所示,为典型十进制异步加法计数器电路,同 4 位异步二进制加法计数器类似,经电路修改得到。

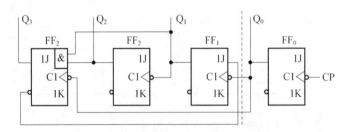

图 10-37　异步十进制加法计数器

(1) 由图写出时钟方程、驱动方程

时钟方程:$CP_0 = CP, CP_1 = Q_0^n, CP_2 = Q_1^n$

驱动方程:$J_0 = K_0 = 1, J_1 = \overline{Q_3^n}; K_1 = 1; J_2 = K_2 = 1; J_3 = Q_2^n Q_1^n, K_3 = 1$

(2) 求状态方程。将驱动方程代入 JK 触发器的特征方程:

$$Q_0^{n+1} = \overline{Q_0^n}; Q_1^{n+1} = \overline{Q_3^n}\,\overline{Q_1^n}; Q_2^{n+1} = \overline{Q_2^n}; Q_3^{n+1} = \overline{Q_3^n} Q_2^n Q_1^n$$

(3) 计算状态表并画出波形图,如图 10-38 所示。

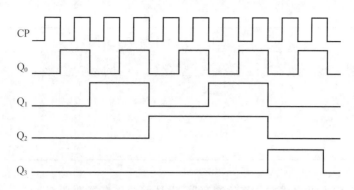

图 10-38　异步十进制计数器时序图

10.3.4　移位寄存器

移位寄存器和数码寄存器不同，移位寄存器不仅能存储数据，而且具有移位的功能。按照数据移动的方向，可分为单向移位和双向移位。而单向移位又有左移和右移之分。

1. 单向移位寄存器

图 10-39 所示为 4 位单向右移移位寄存器，由 4 个 D 触发器构成，将前一位触发器的输出与后一位触发器的输入相连，即 $Q_i^n = D_{i+1}$，所以可得 $Q_{i+1}^{n+1} = Q_i^n$，将前一位数据移至后一位，在 CP 移位指令控制下，数据依次由 D_0 输入，经 4 个 CP 脉冲，可并行输出 $Q_0 \sim Q_3$。也可依次由 Q_3 串行输出构成串入/串出和串入/并出两种工作方式。

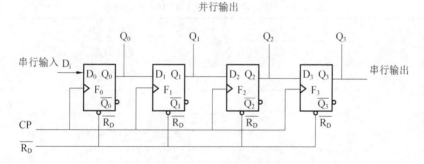

图 10-39　单向移位寄存器电路图

设输入数码为 1101，在 CP 移位脉冲作用下，其数码移位情况如表 10-15 所示，当 4 个 CP 脉冲过后，1101 四位数码全部移入寄存器中，并从四个触发器 Q 端得到并行数码输出，再经四个 CP 脉冲，则由 Q_3 全部串行输出。

表 10-15　移位寄存器中数码移动表

CP	移位寄存器中数码			
	F_0	F_1	F_2	F_3
0				
1				
2				
3				
4				

续表

CP	移位寄存器中数码			
	F_0	F_1	F_2	F_3
0	0	0	0	
1	0	0	0	
0	1	0	0	
1	0	1	0	
1	1	0	1	

  当数据由右输入可构成左移移位寄存器,上述移位寄存器数据都是串行输入的,在数据输入形式上还可实现并行输入,左移或右移串行输出而构成多种工作方式。

2. 双向移位寄存器

  74LS194 是 4 位多功能双向移位寄存器。图 10-40 为 74LS194 的图形符号,$\overline{R_D}$ 为异步清零端,低电平时有效。D_0、D_1、D_2、D_3 为并行数据输入端,D_L、D_R 分别是左移和右移串行数据输入端,CP 是同步时钟脉冲输入端,逻辑功能表见表 10-16。

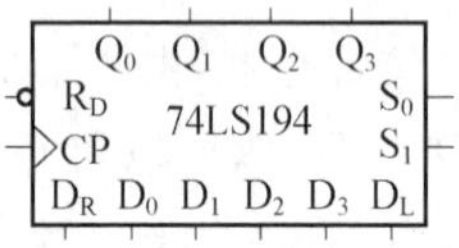

图 10-40 74LS194 引脚功能图

表 10-16 双向移位寄存器 74LS194 的功能表

输入					输出	功能
R_D	$S_1 S_0$	$D_R D_L$	$D_0 D_1 D_2 D_3$	CP	$Q_0 Q_1 Q_2 Q_3$	
0	××	××	××××	×	0000	异步清零
1	00	××	××××	↑	$Q_0^n\ Q_1^n\ Q_2^n\ Q_3^n$	保持
1	01	D_R×	××××	↑	$D_R\ Q_0^n\ Q_1^n\ Q_2^n$	串行输入右移
1	10	×D_L	××××	↑	$Q_1^n\ Q_2^n\ Q_3^n\ D_L$	串行输入左移
1	11	××	$D_0 D_1 D_2 D_3$	↑	$D_0 D_1 D_2 D_3$	并行输入

  思考题:移位寄存器可否实现同时串行输出及并行输出?

10.3.5 N 进制计数器设计

  集成计数器除计数功能外,还有异步清零、预置数和保持等功能,因而得到广泛应用。常见的集成计数器一般为二进制(多位二进制)和十进制计数器。

  若要构成任意进制,即 N 进制,如五进制、七进制、十二进制等模数(进制数)不等于 2^n 的计数器,通常采用以下几种方法。

1. 级联法

根据计数容量的要求，将几片电路串联，可得到总容量 $N = N_1 \cdot N_2 \cdots\cdots$ 的计数器。

2. 复位法

复位法是将原为 M 进制的计数器，利用计数器的异步置零端，当计数器从初始置零状态计入 N 个计数脉冲后，将 N 的二进制状态 S_N 译码，并将此信号送至异步置 0 端，使计数器强制清零复位，再开始下一计数循环，计数器跳过 $(M - N)$ 个状态，得到 N 进制计数器（$M > N$）。

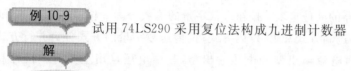

试用 74LS290 采用复位法构成九进制计数器

解

因为 74LS290 是十进制计数器，即 $M = 10, M > N$，故可以构成九进制计数器。当电路从 $Q_3'' Q_2'' Q_1'' Q_0'' = 0000$ 开始，计入九个脉冲后其状态为 $Q_3'' Q_2'' Q_1'' Q_0'' = 1001$。将 Q_3'' 和 Q_0'' 的"1"电平加至 R_{01} 和 R_{02} 异步置零端，在 1001 出现的瞬间，电路便复位，回到 0000 初态，跳过"9"而构成九进制计数，图 10-41 为 74LS290 构成九进制计数器电路图。

用复位法构成的 N 进制计数器，方法简便，但可靠性差。由上例可见，"1001"状态出现时间短暂，因而清零脉冲也很窄，加之计数器内部的各触发器性能差异，极易造成循环不正常。为了克服这一弊端，可采用改进电路，如图 10-40 所示，图中 $\overline{Q_3'' \cdot Q_0''} = 0$ 作为 RS 触发器中 G_1 的触发信号，使 $Q = 1$ 并保持，直至下一个 CP 计数脉冲高电平到来。触发器翻转，使清零脉冲宽度与 CP 低电平宽度相等，电路有足够的时间清零，用反馈复位法可以方便地得到 N 进制计数器。

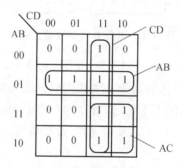

图 10-41　例 10-9 电路连接图

3. 置位法

采用置位法构成 N 进制计数器电路，必须具有预置数功能，其方法是利用预置数功能端，在计数过程中，跳过 $(M - N)$ 个状态，强行置入某一设置数，如上述构成 9 进制计数器时，LD 端初始置数为 1001，当下一个计数脉冲输入时，电路从该状态开始计数循环。

思考题：N 进制计数器设计中，用复位法和置位法实现，两者有何区别？

10.4　D/A 与 A/D 转换器

10.4.1　D/A 转换器

D/A 转换器把数字量转换为模拟量的过程称为数/模转换,完成这 **D/A 与 A/D 转换器**
种转换的电路称为数模转换器(Digital to Analog Converter),亦称 D/A
转换器或 DAC,D/A 转换器的品种很多。按输入数字量的位数分为 8 位、10 位、12 位和 16
位等;按输入的数码分为二进制方式和 BCD 码方式;按传送数字量的方式分为并行方式和
串行方式;按输出形式分为电流输出型和电压输出型,其中电压输出型又有单极性和双
极性。

1. D/A 转换原理

n 位 D/A 转换器方框图如图 10-42 所示,D/A 转换器由数字寄存器、模拟电子开关、解
码网络、集成运算电路及基准源电路部分组成,数字量以串行或并行方式输入并且存于数字
寄存器中,数字寄存器各位数码分别控制对应位的模拟电子开关,使数码为 1 的位在位权网
络上产生与之成正比的电流值,再由求和电路将各种权值相加,即得到与数字量对应的模
拟量。

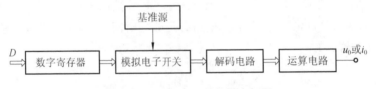

图 10-42　2^n 位 D/A 转换器方框图

以 4 位倒 T 型电阻网络 D/A 转换器为例,如图 10-43 所示,它由 R、2R 两种阻值的电阻
构成的倒 T 型电阻网络、模拟开关和运算放大器组成。输入数字 D_3、D_2、D_1 和 D_0 分别控制
模拟电子开关 K_3、K_2、K_1 和 K_0 的工作状态,当 D_i 为"1"时,开关 K_i 接通右边,相应的支路电
流流入运算放大器;当 D_i 为"0"时,开关 K_i 接通左边,相应的支路电流流入地。

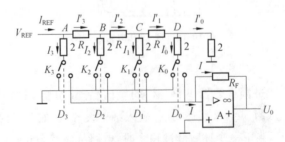

图 10-43　4 位 R-2R 倒 T 型 D/A 转换器电路

根据电路计算:

$$I = \frac{V_{REF}}{R}\left(\frac{D_0}{2^n} + \frac{D_1}{2^{n-1}} + \frac{D_2}{2^{n-2}} \cdots\cdots + \frac{D_{n-2}}{2^2} + \frac{D_{n-1}}{2^1}\right)$$

$$??? = \frac{V_{REF}}{2^n R}\left(D_0 2^0 + D_1 2^1 + D_2 2^2 + \cdots\cdots + D_{n-2} 2^{n-2} + D_{n-1} 2^{n-1}\right)$$

若 $R = R_F$，则运算放大器的输出为：

$$U_0 = -R_F I = -\frac{V_{REF}}{2^n} \sum_{i=0}^{n-1} D_i \times 2^i$$

倒 T 型 D/A 转换器的特点是：D/A 转换器速度快，因为不管模拟开关 K_i 位置怎样，流过各支路的电流总是接近于恒定值，又由于它只有 R 和 2R 两种电阻，所以在集成芯片中的应用非常广泛。

2. 常用 DAC 转换器指标

1）分辨率

它是指 D/A 转换器能分辨最小输出电压变化量与最大输出电压之比。对于一个 n 位的 D/A 转换器有：

n 位 D/A 转换器分辨率 $\approx \dfrac{1}{2^n}$

2）转换精度

D/A 转换器的精度是指实际输出电压与理论输出电压之间的偏离程度，通常用最大误差与满量程输出电压之比的百分数表示。

3）转换时间

D/A 转换器的转换时间是指在输入数字信号开始转换，到输出达到稳定时所需要的时间。转换时间越小，表示 D/A 转换器工作速度越快，单片集成 D/A 转换器中，转换时间一般不超过 $1\ \mu s$。

常用的集成 DAC 转换器件有：DAC0832、AD7524 等，DAC0832 是 CMOS 工艺制造的 8 位 D/A 转换器，属于 8 位电流输出型 D/A 转换器，转换时间为 $1\ \mu s$，片内带输入数字锁存器。利用 D/A 转换器可以产生各种波形，如方波、三角波、正弦波、锯齿波等以及它们组合产生的复合波形和不规则波形。

思考题: n 位 D/A 转换器，其分辨率为多少?

◆ 10.4.2　A/D 转换器

A/D 是把模拟量转换为数字量的过程称为模/数转换,完成这种转换的电路叫模/数转换器(analog to digital converter),也称 A/D 转换器或 ADC。

1. A/D 转换基本原理

A/D 转换的过程一般要经过采样、保持、量化和编码四个步骤,前两步在取样—保持电路中完成,后两步则在 A/D 转换器中完成。

A/D 转换器转换方法主要分为三种,分别为并联比较型、双积分型及逐次逼近型转换器。

1）并联比较型 A/D 转换器

并联比较型 A/D 转换器是一种高速 A/D 转换器,并联型 A/D 转换器由基准电压、电阻分压器、电压比较器、寄存器和编码器等部分组成,其特点是转换速度快,但精度不高。

2）双积分型 A/D 转换器

双积分型 A/D 转换器又称为双斜率 A/D 转换器。图 10-44 是双积分型 A/D 转换器的原理框图。

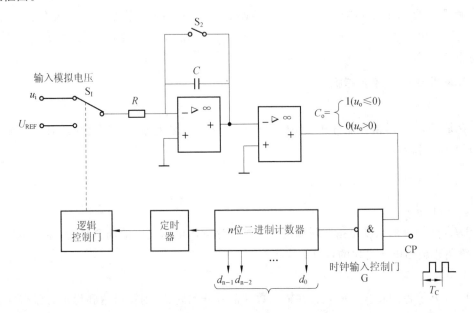

图 10-44　双积分型 A/D 转换器的原理框图

它由基准电压源、积分器、比较器、时钟脉冲输入控制门、n 位二进制计数器、定时器和逻辑控制门电路组成，其特点是精度较高，抗干扰能力强，但转换速度慢。

3）逐次逼近型模-数转换器

逐次逼近型模-数转换器一般由顺序脉冲发生器、逐次逼近寄存器、模-数转换器和电压比较器等几部分组成，其特点是转换精度高。原理框图如图 10-45 所示。

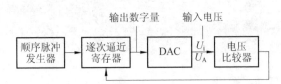

图 10-45　逐次逼近型模-数转换器原理框图

转换开始，顺序脉冲发生器输出的顺序脉冲，首先将寄存器的最高位置"1"，经数-模转换器转换为相应的模拟电压 U_A 送入比较器与待转换的输入电压 U_i 进行比较，若 $U_A > U_i$，说明数字量过大，将最高位的"1"除去，而将次高位置"1"。若 $U_A < U_i$，说明数字量还不够大，将最高位的"1"保留，并将次高位置"1"，这样逐次比较下去，一直到最低位为止。寄存器的逻辑状态就是对应于输入电压 U_i 的输出数字量。

2. 常用 A/D 转换器指标

1）分辨率

分辨率是指 A/D 转换器输出数字量的最低位变化一个数码时，所对应输入模拟量的变化量。

$$n \text{ 位 A/D 转换器分辨率} \approx \frac{1}{2^n} \times U_i$$

通常以 A/D 转换器位数表示分辨率的高低,其位数越多,分辨能力越高。

2）转换误差

表示 A/D 转换器实际输出的数字量与理论上输出数字量之间的差别,转换误差常用最低有效位的倍数表示。

3）转换速度

A/D 转换器从接收到转换控制信号开始,到输出端得到稳定的数字量为止所需要时间。常用 A/D 转换器有 ADC0808、ADC0809 等,它们是 8 位 A/D 转换器,为逐次逼近式A/D 转换器,可以和单片机直接接口。

10.4.3 随机存取存储器 RAM

随机存取存储器简称 RAM,又称读/写存储器,既能方便地读出所存数据,又能随时写入新的数据,它由地址译码器、存储矩阵、读写控制器、输入/输出控制、片选控制等部分组成,如图 10-46 所示。

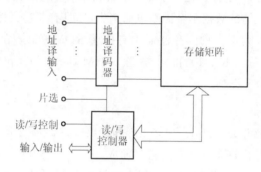

图 10-46　RAM 的结构示意框图

1. 存储矩阵

RAM 核心部分为一个寄存器矩阵,用来存储信息,称为存储矩阵,RAM 存储单元有静态 RAM 存储单元和动态 RAM 存储单元。静态 RAM 存储单元由静态触发器和门控管组成存储单元,有 NMOS 型、CMOS 型和双极型等。动态 RAM 存储单元是利用 MOS 管栅极电容可以存储电荷的原理制成的。

2. 地址译码器

地址译码器的作用是将寄存器地址所对应的二进制数,译成有效的行选信号和列选信号,从而选中该存储单元。

3. 读/写控制

访问 RAM 时,对被选中的寄存器,究竟是读还是写,通过读/写控制线进行控制。如果是读,则被选中单元存储数据经数据线、输入/输出线传送给 CPU;如果是写,则 CPU 将数据经过输入/输出线、数据线存入被选中单元。

一般 RAM 读/写控制线高电平为读,低电平为写,也有的 RAM 读/写控制线是分开的。

4. 输入/输出

RAM 通过输入/输出端与计算机中央处理单元(CPU)交换数据,读出时它是输出端,写入时它是输入端,即一线二用,由读/写控制线控制。输入/输出端数据线的条数,与一个地址中所对应的寄存器位数相同,例如在 1024×1 位的 RAM 中,每个地址中只有 1 个存储单元(1 位寄存器),因此只有 1 条输入/输出线;而在 256×4 位的 RAM 中,每个地址中有 4 个存储单元(4 位寄存器),所以有 4 条输入/输出线,也有的 RAM 输入线和输出线是分开的,RAM 的输出端一般都具有集电极开路或三态门输出结构。

常用的 RAM 产品有 6116、6264、62128 及 62256 等,61、62 为产品系列号,其存储容量可用尾数除以 8 得到,如存储器 6264,其容量为 8KB。

思考题:随机存取存储器 RAM,数据既可读出,也可写入,结论对吗?

10.4.4　只读存储器 ROM

只读存储器因工作内容只能被读出而得名,它是存放固定信息的存储器,常用于存储数字系统及计算机中不需改写的数据,例如数据转换表及计算机操作系统程序等。ROM(Read-Only Memory)存的数据不会因断电而消失,即具有非易失性,与 RAM 不同,ROM 一般需由专用装置写入数据。只读存储器中有掩模 ROM、可编程 PROM(programmable read-only memory,简称 PROM)和可擦除 ROM(erasable programmable read-only memory,简称 EPROM)等类型。

1. ROM 工作原理

ROM 电路结构包含地址译码器、存储矩阵和输出缓冲器等组成,如图 10-47 所示,其核心部分是存储矩阵,它是由许多存储单元排列而成。

地址译码器是将输入的地址代码译成相应的控制信号,利用这个控制信号从存储矩阵中选出指定的单元,并把单元数据送到输出缓冲器,输出缓冲器的作用可提高存储器带载能力及实现对输出状态的三态控制。

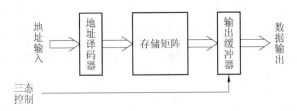

图 10-47　ROM 的电路结构框图

2. ROM 分类

按照数据写入方式特点不同,可分为以下几种。

(1)固定 ROM,也称掩膜 ROM,这种 ROM 在厂家制造时,利用掩膜技术直接把数据写入存储器中,ROM 制成后,其存储数据也就固定不变了,用户对这类芯片无法进行任何修改。

(2)一次性可编程 ROM(PROM),PROM 在出厂时,存储内容全为 1(或全为 0),用户可根据自己需要,利用编程器将某些单元改写为 0(或 1),PROM 一旦进行了编程,就不能再修改了。

(3)可擦除可编程 ROM(EPROM),EPROM 是采用浮栅技术生产的可编程存储器,它的存储单元多采用 N 沟道叠栅 MOS 管,信息存储是通过 MOS 管浮栅上电荷分布来决定的,编程过程就是一个电荷注入过程,编程结束后,尽管撤除了电源,但由于绝缘层的包围,注入到浮栅上的电荷无法泄漏,因此电荷分布维持不变,EPROM 也就成为非易失性存储器件了。

当外部光源（如紫外线光源）加到 EPROM 上时,EPROM 内部的电荷分布才会被破坏,此时聚集在 MOS 管浮栅上电荷在紫外线照射下形成光电流被泄漏掉,使电路恢复到初始状态,从而擦除了所有写入的信息,这样 EPROM 又可以写入新的信息。

（4）电可擦除可编程 ROM(E^2PROM),构成 E^2PROM 存储单元的是隧道 MOS 管,利用浮栅是否存有电荷来存储二值数据,即采用浮栅技术生产的可编程 ROM,不同的是隧道 MOS 管是用电擦除的,并且擦除的速度要快的多（一般为毫秒数量级）。

E^2PROM 的电擦除过程就是改写过程,它具有 ROM 的非易失性,又具备类似 RAM 的功能,可以随时改写。目前大多数 E^2PROM 芯片内部都备有升压电路,只需提供单电源供电,便可进行读、擦除/写操作,这为数字系统设计和在线调试提供了极大方便。

（5）快闪存储器（flash memory）,快闪存储器存储单元采用浮栅型 MOS 管,存储器中数据擦除和写入是分开进行的,数据写入方式与 EPROM 相同,需要输入一个较高的电压,因此要为芯片提供两组电源,一般芯片可以擦除/写入 100 次以上。

常用的 ROM 产品有 27C64、27C128、27C256 及 27C512 等,27C 为产品系列号,其存储容量可用尾数除以 8 得到,如存储器 27C64,其容量为 8KB。

> 思考题:ROM 产品型号 27C128,其存储容量为多少?

◆ 10.4.5 可编程逻辑器件 PLD

可编程逻辑器件（Programmable Logic Device,简称 PLD）是一种超大规模集成电路,它不仅具有集成度高,处理速度快和可靠性高的优点,而且它的逻辑功能是由用户自己通过对器件编程来设定的。

1. PLD 的基本结构

PLD 的基本结构框图如图 10-48 所示,PLD 电路的主体是由门构成的"与阵列"和"或阵列",可以用来实现组合逻辑函数。输入电路由缓冲器组成,可以使输入信号具有足够的驱动能力,并产生互补输入信号。输出电路可以提供不同的输出结构,如直接输出（组合方式）,或通过寄存器输出（时序方式）。此外输出端口通常有三态门,可通过三态门控制数据直接输出或反馈到输入端。

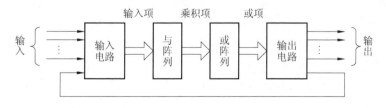

图 10-48　PLD 基本结构框图

通常 PLD 电路中只有部分电路可以编程或组态，PROM、PLA、PAL 和 GAL 四种 PLD 由于编程情况和输出结构不同，因而电路结构也不相同，表 10-17 列出了四种 PLD 电路结构特点。其中 GAL 结构与 PAL 相同，由可编程的与阵列去驱动一个固定的或整列。

表 10-17　PLD 的四种结构

名称	阵列		输出类型
	与阵列	或阵列	
PROM	固定	可编程	三态、集电极开路
PLA	可编程	可编程	三态、集电极开路
PAL	可编程	固定	异步 I/O、异或、寄存器、算术选通反馈
GAL	可编程	固定	由用户定义

2. PLD 的分类

1）按集成度分类

（1）低密度 PLD（LDPLD），主要产品有 PROM、现场可编程逻辑阵列（FPLA-field programmable logic array）、可编程阵列逻辑（PAL-programmable array logic）和通用阵列逻辑（GAL-generic array logic），其规模较小（通常每片只有数百门），难于实现复杂的逻辑。

（2）高密度 PLD（HDPLD），它包括可擦除、可编程逻辑器件（EPLD-erasable programmable logic device）、复杂可编程逻辑器件（CPLD-complex programmable logic device）和现场可编程门阵列（FPGA-field programmable gate array）三种类型。EPLD 和 CPLD 基本结构由与或阵列组成，因此通常称为阵列型 PLD，而 FPGA 具有门阵列的结构形式，通常称为单元型 PLD。

2）按制造工艺分类

（1）一次性编程的 PLD，紫外线可擦除的可编程逻辑器件 EPLD（Erasable PLD）。

（2）电可擦除的可编程逻辑器件 EEPLD（Electrically Erasable PLD）。

 项目实施

1. 三人表决器的制作

1）任务要求

制作一个三人表决器，每人有一个按钮开关，同意则按动按钮，表示为"1"。不同意则为"0"。最终结果由指示灯显示，两人或两人以上赞成，则指示灯亮，表示为"1"，否则指示灯不亮，表示为"0"。

2）设备要求

（1）数字电路实验箱一台（YZ11101C）。

（2）万用表若干。

（3）元器件：74LS00，74LS10 每组各一只。

（4）实验连接导线若干。

3）制作过程

（1）三人表决器的逻辑状态分析。

设表决三人为变量 A、B、C，"1"表示同意，"0"表示不同意。表决器结果为变量 Y，表决通过表示为"1"，指示灯亮，表决不通过表示为"0"，指示灯不亮，如表 10-18 所示。

表 10-18　三人表决器真值表

A	B	C	Y
0	0	0	0
0	0	1	0
0	1	0	0
0	1	1	1
1	0	0	0
1	0	1	1
1	1	0	1
1	1	1	1

① 由真值表写出逻辑式：

$$Y=\overline{A}BC+A\overline{B}C+AB\overline{C}+ABC$$

② 用公式法或卡诺图化简逻辑表达式：

$$Y=\overline{A}BC+A\overline{B}C+AB\overline{C}+ABC$$
$$=AB(\overline{C}+C)+BC(\overline{A}+A)+AC(\overline{B}+B)$$
$$=AB+BC+AC$$

③ 变换成与非 - 与非表达式，用与非门实现。

④ $Y=\overline{\overline{AB}\cdot\overline{BC}\cdot\overline{AC}}$

（2）由逻辑表达式画出逻辑图，如图 10-49 所示。

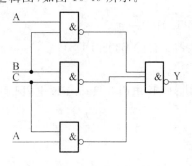

图 10-49　三人表决器逻辑图

（3）三人表决器接线图。

按图 10-50 所示在逻辑实验箱上进行连线，其中 A、B、C 分别与三只按钮连接，Y 端连接指示灯。

（4）安装与检测。

① 在逻辑实验箱上找到两个 14P 插座安装 74LS00 和 74LS10 芯片。

② 连接电源线和接地线。

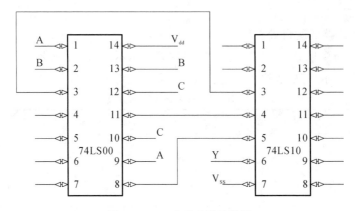

图 10-50 三人表决器接线图

③ 按照图 10-50 所示接线,接入输入信号 A、B、C(8 位逻辑电平输入端),接入输出信号 Y(8 位逻辑电平显示段)。

④ 接通 +5 V 电源。

⑤ 改变输入信号,观测输出信号的状态并记录。

⑥ 检测:测试结果,验证是否与真值表吻合。

4) 总结

完成实验后进行总结。

2. JK 触发器逻辑功能测试

1) 任务要求

任务要求:按照测试程序要求完成所有测试内容。

(1) 会测试 JK 触发器的逻辑功能。

(2) 能描述用 JK 触发器构成计数器的原理。

(3) 能用集成 JK 触发器制作计数器。

2) 设备要求

(1) 数字电路实验箱(YZ11101C)一台。

(2) 数字式函数信号发生器 1 台(YB3050DDS)。

(3) 万用表每组一块。

(4) 元器件:74LS112,1 块;10 K 电阻 5 只;5.1 K 电阻 1 只;按钮开关 5 只;LED 发光二极管 IN4007,1 只。

(5) 实验连接导线若干。

3) 制作过程

(1) 引脚说明。如图 10-51 所示,CLK1、CLK2:时钟输入端(下降沿有效),J1、J2、K1、K2:数据输入端,Q1、Q2、/Q1、/Q2:输出端,CLR1、CLR2:直接复位端(低电平有效),PR1、PR2:直接置位端(低电平有效)。

(2) 如图 10-52 所示连接,进行 74LS112 逻辑功能测试。

(3) 安装与测试。

① 在实验箱上安装好芯片、电阻、LED 及开关(注意布局)。

② 连接电源线和接地线,并按照上图完成电路的连接。

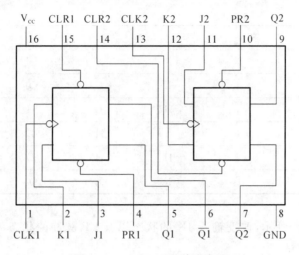

图 10-51　74LS112 芯片引脚图

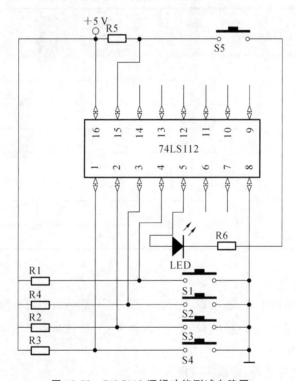

图 10-52　74LS112 逻辑功能测试电路图

③ 接通电源，完成电路测试。

表 10-19 所示为 74lS112 逻辑功能表。

表 10-19　74lS112 逻辑功能表

输　　入					输　　出	
PR	CLR	CLK	J	K	Q	/Q
L	H	X	X	X	H	L
H	L	X	X	X	L	H

续表

输　　入					输　　出	
L	L	X	X	X	*	*
H	H	↓	L	L	Q_0	$/Q_0$
H	H	↓	H	L	H	L
H	H	↓	L	H	L	H
H	H	↓	H	H	$/Q_0$	Q_0
H	H	H	X	X	Q_0	$/Q_0$

④ 按照表 10-20 所示,改变输入 JK 的状态以及 CP 脉冲的状态,记录相对应的输出 Q^{n+1} 的状态,完成测试。

表 10-20　74LS112 触发器逻辑功能测试表

RD	SD	J	K	CP	Q^{n+1}	
					$Q^n = 0$	$Q^n = 1$
1	1	0	0	↓		
				↑		
1	1	0	1	↓		
				↑		
1	1	1	0	↓		
				↑		
1	1	1	1	↓		
				↑		

4) 总结与思考

(1) 当 RD＝0,SD＝1 时,输出 Q^{n+1}＝?并思考 CP 脉冲状态对输出 Q^{n+1} 的影响。

(2) 当 RD＝1,SD＝0 时,输出 Q^{n+1}＝?并思考 CP 脉冲状态对输出 Q^{n+1} 的影响。

5) 完成实验报告

分析总结项目实施过程,完成实验报告。

3. 用 CC4518 实现六十进制计数器

1) 任务要求

按测试程序要求完成"CC4518 实现六十进制计数器"测试内容;能描述集成计数器的功能并会使用;能用计数器 CC4518 芯片构成 60 进制计数器;能用复位法构成任意进制计数器。

2) 设备要求

数字电路实验箱(YZ11101C)一台;万用表若干;数字式函数信号发生器(YB3050DDS)1 台;元器件:CC4518、CC4011 各 1 块,500Ω 电阻 8 只,发光二极管 8 只,导线若干;实验连接导线若干。

3）制作过程

CC4518 芯片引脚图如图 10-53 所示。CC4518 逻辑功能表如表 10-21 所示。

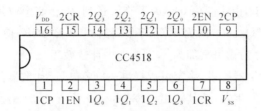

图 10-53　CC4518 芯片引脚图

表 10-21　CC4518 逻辑功能表

输　入			输　出
CP	CR	EN	
↑	L	H	加计数
L	L	↓	
↓	L	×	保持
×	L	↑	
↑	L	L	
H	L	↓	
×	H	×	全部为 L

测试电路：用 CC4518 构成的六十进制计数器测试接线图，如图 10-54 所示。

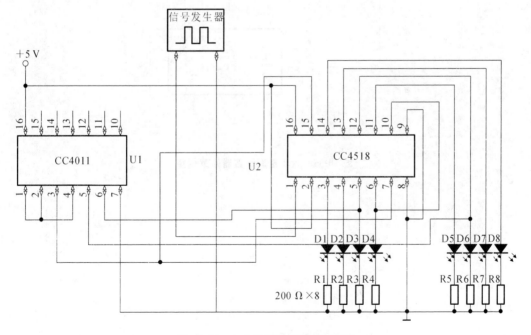

图 10-54　六十进制计数器的电路图

根据下图所示的用 CC4518 构成的六十进制计数器，测试程序如下。

(1) 工作原理:如图 10-54 所示,为 CC4518 构成的 60 进制计数器的逻辑图,其技术原理是:计数脉冲输入到各片位的 CP 端,个位片本来就是十进制计数器,当每输入 10 个技术脉冲的上升沿到来时,$1Q_3$ 由 1 变为 0 作为下降沿送到 $2E_N$,使十位片计数一次,当 60 个计数脉冲上升沿到来时,$2Q_2$、$2Q_1$ 同为 1,经与非门送到 1CR、2CR,使十位片、个位片同时复位,即使个位片和十位片的输出全部为 0,完成一个计数循环。

计数脉冲由信号发生器提供,稳定电源提供+5 V 电压,计数器的输入状态用 8 个发光二极管表示。调整信号发生器,使其输出频率为 1 Hz 的方波,观察发光二极管的工作情况是否符合 60 进制的计数规律。

(2) 安装步骤。

① 在试验箱上安装好芯片、电阻、发光二极管等。

② 连接电源线和接地线。

③ 如图 10-54 所示连接好导线,并由函数信号发生器接入脉冲信号。

④ 接通电源,脉冲信号调为 1 Hz 的方波信号,观察 LED 灯的变化并做好记录。

(3) 用 CC4518 实现六十进制计数器的逻辑图。

根据前面所学知识,画出图 10-55 所示的用 CC4518 构成的六十进制计数器的逻辑图。

(4) 完成实验报告。

分析总结项目实施过程,完成实验报告。

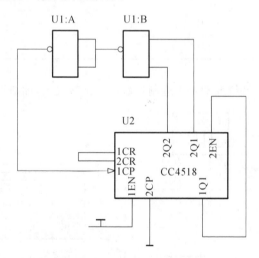

图 10-55 六十进制计数器的逻辑图

知识梳理与总结

1. N 进制需要用到 N 个数码，基数是 N；运算规律为逢 N 进一。

2. 逻辑函数的三种表示方法：真值表、表达式和逻辑符号图。

3. 逻辑函数利用卡诺图规则和步骤进行化简。

4. 组合逻辑电路的分析步骤：(1) 写函数表达式；(2) 逻辑化简；(3) 列出真值表；(4) 依据真值表或最简函数式确定电路的功能。

5. 组合逻辑电路的设计步骤：(1) 进行逻辑抽象；(2) 写出逻辑函数式；(3) 化简或变换；(4) 画出连接图。

6. 常见的触发器有 R-S 触发器、D 触发器、J-K 触发器、T 触发器和 T′ 触发器。

7. 基本 RS 触发器、同步 RS 触发器、主从 RS 触发器都具有置位、复位和保持(记忆)功能。

8. 利用已有触发器和待求触发器特性方程相等的原则，可求出触发器转换逻辑。

(1) 写出已有触发器和待求触发器的特性方程。

(2) 变换待求触发器的特性方程，使之形式与已有触发器的特性方程一致。

(3) 比较已有和待求触发器的特性方程，根据两个方程相等的原则求出转换逻辑。

(4) 根据转换逻辑画出逻辑电路图。

9. 时序逻辑电路分析步骤

(1) 根据给定的逻辑电路图分别写出方程组；(2) 求状态方程组；(3) 列状态转换表，画状态转换图。

10. D/A 转换器把数字量转换为模拟量的过程称为数/模转换，完成这种转换的电路称为数模转换器。A/D 是把模拟量转换为数字量的过程称为模/数转换，完成这种转换的电路叫模/数转换器。

11. 随机存取存储器简称 RAM，又称读/写存储器，既能方便地读出所存数据，又能随时写入新的数据，而 ROM 存储的数据不会因断电而消失，即具有非易失性。

习 题

一、填空题

1. 逻辑代数的三种基本运算是_____、或运算和_____。

2. 研究组合逻辑电路任务有_____、_____、_____等方面。

3. 要实现图 10-56 所示电路输出端的逻辑关系,在图上标明空端应接逻辑 1 还是 0?

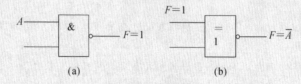

图 10-56　填空题 3

4. 对于触发器,当 $Q=1,\overline{Q}=0$ 时称触发器处于_____状态;当 $Q=0,\overline{Q}=1$ 时称触发器处于_____状态。

二、数制转换

1. 将下列二进制数转化成十进制数。

(1) 1010;　　　　(2) 10101;　　　　(3) 11001.01101;　　　　(4) 10010111.011

2. 将下列十进制数转化成二进制数。

(1) 35;　　　　(2) 84;　　　　(3) 138;　　　　(4) 15.25

3. 将下列 8421BCD 码转化成十进制数。

(1) 1001;　　　　(2) 1010101;　　　　(3) 110011.0111;　　　　(4) 1000111.0110

4. 将下列十进制数转化成 8421BCD 码。

(1) 45;　　　　(2) 58;　　　　(3) 18.35;　　　　(4) 13.25

三、化简题

1. $Y=A\overline{C}+ABC+AC\overline{D}+CD$

2. $Y=A+(\overline{B+\overline{C}})(A+\overline{B}+C)(A+B+C)$

3. $Y(A,B,C,D)=\sum(m_0,m_1,m_2,m_4,m_7,m_9,m_{10},m_{11},m_{12},m_{13},m_{14},m_{15})$

4. $Y(A,B,C,D)=\sum m(5,6,7,8,9)+\sum d(10,11,12,13,14,15)$

四、画图题

1. 将下列函数用二端与非门实现,画出电路图。

(1) $Z=ABD+ABC+ACD$

(2) $Z=\overline{ABC}+ABD+\overline{ABCD}+\overline{A}BCD$

2. 边沿 JK 触发器的初始状态为 0,CP、J、K 信号如图 10-57 所示,试画出触发器 Q 端的波形。

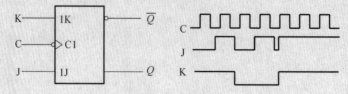

图 10-57　画图题 2

五、问答题

1.组合逻辑电路有什么特点？组合逻辑电路分析的方法是什么？

2.组合逻辑电路的设计步骤有哪些？

3.时序逻辑电路分析步骤有哪些？

4.根据逻辑图 10-58 写出输出逻辑表达式，并用化简至最简与或式。

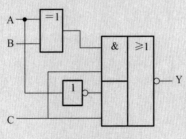

图 10-58　问答题 4

5.分析如图 10-59 所示时序逻辑电路的逻辑功能，并检查电路是否具有自启动功能。

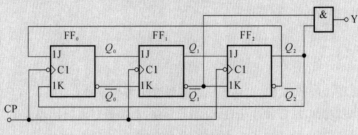

图 10-59　问答题 5

参考文献

[1] 张鹏.模拟电子技术[M].北京:高等教育出版社,2018.

[2] 冯泽虎,韩振花.模拟电子技术[M].北京:高等教育出版社,2017.

[3] 张园,于宝明.模拟电子技术[M].北京:高等教育出版社,2017.

[4] 赵同贺. 开关电源与 LED 照明的优化设计应用[M].北京:机械工业出版社,2012.

[5] 胡宴如. 模拟电子技术[M]. 5 版.北京:高等教育出版社,2015.

[6] 吕国态,白明友.电子技术 [M].北京:高等教育出版社,2008.

[7] 袁明文,谢广坤.电子技术[M].哈尔滨:哈尔滨工业大学出版社,2013.

[8] 徐稜,等.变压器手册电子分册 [M].沈阳:辽宁科学技术出版社,2009.

[9] 胡长阳.D 类和 E 类开关模式功率放大器[M].北京:高等教育出版社,2003.

[10]   赵效敏.开关电源的设计与应用[M].上海:上海科学普及出版社,1995.